本书系国家社会科学基金一般项目（批准号：16BWW004）"拉康的后结构精神分析文论研究"结项成果

拉康与

后结构精神分析文论

岳凤梅 —————— 著

中国社会科学出版社

图书在版编目（CIP）数据

拉康与后结构精神分析文论 / 岳凤梅著. -- 北京：
中国社会科学出版社，2024. 5. -- ISBN 978-7-5227
-4369-1

Ⅰ. B84-065；B565.59

中国国家版本馆 CIP 数据核字第 20242L35N1 号

出 版 人　赵剑英
责任编辑　杨　康
责任校对　王　潇
责任印制　戴　宽

出　　　版　中国社会科学出版社
社　　　址　北京鼓楼西大街甲 158 号
邮　　　编　100720
网　　　址　http://www.csspw.cn
发 行 部　010 - 84083685
门 市 部　010 - 84029450
经　　　销　新华书店及其他书店

印　　　刷　北京明恒达印务有限公司
装　　　订　廊坊市广阳区广增装订厂
版　　　次　2024 年 5 月第 1 版
印　　　次　2024 年 5 月第 1 次印刷

开　　　本　710 × 1000　1/16
印　　　张　21.5
插　　　页　2
字　　　数　300 千字
定　　　价　99.00 元

前　言

　　雅克·拉康（Jacques Lacan, 1901—1981）是法国后结构主义代表人物之一，他的精神分析诗学是后结构主义这个称谓中靓丽的风景和富饶的宝藏。

　　作为继弗洛伊德之后最有影响的精神分析学家，拉康也被认为是结构主义的代表人物。这是因为，拉康对弗洛伊德理论的发展是在索绪尔和罗曼·雅各布森等前人的结构主义语言学基础上进行的。拉康作为一名结构主义者是毋庸置疑的，但拉康的思想又处处体现出对结构主义的超越，因此具有后结构主义的特征。分析和研究拉康的后结构主义诗学是本书的目的所在，但在此之前，笔者需要对国外和国内的拉康研究，以及国内的精神分析文论和后结构主义研究进行梳理。

拉康研究学术史梳理

　　在国外，近半个世纪以来，拉康研究成为持久的热点。以英语世界为例，迄今为止，布鲁斯·芬克（Bruce Fink）翻译了拉康自己选编的《拉康文集》的全部33篇文章，其他译者，包括芬克，分别翻译了《弗洛伊德关于技术的论文，1953—1954：拉康讲义》（卷一）、《弗洛伊德理论中的自我与精神分析技术中的自我，1954—1955：拉康讲义》（卷二）、《精神病，1955—1956：拉康讲义》（卷三）、《客体关系，1956—1957：拉康讲义》（卷四）、《无意识的形成，1957—1958：拉康讲义》（卷五）、《欲望及其阐释，1958—1959：拉康讲义》（卷六）、《精神分析的伦理，1959—1960：拉康讲义》（卷七）、《移情，1960—1961：拉康讲义》（卷八）、《焦虑，1962—1963：拉康讲义》（卷十）、《精神分析的四个基本概念，1964：拉康讲义》（卷十一）、《精神分析的另一面，1969—1970：拉康讲义》（卷十七）、《再讲爱与知识对于妇女的性的认知局限性，1972—1973：拉康讲义》（卷二十）、《症状，1975—1976：拉康讲义》（卷二十三），以及《宗教的凯旋》等这些主要的拉康著作。这些英文译本得以让拉康的思想从法国走向世界，其间不断有学者出版和发表有关拉康研究的专著和论文。这些研究显示拉康的影响已经越出精神分析学界，到达哲学、政治学、女性主义、马克思主义、电影批评、文学批评等领域。

在精神分析学界，法国的穆斯达法·萨福安的《结构精神分析学——拉康思想概述》（1968）认为，拉康是结构精神分析学的创始人；还认为，拉康学说中最受人看重的内容，是其在理论上把精神分析学与语言学联系起来，即用结构语言学理论和分析方式来解释精神分析学。英国的安东尼·威尔登的《自我的语言：精神分析学中语言的功能》（1968）大约是英语世界第一本拉康研究的专著，作者在书中对拉康的思想及其理论源头进行了梳理，突出结构主义对拉康思想的影响。又如，德国的精神分析理论家萨缪尔·韦伯在《回到弗洛伊德：雅克·拉康对精神分析学的错位》（1990）一书中认为，拉康对隐喻和转喻的解释明显不同于弗洛伊德对梦的置换和压缩机制的解释。

在哲学领域，各路哲学家之所以被拉康吸引，是因为拉康虽然不是一个哲学家，但他终生都在谈论近代哲学的一个核心问题，即主体问题。相对于笛卡儿的"我思"形式的主体，拉康提出了无意识主体的概念。例如，凡·胡特的《对抗适应：拉康的主体之"倾覆"》（2002）从欲望、幻象、认同和享乐四个方面对主体的无意识欲望展开论述；洛伦佐·切萨的《主体性与他者：拉康的哲学阅读》（2007）以想象界、象征界、真实界为结构框架研究拉康对主体和他者关系的论述；布鲁斯·芬克的《拉康的主体：在语言和享乐之间》（1995）从主体和对象两个方面分析拉康对主体与能指、主体与他者欲望的关系的理论。

　　在政治领域，恩斯特·拉克劳、查特尔·墨菲、斯拉沃热·齐泽克、阿兰·巴丢等人都是在政治问题上有深入研究的拉康派学者。拉克劳和墨菲合著的《霸权与社会主义策略——走向激进民主政治》（1985）尝试着用拉康、德里达、福柯等后结构主义思想家阐述的政治理论洞见对葛兰西的领导权概念进行重新阐发。齐泽克的《敏感的主体——政治本体论的缺席中心》（2006）和《因为他们并不知道他们所做的——政治因素的享乐》（2007）借鉴马克思、黑格尔、阿尔都塞和拉康的理论，对后现代社会的马克思主义和社会主义政治策略进行了激进的阐述。阿兰·巴丢在阐述自己左翼政治理论的著述，如《主体的理论》（2009）、《雅克·拉康：过去与现在》（2014）和《维特根斯坦的反哲学》（2015）中，经常提及阿尔都塞和拉康的理论。

　　在女性主义领域，如简·盖洛普在《阅读拉康》（1985）一书中认为拉康强调"菲勒斯"能指对于所有其他能指的优先性是一种"菲勒斯中心主义"。盖洛普对拉康的解读和法国女性主义对拉康理论的批判继承有相似之处。以法国女性主义代表人物克里斯蒂娃为例，她在博士学位论文《诗歌语言革命》（1984）中就对拉康关于儿童语言习得的理论进行修改，论述了语言的能动性和难以表达性。依据弗洛伊德对俄狄浦斯和前俄狄浦斯阶段的划分，克里斯蒂娃把主体的认知过程划分为"符号"和"象征"两个阶段，用来区别拉康的"真实""想象"和"象征"三个阶段。作为后女性主义的代表人物，"酷儿理论家"

朱迪·巴特勒的《性别烦扰：女性主义与身份的颠覆》（1990）认为，主体的性别身份是由制度、话语、实践决定的，这与拉康的主体性的生成是在语言的象征界中实现的说法没有太大的差别。伊丽莎白·赖特的《拉康与后女性主义》（2005）认为，后女性主义研究者追究性差异形成的根源，而拉康认为，性差异是由话语的意识形态建构作用决定的。拉康把精神分析当作性身份定位的过程，声称"女性是不存在的"。这些观点深深地影响了当代女性主义研究者。

在马克思主义领域，最先认识到拉康理论重要性的是路易·阿尔都塞。1963 年，在拉康被正统精神分析学界逼迫得走投无路之时，阿尔都塞邀请拉康到他执教的巴黎高等师范专科学校做学术报告，并在1964 年发表了盛赞拉康的文章《弗洛伊德与拉康》。阿尔都塞在文中声称，拉康试图不参照统一的自我的概念重新思考精神分析学的做法，为他自己试图不参照黑格尔的绝对主体而思考马克思主义提供了精神支援。阿尔都塞发表于 1969 年的《意识形态与国家机器》的研究报告，直接将拉康的主体性理论运用于意识形态的分析。紧随阿尔都塞身后的弗雷德里克·詹姆逊，也是较早运用拉康理论对马克思主义进行重构的理论家，他的长文《拉康的想象界和象征界——主体的位置与精神分析的批评问题》（1978）就是例证。齐泽克的《意识形态的崇高客体》（2002）借助拉康的理论对意识形态及其与马克思主义的关系进行重新界定，认为意识形态并非单纯的"虚假意识"，并非现实的幻觉性再现，而是现实本身。

在电影批评领域，劳拉·穆尔维的《视觉快感与叙事电影》（1975）运用弗洛伊德的驱力理论和拉康的镜像理论批判西方主流电影的叙事模式把男性设定为凝视的主体、把女性设定为被看的对象这样一个主动与被动的关系。齐泽克的《斜目而视：透过通俗文化看拉康》（2011）运用拉康关于无意识和欲望的理论解读希区柯克、安东尼奥尼、大卫·林奇等多名导演的电影。齐泽克的《享受你的症状：好莱坞内外的拉康》（2014）运用拉康的理论解读好莱坞电影的种种症状（为什么一封信能够达到预期目的、为什么自杀是唯一成功的艺术、为什么每次行动都是一次重复），来分析美国的大众文化，从而把精神分析、主体性、意识形态和大众文化融入一个全新的哲学领域。

在文学批评领域，因为拉康在研讨班上曾经专题讨论过爱伦·坡的小说《被窃的信》，约翰·缪勒和威廉·理查森在1988编辑出版了论文集《被窃的信》，意在讨论精神分析学作为一种文学批评理论的意义和价值。拉康在研讨班上还分析过许多其他文学文本，如索福克勒斯的《俄狄浦斯王》和《安提戈涅》，莎士比亚的《哈姆雷特》，詹姆斯·乔伊斯的《为芬尼根的守灵》，法国剧作家保罗·克罗岱尔的历史三部剧《人质》《硬面包》和《受辱的父亲》，法国女作家玛格丽特·杜拉斯的《斯坦因的狂喜》；还对雨果、瓦雷里、马拉美、兰波等的诗歌短句进行过讨论。[①] 对于拉康的这些文学解读，英语世界已有一些专著，如《拉康和文学》（1996）、《拉康和文学的主体》（2001）等。

国外的拉康研究逐渐向伦理学、教育学、法学、宗教学等领域扩散。同样，国内拉康研究也是从最初的了解，到拉康的著作翻译与各路研究同步进行，并向传统之外的领域延伸。

国内最早介绍拉康及其思想的文章，是外国文学研究领域专家赵一凡的《拉康与主体的消解》（原载《读书》1994 年第 10 期）。另一个外国文学研究领域专家王宁在《精神分析学批评在中国》（2000）一文中指出："在二十世纪西方文学批评理论各流派的著述中，翻译介绍到中国的最多者当推弗洛伊德的精神分析学说，而与之相比，对真正可用于文学批评实践的拉康的理论则评介较少……中国学术界对有着

---

① 参见吴琼《雅克·拉康：阅读你的症状（上、下）》，中国人民大学出版社 2011 年版，第 9 页。

一定难度的拉康的结构主义和后结构主义精神分析学的研究仍处于相对的空白。"①

从赵一凡和王宁对拉康的介绍到现在的近 20 年时光里，国内翻译了部分拉康著作及相关著述。拉康著作的翻译，迄今为止，只有《拉康选集》（褚孝泉译，2001）、《拉康：康德同萨德——纯粹欲望批判》（李新雨译，2013）、《父亲的姓名》（黄作译，2018）、《宗教的凯旋》（严和来译，2019）、《雅克·拉康研讨班七：精神分析的伦理学》（卢毅译，2021）共 5 部。与拉康有关的著述翻译，已有很多，包括：《拉康》（牛宏宝等译，1999）、《拉康：镜像阶段》（王小峰等译，2002）、《拉康与后女性主义》（王文华译，2005）、《不敢问希区柯克的，就问拉康吧》（穆青译，2007）、《拉康》（李朝晖译，2008）、《斜目而视：透过通俗文化看拉康》（季广茂译，2011）、《拉康》（李新雨译，2013）、《欲望伦理：拉康思想引论》（郑天喆译，2013）、《导读拉康》（李新雨译，2014）、《享受你的症状——好莱坞外的拉康》（尉光吉译，2014）、《文字的凭据：对拉康的一个解读》（张洋译，2016）、《拉康》（王润晨曦译，2019）、《拉康传》（王晨阳译，2020）《拉康精神分析介绍性词典》（李新雨译，2021）等。

这些翻译极大地促进了国内的拉康研究，迄今为止，已有很多学术论文和专著发表和出版。其中，中国文学的文艺学方向与外国哲学领域的拉康研究成果较多，与国外的拉康研究相比毫不逊色，然而，电影批评、心理学研究和外国文学领域的拉康研究明显滞后许多。

以专著为例，在中国文学的文艺学领域，有四部代表性著作。方汉文的《后现代主义文化心理：拉康研究》（2000）是笔者能查找到的国内第一部拉康研究的著作。作者认为，宏观的后现代主义（包括后殖民、女权、解构主义等）与康德以来的主体性哲学家的根本区别在于后现代

---

① 王宁：《精神分析学批评在中国》，载陈厚诚、王宁主编《西方当代文学批评在中国》，百花文艺出版社 2000 年版，第 33 页。

主义是以"主体分裂"作为自己的主要观念，而拉康是"主体分裂"论的创始者。黄汉平的《拉康与后现代文化批评》（2006）运用比较诗学、跨学科研究的方法探讨拉康理论的成因、特质及其对西方后现代主义思潮尤其是文化批评的影响。万书辉的《文化文本的互文性书写：齐泽克对拉康理论的解释》（2007）从互文性理论出发，分析齐泽克在文本中对拉康理论的书写。杜超的《拉康精神分析学的能指问题》（2020）以语言学术语能指作为切入点界定拉康关于主体、身体、症状的概念，并对神经症、精神病、性倒错与能指的关系进行分析。

在外国哲学领域，有七部专著。黄作的《不思之说——拉康主体理论研究》（2005）从拉康对笛卡儿的那句"我思故我在"的著名演绎"我在我不思处"出发，介绍分析拉康提出的"无意识中的主体才是主体的真相所在"这一主体理论的发展过程。张一兵的《不可能的存在之真——拉康哲学映像》（2006）也是分析拉康的主体理论，拉康认为真实的"我"是不存在的，因为从镜像阶段开始，"我"与"镜中完美的映像"认同；在俄狄浦斯阶段，"我"与同性的一方父母认同；在习得语言进入象征界阶段，"我"与"他者"认同；这样"我"的存在总是在"我"与"他者"的关系中得以体现。严泽胜的《穿越"我思"的幻象——拉康主体性理论及其当代效应》（2007）从主体间性的视角介绍、分析拉康的无意识主体理论，笛卡儿、康德构想的那个能认识和征服外在未知领域的英雄式的"我思"的主体被彻底瓦解。吴琼的《雅克·拉康——阅读你的症状》（2011）分为上、下册，上册以传记的形式把拉康的各个理论转向同当时的社会历史语境结合起来，下册以"主体间性的科学"作为概括，分析评价拉康的各种理论。严泽胜的又一著作《拉康与后马克思主义思潮》（2013）认为，后马克思主义思潮是马克思主义与20世纪六七十年代巴黎理论大爆炸产生的后结构主义嫁接的产物。黄作的第二部拉康研究专著《漂浮的能指：拉康与当代法国哲学》（2018）以能指为坐标原点，纵向描述了拉康能指理论形成过程，横向比较了拉康的能指观与列维－斯特劳斯、罗兰·巴尔特、米歇尔·福柯、雅克·德里达能指观的异同。哲学领域最新的拉康研究成果是胡成恩的《精神分析的神话学：拉康欲力理论研究》（2021），该书以拉康的"欲力"（Trieb）概念为研究焦点，从精神分析各学派乃至各界对"Trieb"一词在翻译上的差异和争论入手，指出拉康对弗洛伊德"Trieb"概念的独特理解和创新性发展，并从微观、中观和宏观三个层面对此进行阐释。

在电影批评中，有两部著作。曾胜的《视觉隐喻——拉康主体理论与电影凝视研究》（2012）运用拉康的主体理论研究电影中的凝视现象与隐喻结构，梳理了拉康主体理论的学术渊源，分析了凝视何以成为拉康主体理论与电影文化研究的契合点，阐述了拉康镜像阶段理论与影像认同的关系，并从身体和空间两个角度论述了女性主体和文化主体在电影影像中的隐喻性建构。南野的《结构精神分析学的电影哲学话语》（2012）从电影哲学的层面分析了拉康、齐泽克、阿尔特曼等人的结构精神分析学对当今电影理论的影响。

在心理学领域，王国芳的《后现代精神分析：拉康研究》（2019）重点介绍了拉康的潜意识论、主体理论、欲望理论，探讨了拉康的精神病学思想及临床心理治疗的观念。

在外国文学领域，目前没有专门的拉康文论的论著，但是有两部借鉴拉康理论进行外国文学研究的著作。一是笔者在拙作《艾米莉·迪金森的欲望——拉康式解读》（2005）中对拉康理论进行了实践应用。笔者运用拉康关于欲望的理论，从"主体的欲望就是他者的欲望"的视角，通过分析迪金森诗歌中的隐喻，解释迪金森渴望社会承认却拒绝发表作品的原因，最后说明迪金森矛盾的行为本身正好反映了大写的他者——父权制社会——对女性根深蒂固的限制和压抑。二是黄川的《主体的多重维度：艾丽丝·门罗作品的拉康式解读》（2021），作者运用拉康的精神分析理论，从诺贝尔文学奖得主艾丽丝·门罗的代表性作品《快乐影子之舞》《你以为你是谁?》《爱的进程》《公开的秘密》和《逃离》中挑选了 15 篇故事文本，进行精神分析解读。

国内以精神分析文论为专题进行的研究，首推陆扬的《精神分析文论》(1998)，其中介绍分析了弗洛伊德、荣格和拉康的理论。另外，"精神分析文论"作为一个章节的内容，还散见于各种 20 世纪西方文论的中译本及著述中，其作者包括伊格尔顿、赵一凡、盛宁、朱刚、张隆溪、王逢振等人。

对后结构主义文论进行专门研究的著作，目前也只有两部。一是方生的《后结构主义文论》(1999)，其中介绍分析拉康、巴尔特、福柯、德里达的理论，二是都岚岚的《朱迪斯·巴特勒的后结构女性主义与伦理思想》(2016)，其中分析和探讨了巴特勒的主体理论、女性理论和政治伦理思想。"后结构主义文论"作为一个章节同样存在于各种 20 世纪西方文论的中译本及著作中。国内还有一些关于结构主义、后结构主义研究的中译本和著作，其中包括特伦斯·霍克斯的《结构主义和符号学》(1997)、理查德·沃林的《文化批评的观念——法兰克福学派、存在主义和后结构主义》(2000)、徐崇温的《结构主义与后结构主义》(1986)、杨大春的《文本的世界：从结构主义到后结构主义》(1998)、夏光的《后结构主义思潮与后现代社会理论》(2003)、伍轩宏和刘纪雯的《结构主义与后结构主义》(2010)、陈晓明和杨鹏的《结构主义与后结构主义在中国》(2011)，等等。

可以说，拉康研究在国内外正如火如荼地进行着。在此背景下，研究拉康的后结构精神分析文论，正当其时。

本书的研究内容

精神分析流派在当代西方文论中的重要地位是与拉康的贡献分不开的。在学术观点上，拉康的精神分析学既有结构主义的特征，又有明显的后结构主义特征，本书认为这些后结构主义特征是拉康派精神分析学影响广泛的原因所在。然而，拉康的广泛影响并没有在中国的文学评论实践中得到充分的体现。究其原因，主要是没有一个侧重于文学批评理论的拉康研究著述。

通常情况下，当代西方文论的研究人员会把拉康归为精神分析学流派，把巴尔特、福柯、德里达归为后结构主义流派。学者们谈论拉康的时候，经常会把他定义为"结构主义者"，偶尔也有人说，他是"后结构主义者"。把拉康归类为后结构主义者的人一般都是一笔带过，并不明确告诉我们拉康精神分析学的后结构主义特征有哪些。凸显拉康学说的后结构主义特征，推动拉康精神分析理论在文学批评上的广泛应用，是本书的目标所在。

研究拉康的精神分析理论，要在当代西方文论中的结构主义思想和后结构主义思想的双重语境中进行。以伊格尔顿的《二十世纪西方文学理论》中对结构主义和后结构主义的论述为依据，分析归纳后结构主义流派的基本特征；然后以这些后结构主义特征为切入点，论述拉康学说的后结构性，进而体现拉康理论对当代西方文论的贡献——这是本书的研究思路。

本书的创新之处在于，笔者致力于呈现拉康自己如何提出并论述他的每一个后结构主义概念，而不是其他研究人员笔下的拉康。笔者的方法便是回到一手资料——拉康著述当中去，向读者展示拉康如何一步步地，用一期甚至三期研讨班的时间来阐述一个概念。在这样做的时候，笔者尽可能保持客观和公正，努力忠实于拉康原意，以不曲解、不演绎、不妄加评论的方式，向这位后结构主义大师致敬。

拉康的后结构主义精神分析文论涉及的内容非常庞大，笔者只选取其中十五个主题对其论述，且在论述每一个主题时，也进行了取舍。其中第一章"拉康与后结构主义"和第十五章"拉康与法国后结构女性主义"的安排，意在形成一个回环。各章的主要内容概括如下。

第一章"拉康与后结构主义"充分探讨拉康学说与后结构主义流派之间的关系，认为拉康理论的后结构主义特征包括反对形而上学、反对二元对立、反对逻各斯中心主义、反对笛卡儿的理性主体，强调语言"能指"对"所指"的优先性，强调无意识是意义和真相之源等。本书以这些后结构主义特征为切入点，探讨拉康的理论对于精神分析文论的贡献及其影响广泛的原因所在。

第二章"拉康的语言观"分析弗洛伊德、索绪尔、雅各布森、海德格尔等人思想对拉康语言观的影响。当拉康认为人的主体性只有借助语言才能生成的时候，笔者认为，这已经是明确具有后结构主义特征的语言观了。拉康最明显的后结构主义特征体现在他对主体这个哲学问题的精神分析上，而这一点是拉康与德里达和福柯明显不同之处，后两人的学说都不是关于主体的哲学，这也是学者认为拉康是最具后结构主义特征的思想家的原因所在。

第三章"拉康的无意识理论"认为，拉康对无意识的研究是最具有后结构主义特征的探询，就像伊格尔顿承认的那样。同时，拉康对弗洛伊德的贡献给予充分的肯定，正如他说，"弗洛伊德的发现使大家质疑真相"[①]。这里的真相，是指人们曾经认为，自己的真相能够被他们清醒地意识到，然而，弗洛伊德不仅让我们知道我们的真相存在于无意识当中，也让我们知道无意识有自己的结构。拉康在此基础上，借语言学的东风，提出"无意识具有和语言一样的结构"这一有着明显后结构主义特征的无意识理论。

第四章"拉康的欲望观"认为，拉康关于欲望的学说，反映了他对形而上学中二元对立概念形式的超越。传统上，人们一般认为，"个体的欲望"与"他者的欲望"是两个对立的概念，然而，从拉康对发

---

① Jacques Lacan, *Écrits: A Selection*, trans. by Alan Sheridan, London: Routledge, 2001, p. 130. 本书出自相同文献的引文，在每一章第一次出现的时候，注释会提供完整信息；第二次出现的时候，会省略出版社和年份的信息，只保留作者、作品、译者、页码等信息。

生在主体身上的"两次认同"的描述，我们已经接受了"我是他者"这个结论。如果"我是他者"，那么，"我的欲望"就是"他者的欲望"，它们不再是对立的两个概念了。第三节"哈姆雷特与他者的认同"是对镜像理论的进一步说明，同时指出哈姆雷特身上发生的两次认同事件。第四节"作为他者欲望能指的菲勒斯"是对拉康在精神分析中提出的一个代表性能指进行分析。第五节借用拉康自己分析的三个例子对"主体的欲望是他者的欲望"这一理论进行说明。

第五章"拉康论能指的优先性"从四个方面对拉康的这一观点进行论述。所谓"能指的优先性"，是相对于变动不居的所指而言的，能指一直是原来的能指。拉康认为分析能指，就能发现主体的真相。于是，拉康去掉了女患者对"肉贩"这个词产生的或象征或隐喻的联想，只考虑这个句子中能指本身的含义。同样，拉康之所以提及失语症患者，是因为他们的语言中也没有隐喻。拉康指出，虽然患者语言的所指最具魅力，但分析师一定要重视能指、分析能指，因为，当语言只剩下能指的时候，也就是当象征和隐喻都不存在的时候，自然而然，主体的真相就显现出来。

第六章"拉康论物"以五节的篇幅分析、阐释拉康在第七期研讨班上反复谈论的"das Ding"这个能指。

第七章"拉康论客体 a"依次从"客体 a 的形成史""作为欲望成因的客体 a""由客体 a 引发的焦虑""那个弗洛伊德不能理解的客体 a""'客体 a'中能指与所指的悖论之处"共五个方面介绍分析拉康对于"客体 a"所做的阐述。

第八章"拉康论焦虑"一共五节。第一节"焦虑的原因"分析主体之所以焦虑，是因为不知道大他者的欲望是什么。第二节"焦虑的功能"主要阐述拉康对焦虑功能的认识。第三节"焦虑的居所"指出焦虑的三个居所，它们分别是大他者的要求、大他者的原乐、以精神分析师的欲望为代表的大他者的欲望，即无论如何，焦虑都与大他者有关。第四节"大他者的焦虑"分析与主体相对的大他者的焦虑。第五节"割礼与阉割焦虑"分析律法对主体欲望的规定。

　　第九章"拉康论享乐"认为，拉康对"享乐"的探究属于"知识探询"和"真理（真相）探询"范畴。本章选取了六点，对应六节，并对此进行论述。

　　第十章"拉康论升华"涉及弗洛伊德的升华理论和拉康的升华理论。弗洛伊德认为，升华是驱力得到满足的一种潜在模式。拉康认为，升华就是将对象提升到物的尊贵高度。因此，谈论升华，不可能不谈论物。在本章剩余部分，拉康继续阐释物的功能，然后分析贵妇人在宫廷爱情诗歌中如何升华为"物"。

　　第十一章"拉康论移情"是拉康对柏拉图《会饮篇》中移情现象的解读。拉康从柏拉图的幻想开始他的移情专题：后者幻想着弘扬自己的老师——苏格拉底的真理，而这一切，皆源于柏拉图对苏格拉底的"爱"。拉康认为，《会饮篇》中阿西比亚德这个角色没有得到重视，本章最后两节是拉康对这个人物的深入分析，也解释了拉康探讨移情却要从《会饮篇》入手的原因。

　　第十二章"拉康论悲剧"是拉康对《安提戈涅》的新解读。在诸多解读《安提戈涅》意义的学者中，拉康提到了黑格尔和歌德的观点，他不认同此二人对《安提戈涅》的看法。拉康从"第二种死亡"的视角对安提戈涅的行为进行了解读。

　　第十三章"拉康论'萨德是康德的真相'"是对拉康的这一结论的分析阐释。拉康研究精神分析伦理，自然而然想到康德的伦理理论，与此同时，萨德又是一个从各个方面来看，都非常符合精神分析的对象，尤其是那些符合快乐原则的行为。拉康问询的是，像萨德那样随心所欲地追求性的快乐，是不是也符合康德的伦理行为标准。答案是肯定的。那种超越快乐原则的性行为是一种伦理行为，就连情欲也具有伦理维度。

第十四章"拉康论精神分析的伦理问题"是对拉康第七期研讨班讲义的解读。对精神分析中伦理之维的关注,是拉康身为精神分析师的自然之问,也是精神分析学创始人弗洛伊德一直思索的问题。本章将从"精神分析伦理探询的缘起""精神分析师的理想""弗洛伊德的伦理观""拉康的伦理之思""快乐原则与现实原则""主体的快乐"共六个方面介绍并分析拉康对精神分析中伦理之维的探究。

第十五章"拉康与法国后结构女性主义"分析阐释了三位法国女性主义代表人物的思想与拉康的学说之间的关系。这三位女性都经历过法国思想界的结构主义和后结构主义思潮的洗礼,这就使得她们的理论不可避免地具有后结构主义的特征。在后结构主义致力于打破二元对立的传统中,就包括对男女之间的二元对立的拆解。男与女,不仅作为对立的二元存在,同时,他们并不对等,而是存在等级差异。这或许是法国女性主义向后结构主义靠拢的主要原因。法国的女性主义者投身到文本、身体、话语的起源之处,寻找妇女受压迫的形而上学基础,通过打破二元对立固有结构,强调多元性与差异性,从而提出妇女解放的理论依据,从这些方面来看,法国的女性主义是法国后结构主义必不可少的部分。

这些概述,连同目录,会让读者明了每一章的内容。笔者相信,这些文字会引发国内研究人员对拉康理论的兴趣,也会促进国内文学评论对拉康理论的实践应用。让我们把一切都交给时间吧。

目　录

第一章　拉康与后结构主义

拉康被认为是继弗洛伊德之后最有影响力的精神分析学家，也被认为是结构主义的代表人物，这是因为拉康在自己的学说中借鉴了索绪尔和罗曼·雅各布森等人的结构主义语言学理论。拉康首先是一个结构主义者，但随着他研究的深入和周遭社会思潮的变化，拉康后期的学说呈现出对结构主义的超越，体现出更多的后结构主义的特征。

学者们一般认为，拉康是结构主义者。以书为例，《结构精神分析学——拉康思想概述》①（*Le Structuralisme en Psychanalyse*，法语），是法国学者萨福安（Moustafa Safouan）于 1968 年出版的拉康研究的专著。当时，"结构主义"还是一个刚出现不久、需要被了解的词。到底何谓结构主义？学者们也没有一个确定的认识。当人们就结构主义对学者们提问时，他们也不知道如何回答。在这种情况下，法国瑟伊（Seuil）出版社出版了一套丛书，致力于对结构主义进行解惑，其中就包括萨福安的这部著作，另外还有奥斯瓦尔德·迪克罗（Oswald Du-crot）的《结构语言学》、茨维坦·托多罗夫（Tzvetan Dodorov）的《结构诗学》、堂·斯派贝尔（Dan Sperber）的《结构人类学》、弗朗

---

① ［法］穆斯达法·萨福安：《结构精神分析学——拉康思想概述》，怀宇译，天津社会科学院出版社 2001 年版。

索瓦·瓦尔（Francois Wahl）的《结构哲学》。① 弗朗索瓦·瓦尔在这套丛书的总论中调侃："我们聚在一起，是为了写作《何谓结构主义?》。我们现在发表的，最好称为《论知识的最新变动和把它们当做结构主义的东西》。"② 由此可见，在20世纪60年代的法国，结构主义对学者们产生了一种难以拒绝的魅力，他们急于弄清楚这个新兴的思潮到底是什么。当萨福安在结构主义的视域下分析拉康学说的时候，很大程度上就是因为这是许多学者绕不去的坎儿，因为当时大家都在谈论结构主义。那么，这个当时学者们试图弄清楚，现在我们也不是很清楚的结构主义到底是什么呢?

第一节　结构主义

为了说清楚这个问题，下面的内容会涉及皮亚杰的结构概念、索绪尔的语言学理论、列维－斯特劳斯的人类学研究、雅各布森的结构主义理论，以及伊格尔顿对结构主义③的理解。

结构主义，顾名思义，是关于结构的学说。那么，何谓结构?让·皮亚杰（Jean Piaget，1896—1980）认为：

结构是一个由种种转换规律组成的体系。这个转换体系作为体系（相对于其各成分的性质而言）含有一些规律。正是由于有一整套规律的作用，转换体系才能保持自己的守恒或使自己本身得到充实。而且，这种种转换并不是在这个体系的领域之外完成的，也不求助于外界的因素。总而言之，一个结构包括了三个特性：整体性、转换性和自身调整性。④

① ［法］穆斯达法·萨福安：《结构精神分析学——拉康思想概述》，怀宇译，第23页。
② ［法］穆斯达法·萨福安：《结构精神分析学——拉康思想概述》，怀宇译，第23页。
③ 国内学者也有对结构主义和后结构主义的研究，我在"前言"中已经对此进行了综述。
④ ［瑞士］皮亚杰：《结构主义》，倪连生、王琳译，商务印书馆2009年版，第2—3页。

　　结构，也可以称为系统，具有连贯性、动态特征和自我调节能力，通过若干转换规律在整体的内部进行自身调整，从不借助系统外的力量。"各种转换旨在维护和赞同是它们得以产生的那些内在规律，并且把本系统'封闭'起来，不使它和其他系统接触。"① 这是皮亚杰对结构这一概念的理解。从结构出发，他试图归纳各个领域出现的结构主义的共同特点。在这样的尝试中，他在《结构主义》一书中，不可避免地要谈到索绪尔和列维－斯特劳斯。

　　索绪尔（Ferdiand de Sausure，1857—1913）是公认的现代语言学之父。从 1907 年开始，他在日内瓦大学讲授《普通语言学》，先后讲过三次。1913 年，索绪尔去世。索绪尔生前没有发表什么作品，就连讲授《普通语言学》也没有讲稿，而且三次授课的内容也处于变化之中。索绪尔去世之后，他的学生和同事，根据不同人的听课笔记，整理并出版了法文版的《普通语言学教程》（1915）。世人普遍认同，这部研究语言根本问题的著作，开创并引领后人用结构主义的方法进行科学研究。

　　《普通语言学教程》提出这样的观点，研究语言不应该局限于历时性地研究语言的个别部分，也应该共时性地研究个别部分间的关系，重要的是要把语言看作一个系统、一个结构，在当下的语言系统之内研究语言个别部分之间的关系。对共时性研究的强调，实际上是在强调语言这个系统无论在任何情况下都是完整的。

　　索绪尔区分了语言（langue）和言语（parole）。以英语为例，语言是整个抽象的英语语言系统，言语是指讲英语的人说的话语。个体遵守英语的语法转换规则，根据表达需要，让符号和概念相对应，说出独特的话。他的那些话语就像他的发明创造一样，但都是在语言系统之内进行的。而符号和概念间千变万化的组合，构成了个体的语言

---

　　① ［英］特伦斯·霍克斯：《结构主义和符号学》，瞿铁鹏译，刘峰校，上海译文出版社 1997 年版，第 6—7 页。

天分。

索绪尔强调，语言学的研究对象是词的口语形式，词的书面语不是语言学的研究对象。口语里的词，作为语言符号单位，不表示一个物和一个名的组合，而是包括一个概念（concept）和一个声音意象（sound image），后者突出声音带给我们的心理影响。索绪尔用所指（signified）指代符号包含的概念，能指（signifier）指代符号包含的声音意象。"用这两个术语的好处在于，既能表明它们之间的对立，又能表明它们及其所属的整体间的对立。"① 能指和所指之间的搭配是任意的，这可以从不同语言系统中由发音完全不同的能指却表达同一个所指中轻松地看出。同时，能指具有时间跨越和线性的特征，它需要在与前后能指的关系中表达概念。索绪尔对符号的这一区分影响深远，后世的语言研究人员不可避免地受惠于这个区分。

索绪尔提出，应该建立专门研究符号的科学。他说：

> 我们可以设想一门研究社会范围内的符号生命的科学；它是社会心理学的一部分，也是普通心理学的一部分；我们称之为符号学（来自希腊语的 semeion）。符号学将告诉我们是什么构成了符号，什么规则在支配它。既然这门科学还不存在，没有人能说出它将成为什么样；但是它有权存在，它的地位是先前就确定了的。语言学仅仅是普通符号学的一部分；符号学所发现的规则也适用于语言学。②

对索绪尔来说，语言学家的任务是在浩如烟海的符号学资料中分析辨识出构成语言这一特殊系统的整体性、转换性和自身调整性。索绪尔的《普通语言学教程》，为后来的结构主义语言学的发展奠定了基

---

① ［瑞士］费尔迪南·德·索绪尔：《普通语言学教程》，刘丽译，陈力译校，九州出版社2007年版，第154—155页。

② ［瑞士］费尔迪南·德·索绪尔：《普通语言学教程》，刘丽译，陈力译校，第37页。

础，同时为后世的符号学研究指明了研究方向，当然也影响了拉康的精神分析理论。

克洛德·列维－斯特劳斯（Claude Levi－Strauss，1908—2009）对人类学的研究也创新地运用了结构主义的方法，摆脱了原来单纯数据收集的经验主义方式，使人类学成为令人尊敬的一门社会科学，因此他被人称为结构人类学家。列维－斯特劳斯认为，人类学研究应该借鉴语言学的研究成果，尤其是音位学的研究方法。他特别提到音位学大师特鲁别茨柯依（N. Troubetzkoy）归纳的四条方法。

> 第一，音位学透过无意识的语言现象进入语言现象的有意识的深层结构；第二，音位学拒绝把语音单位看成独立的实体，而是把它们之间的关系当作分析的基础；第三，音位学引进了系统的概念："当前的音位学并不止于宣布音位永远是一个系统的成员，它还指出具体的音位系统并阐明它们的结构"；第四，音位学的目的在于揭示普遍法则，要么通过归纳的方法，要么……逻辑地推演出来，从而赋予这些法则以绝对的性质。①

这四条方法适用于人类学家对亲属关系这种社会现象的研究。首先，亲属关系系统和音位系统一样，都是人类在无意识状态下建立起来的，也就是说，没有人意识到自己处在系统之中；其次，代表亲属关系的词项和音位一样，必须把关系放置在整个系统中，才具有意义；最后，距离遥远的两个完全不同的社会中相似的亲属关系形式和婚姻规则等都说明了一些潜在的法则在人类社会中发挥作用，人类学家的任务就是深入研究并发现这些潜在的结构性法则。例如，克洛德·列维–斯特劳斯对亲属关系研究之后得出结论：

> 在人类社会里，亲属关系必然依赖并且通过明确界定的婚姻

①　［法］克洛德·列维－斯特劳斯：《列维－斯特劳斯文集1：结构人类学（1－2）》，张祖建译，中国人民大学出版社2006年版，第36页。

方式才会得到承认、建立和延续……人类亲属关系的首要特点便是要求他所称为"基本家庭"的单位之间发生联系，这是它们存在的条件。所以，真正"基本的"东西不是家庭（它们只是独立的词项），而是这些词项之间的关系。没有任何别的方法能够解释乱伦禁律何以如此普遍，而舅甥关系，就其最一般的方面而言，只是它的一个时隐时现的关联项。①

列维－斯特劳斯在谈及自己的研究方法时说道："我运用的方法实际上显然只是结构语言学向另一个领域的扩展而已，而雅各布逊②的名字是与结构语言学联系在一起的。"③ 他对罗曼·雅各布森（Roman Jakobson，1896—1982）推崇有加，非常欣赏雅各布森在《历史音位学原理》（*Principes de Phonologie Historique*）中得出的结论：动态与静态的关系是决定语言观念的最基本的二元对立概念，坦率承认自己在深入了解结构的概念与辩证思维间的相互蕴含的关系时，只不过是在沿着雅各布森指引的道路前行罢了。④

既然列维－斯特劳斯都说了他的人类学研究是受了结构语言学的影响，尤其提到雅各布森，那么雅各布森的结构主义语言学理论的要点是什么呢？

雅各布森年仅 19 岁的时候，就带头成立了莫斯科语言小组，这个小组的成员都是俄国形式主义者。1920 年，雅各布森移民到捷克，成为捷克结构主义理论的代表人物。第二次世界大战爆发时，雅各布森又移民到美国，在那里他遇到了列维－斯特劳斯，后者的人类学研究

---

① ［法］克洛德·列维－斯特劳斯：《列维－斯特劳斯文集 1：结构人类学（1－2）》，张祖建译，第 54—55 页。

② 国内也有译成雅克布森、雅各布森、雅柯布森等，笔者在引用时，使用当前中文译者提供的译名，文中其余部分，统一使用罗曼·雅各布森。

③ ［法］克洛德·列维－斯特劳斯：《列维－斯特劳斯文集 1：结构人类学（1－2）》，张祖建译，第 251 页。

④ ［法］克洛德·列维－斯特劳斯：《列维－斯特劳斯文集 1：结构人类学（1－2）》，张祖建译，第 251—252 页。

受到了他对音位学研究的影响。

下面先谈雅各布森的音位学研究。"音位学"（Phonology）是雅各布森在 1923 年的论著《论捷克诗歌》中提出的，在研究诗歌韵律的时候，他发现需要进一步对整个语音系统进行研究。因为诗歌韵律具有区分意义和界定的功能，所以音位学必然结合意义来研究语音。他断定，"区分意义的成分具有严格的关系性（rational character），这些成分通过二项对立的方式联系在一起，它们是语音等级体系的成分"[①]。所以，他致力于寻找最小的具有区别性特征的语音单位，并发现了由这些成分构成语言网络的结构规则。

雅各布森认为："语言的手段——目的模式系统理论的最初一批成果包括结合声学效果研究语言发生，分析语言的时候始终兼顾语音在语言中所完成的各种任务。"[②] 对于语言中语音成分的研究，研究人员摆脱了最初的物质性的和度量的描述方法，而开始采取分析不同成分间关系的办法。当然，从成分间关系的角度研究音位的方法也适合对语法、词法的研究。"在语音层上，任何一组对立当中的标记项的位置，由这组对立与音位系统中其他对立的关系决定。换句话说，由这组对立与音位系统当中区别性特征的对立的关系来决定，这些区别性特征与这组对立在时间上同时或者先后相邻（contiguous）。"[③] 对不同音位间关系与邻近性的强调，是雅各布森对音位学研究的特殊贡献。前面我们已经提到过，列维－斯特劳斯坦承自己的人类学研究方法借鉴了雅各布森的音位学研究成果。

雅各布森对语言学的研究非常广泛，其中对隐喻（metaphor）和换喻（metonymy）的研究被认为是最有意义的。他认同与索绪尔同时代

① ［美］罗曼·雅柯布森：《雅柯布森文集》，钱军编辑，钱军、王力译注，湖南教育出版社 2001 年版，第 144 页。
② ［美］罗曼·雅柯布森：《雅柯布森文集》，钱军编辑，钱军、王力译注，第 88 页。
③ ［美］罗曼·雅柯布森：《雅柯布森文集》，钱军编辑，钱军、王力译注，第 119 页。

的另一个语言学家克鲁舍夫斯基（Mikolaj Kruszewski, 1851—1887）的观点：语言结构的基础由相似关系（similarity relation）和邻近关系（contiguity relation）构成。雅各布森在此基础上发展了他自己对于隐喻和换喻的研究，认为隐喻利用的就是语言的相似关系，而换喻能够发生就是因为语言的邻近关系。根据克鲁舍夫斯基对语言结构的邻近关系的研究，雅各布森批评了索绪尔关于能指和所指是任意搭配的任意性原则，认为"实际上这种关系是一种习惯性的、后天学到的相邻性关系。这种相邻性关系对于一个语言社团的所有成员具有强制性"①。当然，雅各布森对《普通语言学教程》的线性原则也颇有微词，认为这个原则不够严谨。对弃历时而崇共时的研究方法也进行了批判，认为共时方法中不可避免地包含了动态的、历时的方法，对此，他"提出永恒的动态共时（dynamic synchrony）的思想，同时也强调了语言历时层面上静态不变量的存在"②。

　　雅各布森还研究了语言学在个体发生方面的问题，发现儿童掌握语言的过程与元语言间关系密切，他的研究结果发表在专著《儿童语言，失语症和语音普遍现象》（1941）中。雅各布森对儿童失语症的研究，运用的是语言研究中最基本的二项对立概念，如编码—解码、组合关系—聚合关系、邻近性—相似性等。雅各布森尤其提到邻近性与相似性的对立可以应用到诗歌研究中，且可以被替换为换喻和隐喻的对立。雅各布森对儿童失语症的研究和换喻/隐喻的研究启发了拉康相关方面的研究，后面我们还会谈及。

　　除了皮亚杰、索绪尔、列维－斯特劳斯、雅各布森对结构主义理论的贡献之外，我们再看看英国文学评论家特雷·伊格尔顿在《二十世纪西方文学理论》中对结构主义的评论。

　　对于作为文学批评理论的结构主义的开端，伊格尔顿认为是新批

---

① ［美］罗曼·雅柯布森：《雅柯布森文集》，钱军编辑，钱军、王力译注，第78页。
② ［美］罗曼·雅柯布森：《雅柯布森文集》，钱军编辑，钱军、王力译注，第148页。

评方法的局限性引发的。他认为用新批评的方法进行文学评论取得了很不错的成果，但是，由于它只关注孤立的文学作品而忽视了更广阔的外部系统，因此显得过于局限。取代新批评方法的应该"是这样一种文学理论，它一方面要保持新批评的形式主义癖好，紧紧盯住作为美学对象而非实践的文学，另一方面又要由这一切中创造出某种更系统、更'科学'的东西"①。他说，加拿大学者诺斯罗普·佛莱（Northrop Frye）在 1957 年出版的《批评的解剖》（*Anatomy of Criticism*）就是对上面这种需求的回应。佛莱发现文学本身是有规律可循的，文学批评若依据这些规律就可以获得系统性。例如，佛莱认为一切文学作品都是依据模式、原型、神话和文类这些规律结构起来的。他还归纳出文学的四种"叙事范畴"，它们是喜剧的、传奇的、悲剧的和反讽的，对应于春、夏、秋、冬四个神话。当然，佛莱对文学结构的解剖还有很多内容。伊格尔顿认为，佛莱的理论体现了他对于建立文学批评的科学性和系统性的努力。在他看来，佛莱算得上宽泛意义上的结构主义者，并且指出，弗莱的学说与发轫于索绪尔的结构主义几乎同步。

　　文学结构主义最鼎盛的时期是 20 世纪 60 年代。文学研究人员尝试将索绪尔在《普通语言学教程》中研究语言的方法，尤其是"共时地研究"，应用到文学批评上。俄国的形式主义者也受到索绪尔的语言学观点的影响，他们研究文本结构，注重符号而非所指。但是，伊格尔顿指出，俄国形式主义者忽略了差别所产生的意义，同时对结构的研究也不深入。以雅各布森为代表的布拉格语言学派，他们的语言研究，使得"结构主义"和"符号学"发生了部分重合。另外，结构主义除了创新诗歌研究方法，还令"叙事学"这一学科诞生了。叙事学代表人物，如格雷马斯、托多洛夫、热奈特、巴尔特等，他们的叙事

---

　　① ［英］特里·伊格尔顿：《二十世纪西方文学理论》（第 2 版），伍晓明译，北京大学出版社 2018 年版，第 95 页。

学理论著作是经典的结构主义作品，而列维－斯特劳斯的神话学研究是现代结构主义叙事学的最早行为。

　　总的来说，结构主义文学批评不考虑个体的差异性，不考虑社会历史背景，认为文学作品可以像其他科学研究的对象一样被归类和分析，与作品的外部现实无关。实际上，这与索绪尔的研究完全呼应：为了发现语言的本质，索绪尔主张忽略所指，只研究能指，专注研究符号结构本身；只研究语言，研究那个让个体在现实中说出不同"言语"的语言的结构；只关注语言这个客体，而不考虑语言的实践情况，也就是，无须考虑语言的对话性和社会性。伊格尔顿敏锐地指出，发轫于索绪尔的结构主义，无论是索绪尔本人，还是其追随者，其理论或实际应用中都有着回避历史、回避现实的倾向，这是"共时"研究不可避免的结果。对于借鉴结构主义，把文学作品当作一个封闭系统进行研究的观点，伊格尔顿认为，这些研究人员把语言看成一切，而从不考虑劳动、性、政治等范畴，从不追溯作品产生的物质条件，从不关心作品的消费情况等，于是，用结构主义的方法分析文学文本的时候，现实客体和人类主体就被彻底地排除在外了。

　　对于结构主义的这些局限性，伊格尔顿提到了巴赫金（Mikhail Bakhtin，1895—1975）对它的批评：

　　　　巴赫金既强烈地反对索绪尔的"客观主义的"（ojectivist）语言学，也批评那些想代替它的"主观主义的"（subjectivist）语言学。他把注意从抽象的语言（langue）系统转向特定社会语境中个人的具体言谈（utterances）。语言应该被视为本身就带有"对话性"（dialogic）：语言只有从它必然要面向他者这一角度才能被把握。①

---

① ［英］特里·伊格尔顿：《二十世纪西方文学理论》（第2版），伍晓明译，第123页。

从"语言"向"话语"转移，以及对具体实践话语具有的"对话性"和"他者"的强调，使得结构主义逐渐发展为后结构主义。

第二节 后结构主义

1962 年，法国学者德勒兹发表著作《尼采和哲学》，其中所阐释的尼采思想被称为"新尼采"，后人普遍认同这部作品为后来出现的"后结构主义"铺好了前行的道路。① 于是，在 1968 年 5 月爆发的法国学生运动之后，结构主义迅速瓦解，后结构主义走上历史的舞台。可以很肯定地说，后结构主义基本上是 1968 年法国学生运动失败的产物。当国家权力结构无法打破时，后结构主义者发现他们可以拆解语言。他们与任何试图从总体角度分析社会结构的政治理论和组织为敌，拒斥任何具有连续性特征的信仰。后结构主义的代表人物，如拉康、德里达、福柯、巴尔特、德勒兹、利奥塔、加塔利（Guattari）、克里斯蒂娃、索罗斯、艾蕊格瑞（Irigaray）等，他们用自己的著述参与社会变革。

下面我们将依次分析后结构主义的重要思想源头、主要特征以及它与结构主义的区别。

大多数后结构主义思想家都深受尼采哲学的影响。例如，福柯在 20 世纪 50 年代后期，因为受到尼采的影响，开始批判历史主义和人文主义。利奥塔，原本一直是左翼斗士，却开始谴责苏联，尊崇尼采。德里达在作品中不断提及尼采。德勒兹拒绝了黑格尔哲学，因为尼采对黑格尔及其辩证法进行了批判。尼采对真理幻象的谴责，对意义静止理解的批判，对权力意志的信奉，对酒神生活方式的肯定，对平均主义的敌视等思想被这些后结构者奉为圭臬。尼采反对政府，因为政

---

① 童明：《解构》，《外国文学》2012 年第 5 期。

府的权力把人民规训成整齐划一的大众。尼采反对体制、结构，因为体制最终可以简化为一些条款规章，而在体制之内是无法质疑这些条款规章的。这也是尼采认为任何体制、结构不能显示全部真相的原因。尼采强调否定、创造、个体的自我实现。在尼采看来，并不是所有的人都能够行善和创造，因为大自然似乎更偏爱一些人，这也是他反对民主和社会主义的原因。尼采还认为，万物都是永恒重复、循环再现的，并不会无限地发展，人类不应该把希望寄托在将来，这也是他不认可黑格尔发展的历史观的原因所在。①

总的来说，这些后结构主义者，因受尼采哲学的影响，都对体制有所反对，都拒绝黑格尔的历史发展观。他们非常清楚追求一致性和总体性面对的压力，于是竭力反对。同样，他们痴迷于主体小故事，肯定反政治的个体。② 具体地说，后结构主义具有以下特征。首先，不同于结构主义者认为真相就存在于文本之中，后结构主义认为，读者的参与是文本产生意义的基础。换句话说，读者再也不是被动的文本消费者，在后结构主义时代，读者决定了文本的意义。其次，结构主义认为符号具有稳定性、一致性，而后结构主义强调能指的优先性，所指的流动性，以至文本的意义在不断推迟和延宕中失去了其应有的地位。再次，后结构主义者对笛卡儿式统一的主体进行了批判，不赞同主体具有前后一致的意识；相反，他们认为，主体在语言中生成。最后，后结构主义思想家共有的哲学立场与结构的概念格格不入，他们质疑科学本身的地位，怀疑语言描述的客观性等。总而言之，"后结构主义涉及对形而上学、因果律、身份、主体、真相这些概念的批判"③。

---

① Madan Sarup, *An Introductory Guide to Post - Structuralism and Postmodernism*, Athens: The University of Georgia Press, 1989, p. 98.

② Madan Sarup, *An Introductory Guide to Post - Structuralism and Postmodernism*, p. 115.

③ Madan Sarup, *An Introductory Guide to Post - Structuralism and Postmodernism*, p. 4.

前面，我们已经充分地探究了结构主义和后结构主义，那么，后结构主义与结构主义有何主要区别？

第一，两者都对人类的主体进行了批判。需要指出的是，这个主体（subject）与诞生于文艺复兴时期、可以自由思考、不受历史和文化影响的个体（individual）截然不同。笛卡儿的那句名言"我思，故我在"中的"我"就是"个体"，因为这个"我"，不但完全清醒自知，而且惯于理性自治。对这个"我"来说，无法想象精神领域中还存在"我"所不知道的事物。结构主义最重要的思想家，列维－斯特劳斯指出，"人文科学的最终目的不是构建人，而是分解人"。① 后结构主义者福柯运用我们迄今掌握的所有的知识解构"人"这个概念。在三个最重要的后结构主义思想家中，福柯和德里达没有发展出一个关于"主体"的理论，拉康是唯一的例外。对黑格尔哲学的了解和对精神分析学的研究与发展，注定了拉康的理论是"主体理论"。②第二，两者都对历史主义进行了批判。结构主义和后结构主义都反对历史有一个总体模式的观点。列维－斯特劳斯在《野性的思维》中就对萨特的历史唯物主义观点进行了批判，并且不认同当今社会比以往文化高级的假设。福柯的历史观强调间断性、断续性。德里达认为，历史没有终点。第三，两者都对符号的"意义"进行了批判。结构主义语言学家索绪尔提出语言符号（sign）由能指（signifier）和所指（signified）构成。能指反映声音意象，所指反映概念，但两者间的关联是任意性的，由传统约定俗成，并不具有必然性。同时，每一个能指的语言意义，由它在语言结构中的位置决定。这些也意味着能指和所指间关系的微妙。在后结构主义思想家那里，能指为主，所指为辅，语言符号的这两个功能根本不具有对称、平等的关系。拉康认为，所指在能指链下不断滑行。德里达认为，漂浮的能指系统简单、纯粹，

---

① Madan Sarup, *An Introductory Guide to Post－Structuralism and Postmodernism*, p. 1.

② Madan Sarup, *An Introductory Guide to Post－Structuralism and Postmodernism*, p. 2.

与所指没有确定的关系。①

第三节　拉康理论的后结构主义底色

　　学者们在研究后结构主义的时候，都会涉及拉康吗？下面我将分别选择三位国外学者和三位国内学者来看看他们眼中的拉康。

　　第一位国外学者是美国的莫瑞·克里格，他在《批评旅途：六十年代之后》中讲述了发生在美国的后结构主义转向。1966 年夏天，约翰·霍普金斯大学召开了一次国际研讨会，讨论"结构主义的争议"，德里达在会上宣读了题为《自由游戏》② 的论文。这篇文章被看作"后结构主义的解构主义初露了锋芒"③，导致美国相关领域研究人员急于撇清自己同结构主义代表人物热奈特、托多洛夫、艾柯等人理论的关联，急于了解和吸纳具有明显后结构主义特征的德里达、福柯和拉康的理论。克里格感叹道："现在，颇有些年纪的思想家拉康，突然被推向了舞台的中心。"④ 但是，他并没有进一步展开讨论拉康的后结构主义理论，只用一句话结束了对后结构主义拉康的介绍："拉康则通过把无意识植根于符号功能之中，向我们展示了一个新的弗洛伊德。"⑤ 第二，位国外学者是我们前面引用过的英国的马丹·萨鲁普（Madan Sarup），他在《后结构主义与后现代主义导论》中，认为拉康、德里达、福柯是后结构主义代表人物，而且把拉康排在第一位。在他看来，拉康的后结构理论明显优先于德里达和福柯的理论，这是因为，后结

---

　　① Madan Sarup, *An Introductory Guide to Post - Structuralism and Postmodernism*, p. 3.
　　② 在童明写的《解构》一文中，德里达在会上宣读的这篇文章的完整标题是《人文科学的结构、符号和游戏》，同时参会的还有拉康和巴尔特，参见童明《解构》，《外国文学》2012 年第 5 期。
　　③ ［美］莫瑞·克里格：《批评旅途：六十年代之后》，李自修等译，中国社会科学出版社 1998 年版，第 178 页。
　　④ ［美］莫瑞·克里格：《批评旅途：六十年代之后》，李自修等译，第 178 页。
　　⑤ ［美］莫瑞·克里格：《批评旅途：六十年代之后》，李自修等译，第 178 页。

构主义思潮除了体现为对历史主义的批判、对意义的批判、对哲学的批判之外，还有一个明显的特征，即"后结构主义者，当然，也想消解主体"。他继续评论："就某种意义来说，德里达和福柯没有一个关于主体的'理论'。唯一的例外是拉康，他致力于追逐主体，这源于黑格尔哲学对他的影响和他对精神分析的热爱。"① 从前面的引文可以看出，萨鲁普是从"主体"这个维度出发而对拉康高看一眼的。第三位对后结构主义研究的学者是英国的西方马克思主义代表人物特里·伊格尔顿，笔者在后面会充分讨论他对后结构主义和拉康的评判。

在对后结构主义进行过研究的国内学者中，较为详细和深入者为赵一凡，他在《从胡塞尔到德里达——西方文论讲稿》（2007）中以《后结构传奇》为名，分成七个话题，从回顾结构主义开始，到对巴赫金、巴尔特、克里斯蒂娃、拉康理论的介绍，最后用两章的篇幅介绍德里达的解构思想。然而，这里面涉及的拉康的欲望和主体理论，没有明确指出其后结构主义的特征。还有一些学术论文也对后结构主义有所涉及，如金惠敏的论文《结构主义与后结构主义异同辨析》（载《艺术百家》2016 年第 2 期）比较了索绪尔的语言学和德里达的解构思想，其中没有涉及拉康的理论。童明的《解构》（载《外国文学》2012 年第 5 期）非常详细深入地对解构这一思想的发展过程及其内涵进行了阐释，其中包括追溯德里达对肇始于柏拉图的二元对立概念包含的等级观念的洞见，分析德里达对尼采和海德格尔具有解构之维思想的继承，再到德里达提出自己的"延异""播撒"等理论，最后论及美国的解构流派，并称为"伪解构"等。在这篇文章中，作者这样表述他对拉康关于大他者和主体关系的理解："我被大写的'他人'（即无意识的文化体系及其语言结构）完全禁锢时，'我'说的是'他人'的话，想的是'他人'的想法；只有当'我'学会和这种结构做

---

① Madan Sarup, *An Introductory Guide to Post – Structuralism and Postmodernism*, p. 2.

自由游戏时，'我'才获得某种自由，才真正开始思想，才有所谓'主体'（subject）可言。这就是拉康和德里达的共同点。"① 对于拉康被一些人称为"结构主义者"，被另外一些人称为"后结构主义者"的这样一个现象，作者表达了自己的看法："拉康对'结构'的分析是为了把解构和心理分析结合起来。拉康对'结构'的关心和德里达十分相似，这是因为两人的理论都属于欧洲的后结构主义理论，都着眼于解构。"② 从上面的引用中可以看出，不仅拉康，也包括德里达，都被作者看作后结构主义者，而"解构"只是他们的研究方法。

那么，拉康理论的后结构主义底色如何呢？在翻阅了很多材料之后，笔者决定还是从伊格尔顿的《二十世纪西方文学理论》中寻找答案，原因如下：其一，伊格尔顿是在 1982 年写作这本书，在 1983 年出版，在一定程度上，他对后结构主义的研究要比国内外很多学者都早几十年。其二，伊格尔顿是公认的马克思主义文论家，早在 1976 年，他就出版了《马克思主义与文学批评》，他学术素养中的这个马克思主义之维，使得他在对后结构主义思潮进行研究的时候，会使用我们更容易接受的辩证法、历史观、政治批评等手段。其三，迄今为止，在我所收集到的资料中，伊格尔顿是唯一一个明确指出拉康理论的后结构主义特征的学者。

有了这些理由，就笔者可以回到伊格尔顿那里了。伊格尔顿以一个章节的篇幅介绍结构主义。然后又用一个章节来介绍后结构主义。因此，他虽然提及拉康的两个具有明确后结构主义特征的理论，也只能点到为止，毕竟他那部里程碑一般的《二十世纪西方文学理论》不是专门研究拉康学说的著作。伊格尔顿是从比较的角度开始评论后结构主义的。

伊格尔顿指出，结构主义把符号和所指分开了，而后结构主义把

---

① 童明：《解构》，《外国文学》2012 年第 5 期。
② 童明：《解构》，《外国文学》2012 年第 5 期。

能指和所指分开了。① 这是因为，后结构主义者认为，符号的意义，即所指，并不恒定，因为其意义受到其前后不同的能指所构成的能指链的影响，导致其意义产生差异与变化。根据这种看法，我在写作时，我要表达的意义就有改变的可能，结局是开放的。于是，寻找一些终极能指，能超越这种困境的能指，如"上帝""理念""世界精神"等，就成了后结构主义者的目标。然而，在德里达看来，这些终极能指，是被各种意识形态提升到这种特权的地位，是操纵的结果。从这个认识出发，德里达对那些认为自己有着坚实基础的形而上学思想体系进行了解构。其方法是，从文本中选择一个细枝末节的点，从此入手，一步步深入，直到实现对文本的二元对立结构的破解。

在伊格尔顿这里，德里达的解构操作，连同福柯的研究，以及拉康和克里斯蒂娃的著作，都属于后结构主义的范畴。② 伊格尔顿没有深入讨论福柯的著作。罗兰·巴尔特也没有被伊格尔顿归入后结构主义的队列，不过，在他看来，巴尔特的作品完美地再现了从结构主义到后结构主义的发展过程。考查巴尔特的作品，伊格尔顿发现，从结构主义对历史的拒绝，到后结构主义对总体结构的敌视，都是人们寻求在话语中扭转现实生活中所遭遇失败的尝试。

伊格尔顿把德里达的解构归入后结构主义当中，认为德里达解构的最终目的是"摧毁特定思想体系及其背后的那一整个有种种政治结构和社会制度形成的系统借以维持自己势力的逻辑"③。在伊格尔顿看来，德里达的解构方法非常具有创造性，他对真理、意义、统一性、历史连续性等概念的解构，看似荒诞，实际上与德里达对语言、无意识、社会习俗的历史认识有关。他指出，认为德里达只关注话语，只肯定纯粹差异的领域的看法，是对德里达解构方法的歪曲。另

---

① ［英］特里·伊格尔顿：《二十世纪西方文学理论》（第2版），伍晓明译，第136页。
② ［英］特里·伊格尔顿：《二十世纪西方文学理论》（第2版），伍晓明译，第143页。
③ ［英］特里·伊格尔顿：《二十世纪西方文学理论》（第2版），伍晓明译，第157页。

外，伊格尔顿还提到女性主义对后结构主义的借鉴：后结构主义致力于拆解二元对立，而男女之间的等级对立是最持久、最有害的一种对立。

从结构主义对符号差异性的研究，到后结构对男女差异性的研究，在完成了这些介绍之后，伊格尔顿准备探究后结构主义与精神分析方法之间的关联。于是，拉康的学说终于出现在读者的面前了。

在伊格尔顿看来，《拉康文集》就是用结构主义和后结构主义的术语谈论精神分析。"菲勒斯"这个术语，是拉康"从语言的角度重写我们在弗洛伊德对俄狄浦斯情结的阐述中已经看到的这一过程"①。在"菲勒斯"出现之前的镜像阶段，伊格尔顿提出，可以把凝视着镜中像的幼儿看作"能指"，把镜中像看作"所指"，也就是说，镜中像是幼儿的意义所在，幼儿认为镜中像就是自己，此时，所指与能指之间没有差别，外部世界与主体之间尚未出现裂痕。到目前为止，"这个幼儿一直还很快乐地没有为后结构主义的种种问题所折磨"②。然而，当父亲，这个"菲勒斯"的代表，闯入幼儿和母亲曾经稳固的二人世界之后，幼儿不可避免地要遭遇种种后结构主义的焦虑。意识到"菲勒斯"的存在的时候，也是幼儿开始学习语言的阶段。对语言的学习，使得幼儿进入象征阶段。从象征阶段开始，被拉康称为"真实的"那些东西，就成了无法接近的领域、无法表意的内容了。后结构主义者根据拉康对"菲勒斯"这一能指的阐述，提出现代社会是以菲勒斯为中心的，这有别于传统形而上学所尊崇的逻各斯中心。同样，德里达更进一步，他把这两个词合成为"菲勒逻各中心的"（phallogocentric）。需要指出的是，有的研究人员因为拉康使用"菲勒斯"这个能指，就指责拉康的学说是菲勒斯中心主义的，这其实是对拉康理论的严重误读。不妨这样想，拉康提出"菲勒斯"在个体发展的象征阶段具有

① ［英］特里·伊格尔顿：《二十世纪西方文学理论》（第2版），伍晓明译，第178页。
② ［英］特里·伊格尔顿：《二十世纪西方文学理论》（第2版），伍晓明译，第179页。

的重要作用，其实是在用隐喻的方式说明"大他者"对个体的深刻影响，换句话说，拉康只是在描述主体的成长经历，而不是规定主体如何成长。

伊格尔顿只提及"菲勒斯"这个具有超验特性的能指，当然，还有其他一些专属于拉康的能指也具有后结构主义的特征，如"父亲之名""律法"等。

对于伊格尔顿来说，拉康的那个"无意识具有同语言一样的结构"的观点，是典型后结构主义的。后结构主义把能指从所指中分离出来，同样，拉康认为，无意识就是能指链间的滑行，从不固定于某个所指。拉康从语言出发，重读弗洛伊德早期著作，提出无意识是人与人相互交往的结果，因此是"外在的"。这个在我们之外，且又是我们构成之物的无意识，与我们所居其中的语言非常相似。不过，伊格尔顿指出，虽然拉康的种种提法都与后结构主义密切相关，但拉康并不关心他这些具有后结构主义特征的思想与社会之间存在何种关联性，更无意阐释无意识与社会之间关系的问题。① 拉康的这一特点，其实也反映出整个后结构主义思潮在 1968 年法国巴黎学生运动失败后把阵地转移到话语中去的事实，同时反映了后结构主义与政治的渐行渐远。

笔者根据伊格尔顿等人对后结构主义思想的评判，结合自己对拉康理论的了解，认为伊格尔顿没有提及的一些拉康概念也是后结构主义思潮不可分割的部分，如"主体""客体 a""物""享乐""知识""真实""悲剧""焦虑""移情""升华"等概念，它们反映了拉康在话语中质疑笛卡儿我思的主体，重新思考真理和意义，反对传统，抵制教条主义，拆解形而上学基础，等等。还有拉康后来在研讨班上分析使用过的莫比乌斯圈，也被阿尔都塞认为这是拉康想要超越二元对

①　[英] 特里·伊格尔顿：《二十世纪西方文学理论》（第 2 版），伍晓明译，第 188 页。

立的尝试。① 所有这些，其实与德里达的解构目标不谋而合，德里达认为："解构的首要意义，在于它针对经典思想（classical thought，亦即柏拉图传统）形成的'真理'和'知识'的本体论（ontology）所做的特殊思辨。"② 即使像德里达这样的解构主义者，也被齐泽克认为"基本上还是'结构主义者'"，他说，"唯一的'后结构主义者'是拉康"。③

结　语

在拉康身后，从 20 世纪 80 年代末开始，女性主义、后殖民研究、新历史主义、文化研究等开始陆续登上历史的舞台，后结构主义渐行渐远。然而，拉康对弗洛伊德精神分析学说进行的后结构演绎迎风飞扬、势不可当，时至今日，仍然散发着迷人的魅力。

---

① 阿尔都塞在《来日方长：阿尔都塞自传》中提到拉康离开巴黎高师之后，在研讨班上讲授莫比乌斯圈，这是"由德国数学家、天文学家阿·弗·莫比乌斯（A. F. Moebius，1790—1868）发明的拓扑学图形，它颠覆了欧几里德式的正常空间概念，因而被拉康用来表明精神分析对二元对立观念的质疑和'穿越幻想'的可能性"。参见［法］路易·阿尔都塞《来日方长：阿尔都塞自传》，蔡鸿滨译，陈越校，世纪出版集团上海人民出版社 2013 年版，第 346 页。

② 童明：《解构》，《外国文学》2012 年第 5 期。

③ ［斯洛文尼亚］斯拉沃热·齐泽克：《斜目而视：透过通俗文化看拉康》，季广茂译，浙江大学出版社 2011 年版，第 246 页。

第二章　拉康的语言观①

精神分析学在当代西方思想文化中的重要地位是同法国学者雅克·拉康（Jacques Lacan，1901—1981）的贡献分不开的。当我国学者开始介绍20世纪西方思潮时，拉康的著作和国外研究拉康思想的著述也被介绍和翻译过来。② 与此同时，国内学者介绍和阐述拉康思想的著述陆续出现。例如，方成的《精神分析与后现代批评话语》③，方汉文的《后现代主义文化心理：拉康研究》④。在文学评论界，早有学者开始研究拉康的思想。例如，黄汗平的《拉康与弗洛伊德主义》侧重

---

① 这一章的内容，最早发表在《外国文学》2005年第3期，其中所引用文献只限于2001年出版的英文译者艾伦·谢里登（Alan Sheridan）从《拉康文集》中选择9篇文章所完成的《拉康文选集》。布鲁斯·芬克（Bruce Fink）翻译的英文版《拉康文集》第一次出版发行的时间是2006年。法语版《拉康文集》是在1966年由法国瑟伊出版社出版发行的，艾伦·谢里登的《拉康文选集》早在1977年就第一次在英国出版发行了，艾伦·谢里登因此是把拉康的法语著作翻译成英语的第一人。除了《拉康文选集》外，谢里登还翻译了拉康的第十一期研讨班讲义——《精神分析的四个基本概念》。这本讲义是法国瑟伊出版社在1973年出版发行的，而艾伦·谢里登的英译本同样在1977年就在英国出版发行了。这章内容的正文部分与我当初发表的论文一样，为了统一形式，我增加了"结语"部分，注释部分也按照统一格式进行了处理。

② 例如：[法] 雅克·拉康《拉康选集》，褚孝泉译，上海三联书店2001年版；[法] 穆斯达法·萨福安《结构精神分析学：拉康思想概述》，怀宇译，天津社会科学院出版社2001年版；[英] 玛尔考姆·波微《拉康》，牛宏宝、陈喜贵译，昆仑出版社1999年版。

③ 方成：《精神分析与后现代批评话语》，中国社会科学出版社2001年版。

④ 方汉文：《后现代主义文化心理：拉康研究》，上海三联书店2000年版。

介绍拉康的镜像理论和个体在认知过程中所经历的真实、想象、象征这三个阶段的理论;① 严泽胜的《拉康论自恋、侵略性与妄想狂的自我》重点阐述拉康关于自我的理论。② 但是，拉康的其他观点，如语言观、欲望（desire）观、盯视（gaze）观、主体性（subjectivity）和主体间性（intersubjectivity）的理论观点，在我国文学评论界中还鲜有提及。本章试图对此不足做一些努力，对拉康的语言观做初步的评价。

本章共有四节：第一节总述拉康语言观的主要思想渊源和要点，第二、第三、第四节具体阐述拉康如何在借鉴结构主义语言学和海德格尔语言哲学的基础上，综合他对弗洛伊德语言理论的理解，提出自己的语言观。

第一节　拉康语言观的由来

20 世纪初，弗洛伊德关于性和无意识的理论，在法国受到严厉的批评。虽然法国在 1926 年成立了精神分析学会，但在 20 世纪 50 年代之前，学会规模一直较小，而且仅限于医学界。第二次世界大战期间，学会成员大多被杀害，精神分析活动也被迫停止。第二次世界大战后，存在主义开始盛行，对战争、个人的选择和职责等问题作出了反思。这个时期的文学作品，如萨特的《自由之路》和加缪的《鼠疫》，注重从个人的心理感受来反映社会的变化，从而为精神分析文化的出现铺平了道路。到了 60 年代，笛卡儿关于人是自觉理性的学说愈加受到怀疑，越来越多的人开始接受无意识的存在，法国对精神分析的态度也从嘲笑抵制转变为疯狂迷恋。

在这一转变中，雅克·拉康毫无疑问地起了非常重要的作用。他

---

① 黄汗平：《拉康与弗洛伊德主义》，《外国文学研究》2003 年第 1 期。
② 严泽胜：《拉康论自恋、侵略性与妄想狂的自我》，《外国文学评论》2003 年第 4 期。

是迄今为止法国最杰出的精神分析学家，他使"无意识"这个概念在法国变得家喻户晓。拉康年轻时醉心于斯宾诺莎的《伦理学》，后又迷恋于黑格尔的哲学，同哲学家海德格尔也交往甚密，这使他的精神分析学具有浓厚的思辨色彩。他还深谙萨特的作品，与文学家詹姆斯·乔伊斯也有往来。1963 年，马克思主义哲学家路易斯·阿尔都塞（Louis Althusser）邀请他去巴黎高等师范专科学校（Ecole Normale Superieure）做学术报告，从此，拉康的学术报告厅成了法国知识分子聚会的场所，其中包括批评家罗兰·巴尔特，克里斯蒂娃和她的丈夫菲利普·所勒斯，哲学家米歇尔·福柯、雅克·德里达，以及人类学家列维－斯特劳斯。

　　拉康继承了弗洛伊德想把精神分析学建成一个知识体系的想法，把心理分析同其他学科广泛联系起来，其中包括人类学、哲学、语言学、逻辑学和数学，从而为精神分析学奠定了广泛的知识基础。他反对以英国为代表的盎格鲁·萨克森理性主义哲学传统，后者相信人是具有理性思维的主体，依赖"感觉—意识—知性"行事；在精神分析领域，他们强调理性的作用和分析者的能力。拉康认为真相存在于无意识当中，提出精神分析不是一套治疗方案，也不是一种解释方法，而是一系列倾听和质疑无意识内容的技巧。他尤其反对人类主体性先天存在的说法。对拉康而言，性和无意识并非与生俱来，而是后天建构的结果。与弗洛伊德强调人的生物本性不同，拉康强调人更受到外界影响因素的作用；受结构主义人类学家列维－斯特劳斯的影响，拉康同样关注人性中由文化决定的一面。"如果说弗洛伊德的作品充斥着生物学的幽灵，那么拉康的作品则有着强烈的反生物学的倾向。"①

　　拉康的口号"重返弗洛伊德"侧重对弗洛伊德早期作品的重读，

---

①　Madan Sarup, *Jacques Lacan*, New York：Harvester Wheatsheaf, 1992, p. 11.

尤其是弗洛伊德关注语言和无意识关系的三部作品：《梦的解析》《日常生活精神病理学》《笑话及它们同无意识的关系》。拉康认同弗洛伊德的观点，认为无意识先于语言表述，无意识代表的是被剥夺了语言表述的那些思想内容。[①] 但是，拉康更向前走了一步，探讨无意识同人类社会的关系，强调无意识并不是纯个人的领域，而是人际互动的结果。他认为无意识存在于你我之间，就像语言在人际交往中的作用一样。拉康还认为，无意识具有同语言一样的结构，并且是语言的一个特殊的效果；无意识自有规则，它的意象同意识的那种连续线形出现的意象不同，而是经过压缩或置换的结果。

拉康用结构主义的理论重读弗洛伊德关于人类主体、这种主体在社会中的位置及其同语言关系的问题。结构主义理论旨在发现人和社会的普遍规律，而拉康肯定语言在思想中的中心地位，强调逻辑和数学规则，意味着他要为知识的统一性寻找一种普遍规律。他用索绪尔的结构语言学修正弗洛伊德的理论，还把雅各布森的隐喻、换喻的概念同弗洛伊德的压缩、置换的概念结合起来，从而使他从结构主义的角度理解人类主体和语言的关系成为可能。

拉康关于语言的观点在很大程度上也受到海德格尔语言观的影响。海德格尔在《存在与时间》中从存在论的角度去界定语言，把语言视为存在的条件。他认为，语言不是表达的工具，而是人的存在家园，是使人成为人的存在前提；他还认为语言是人的主人，而人是语言的奴仆。拉康接受海德格尔的这种观点，认为不是我们在表达语言，实是语言借助我们表达它自己；他还把海德格尔的这种存在主义语言观同他的主体性概念结合起来，提出语言建构人类主体性的观点。虽然拉康谈论语言的优先性，但他却相信语言之外有更多的东西可以经历。

---

① ［法］雅克·拉康：《拉康选集》，褚孝泉译，上海三联书店 2001 年版，第 10 页。

第二节 能指、所指、隐喻、换喻

安尼卡·莱梅（Anika Lemaire）在她那部有影响的作品《雅克·拉康》中，用索绪尔和罗曼·雅各布森的语言学术语谈论拉康，因此拉康在英国被看成一个结构主义者。拉康是在第二次世界大战以后开始注意到索绪尔的语言学理论，并把它应用到心理分析当中的。

拉康受惠于索绪尔关于符号的概念。索绪尔认为，符号可以分成能指（signifier）和所指（signified），能指是符号所产生的声音意象，所指是符号所代表的概念，它们依赖于同其他能指和所指的差异性来建立自己的意义。能指和所指的关系是任意性的，但一旦关系确立，符号就被固定下来，并且符号的这两个功能相互对称、互相依赖。拉康颠覆了能指和所指的这种对称关系 s/s，而代之以S/s，① 其中大写的 S 代表能指，小写的 s 代表所指，两者间的小栅栏 "/" 象征着它们之间不可调和的裂痕。同索绪尔强调能指与所指的和平共处不同，拉康强调能指相对于所指所具有的优先性，没有一个能指会只固定在一个所指之上，能指链不断地在所指链上滑动。作为意义的一个成分，小栅栏 "/" 只能从语言学的角度考虑它作为隐喻和无意识模式的功能：蕴含在能指中的无意识滑落到小栅栏的下面，受到压抑，无法跨越栅栏进入意识当中。所指在能指下面隐秘地滑动，意义不断地被置换，意味着语言中缺少一个能明确意义的固定点，这个内在的空缺使语言永远都具有模棱两可性。对于索绪尔来说，符号是能指和所指的结合；对于拉康而言，能指同符号相对：符号指涉不在场的事物，能指却指向语言链中其他的能指。拉康认为，意识中

---

① Jacques Lacan, *Écrits: A Selection*, trans. by Alan Sheridan, London: Routledge, 2001, p. 164.

的话语由符号构成，无意识中的话语则由那些同所指分离的能指构成。① 拉康赞同索绪尔关于能指、所指间的关系具有任意性的说法，这种任意性说明从能指到所指，从语言到概念，从人类行为到心理意义，都没有自然而然的过渡。

在《罗马报告》（"The Roman Discourse"）发表之后，拉康就从最初对想象（the Imaginary）的研究转到对象征（the Symbolic）的研究上。在对象征的研究上，他认同罗曼·雅各布森的观点。雅各布森认为，隐喻（metaphor）和换喻（metonymy）是语言的两个显著特征，隐喻建立在字面所指事物和它的隐喻替代物相类似的基础上，换喻则建立在字面所指事物和它的替代物相邻近的关系上。隐喻和换喻是二元对立的两极，在两者之间，语言进行着选择、合并的双向过程，每一句话的形成都要经过"垂直的"选择和"水平的"的合并这两个过程，每一句话都是合并从众多可能选择的成分中选择出来的成分。② 在众多的词语当中，只有几个可被选择用于特定的情景，选择在意义相似的词中进行，可以互相替代，因此，选择、相似、替代密切相连。选择出来的语词被用于合并成高一级的语言单位，合并通过临近原则进行，并为选择出来的词创造一个适当的语境，因此，合并、临近、语境密切相关。合并和选择是换喻和隐喻具体发生的情形，是语言最基本的两个操作过程，拉康认为，任何一个过程出现障碍或受到破坏，都会导致失语症的出现。

拉康把雅各布森的隐喻/换喻说同弗洛伊德的压缩/置换的概念结合起来，提出隐喻压缩和换喻置换的说法，认为这两种象征的表达方式为理解人们的心理机制提供了一个模式。③ 隐喻过程发生时，一个词

---

① Elizabeth Grosz, *Jacques Lacan: A Feminist Introduction*, Longdon and New York: Routledge, 1990, p. 95.

② Madan Sarup, *Jacques Lacan*, p. 51.

③ Anika Lemaire, *Jacques Lacan*, trans. by David Macey, London: Routledge and Kegan Paul, 1982, pp. 199–205.

隐没在另一个词的下面，落在小栅栏"/"下面的所指受到压抑，能指取代它，相当于精神症状发生的情形。换喻过程同隐喻的这种等级森严的结构不同，相互的关系也不是那种隐藏和显然的模式，在换喻中，拉康发现了"欲望"的运动规律，第一个失去的欲望对象总是引发一系列只能提供部分满足的替代物。拉康的隐喻的概念可以帮助人们理解精神症状的含义，换喻的含义则可以启发人们对欲望的思维。隐喻和换喻可能是拉康分析无意识时使用最多的两个词，他认为无意识的思想内容通过隐喻和换喻在所指链上显现。

拉康认为，隐喻比换喻更具有优势，因为语言可以被隐喻地使用去表示所说之外的事物，指向字面义和指涉义以外的东西，而且隐喻的使用还代表着一个人的价值判断，表明你选择这个而不是那个。在精神分析中，拉康认为，精神分析者可以通过隐喻这种方式把语言推到极限，探求不可表达的真相；他们关注的是词的含混和表里不一，因为在开放性的语境中，意义不定的词同时具有几个含义。在文学研究当中，雅各布森把隐喻同诗歌联系起来，尤其是浪漫派的诗歌和象征主义的诗歌，而把换喻同现实主义小说联系起来。拉康认同这些观点，但他更崇尚同隐喻有关的诗歌。

第三节　实语与虚语

拉康认同海德格尔关于语言是人类存在的家园的说法，人类不得不用语言谈论语言自身这一事实即证明了我们无法超越语言到达更高的境界。缘于语言"真实"和"不真实"的两种性质，海德格尔把语言分成"话语"（Rede）和"闲谈"（Gerede）。"真实"的"话语"要求我们有能力为自己的言辞负责，也能保持沉默倾听和回应存在的召唤。"话语"是说出的语言，而说出的语言中一向已经具有领会和解释，即对"此在"的领会和解释。"话语"的存在是交流，"使听者参与向着话语所谈及的东西展开的存在"①。但是，听者不见得能够领会话语之所及的原始存在，对所谈及的存在者也是不甚了了，只是一般性地领会话语本身，致使"话语丧失了或从未获得对所谈及的存在者的首要的存在联系"②。当话语不再以原始地把这种存在者据为己有的方式传达自身，而是以人云亦云的方式传达自身的时候，就流变为"不真实"的"闲谈"。在闲谈中，我们不再依赖我们自身的经历交流，而是心不在焉，鹦鹉学舌，语词成为我们从自身逃走的策略。闲谈就是以这种封闭的形式终止了我们对存在本身的解释，那些无味的陈词滥调和时髦的流行口号妨碍了我们对语言的慎重使用，阻止了我们对我们存在本身最基本的质疑。

根据海德格尔对"话语"和"闲谈"的区分，拉康把语言分成"实语"（full speech）和"虚语"（empty speech）。拉康对语言的这种划分是在他的论文《言语和语言的功能和范围》（"The Function and Field of Speech and Language"）中提出的，论文的要旨是指导精神分析者在精神分析中如何判断主体言语的真实性。"实语"是指主体摆脱了自以为自治的想象阶段而进入以真实的主体间性为特征的象征阶段所说的言语，是主体与主体交往中形成的无意识内容。"虚语"是指处于异化、孤立、不真实的想象阶段的主体所说的言语，它妨碍以主体间交往为基础的"实语"的说出。在精神分析当中，当主体陷入想象虚幻的"虚语"之中，他/她就不能够讲述真实，在那里能指永远指向另一个能指，主体被语言本身所讲。主体获得"实语"之时，意味着他/她不再似物体般地讲话，心理分析就是让主体说出他/她的"实语"。

拉康强调要从言语和语言这两个角度对主体进行分析，分析者首

---

① ［德］海德格尔：《存在与时间》，陈嘉映、王庆节合译，熊伟校，陈嘉映修订，生活·读书·新知三联书店1999年版，第195—196页。

② ［德］海德格尔：《存在与时间》，陈嘉映、王庆节合译，熊伟校，陈嘉映修订，第196页。

先要引起话题，让主体自由联想，引导主体说出那令他/她痛苦的"实语"。① 分析者相信主体所说的每一句话都有更深层的含义，在主体不经心说出的每一句话的背后，都有一个说它的理由。分析者虽然不能凭借直接的手段触及主体的无意识，但主体的无意识明显地表征在他/她的梦中、笑话、神经性或精神上的行为、病症当中。拉康认为，精神分析者应该具有听出主体有意识话语之外那些无意识思想内容的能力，也就是听出主体所说的弦外之音的能力。关于如何判断主体言语的真实性，拉康说过一句很有名的话："主体以反向的方式从他者那里接收自己的信息。"他给出的例句是："你是我丈夫。"这句话至少有两层含义：首先"我"是针对他者"你"而说；其次"我"是想让"你"承认"我是你妻子"，就这样"我"以反向的方式从"你"那儿获得了"我"的信息。

与弗洛伊德一样，拉康认为梦、笑话、双关语、口误和矢口否定都是无意识内容的真实显现。拉康认为弗洛伊德对"否定"的研究能够帮助人们了解自己的真相，即无意识的思想内容。最著名的两个例子是："你认为我要说一些侮辱的话，但是，我真没这个意思。"这实际在说："我想侮辱你。""我在梦中看见某人，当然不是我妈妈。"这实际在说："就是我妈妈。"主体用这种否定的方式讲述被自我压抑的无意识真相，但拉康认为，否定本身肯定了"他者"的存在，主体通过否定来强调自己与"他者"的不同。他建议精神分析者应该注意接受分析者话语背后那些没有被说出来的内容，也就是接受分析者说的"他者"的话语；② 分析者要不带任何偏见地倾听接受分析者的话语，其在叙述自己的事情时表现出的犹疑和省略，矛盾和否定，幻象和恐惧，都是其心理机制的反映。拉康认为，精神分析开始时，接受分析者要么只谈论自己而不注意分析者，要么只对分析者谈论而不涉

---

① Jacques Lacan, *Écrits: A Selection*, trans. by Alan Sheridan, p. 280.

② Jacques Lacan, *Écrits: A Selection*, trans. by Alan Sheridan, pp. 44 – 46.

及自己，而当他/她可以同分析者谈论自己的时候，精神分析也就结束了。

第四节　语言与人的主体性的建立

1953 年 9 月，拉康在罗马大学心理学研究所举行的罗马大会上提交了题为《话语和语言的功能和范围》的论文，又称《罗马报考》。在报告中，拉康首次把心理分析看作关于说话主体的理论。拉康的精神分析关注的是历史、地理、文化对主体生成的影响，关注的是主体与主体间的相互关系和相互影响，而维系主体间关系的最重要的活动，毫无疑问是人类的语言，所以拉康的精神分析学探讨语言在人的主体性形成中所起的作用。

传统上语言被当成交流的工具，认为讲话人对自己所说之话有着清醒的认识，拉康却认为，说话者主体对自己的语言缺乏控制。拉康的一个重要思想就是人通过语言建构自己的主体，这个主体是语言的主体，服从于语言。同其他动物相比，拉康认为，人类是早产儿，因为在相当长的时间内，他不得不依赖其他事物才能生存。他最早的生理需求要通过哭叫引起他人的关注，在这里，比他的饥饿更重要的是他人对他哭喊的回应，所以，比物质、生理满足更重要的是得到承认和爱护。主体的欲望变动不居，是一个永远的缺乏，语言同欲望紧密相关，它是欲望表达的最好手段。

在拉康看来，婴儿降生在语言的世界中。小孩子在掌握了语言之后，他/她的心理结构发生了质的变化——他/她成为主体，从一个小动物变成一个人类孩童。儿童自我发展的过程是社会化的进程，他/她借助语言认识他人和自己，再借助语言走出梦魇般的俄狄浦斯情结。①

----

① 拉康认同弗洛伊德的俄狄浦斯情结和阉割情结的理论，但与弗洛伊德强调人的自然本性不同，拉康更强调语言对儿童经历的这两个阶段的影响。

在社会的诸种关系当中，文化形象和亲属结构都可以转化成语言的符号，对人类有意义的每一件事物，都可以通过语言的象征本质来了解。早在婴儿诞生之前，社会文化和语言的象征作为一种结构就已经存在，婴儿降生在一个秩序井然的社会中，必须遵守规则，经历俄狄浦斯情结，进入语言的象征领域。

拉康关于主体在镜像阶段生成的观点推翻了传统笛卡儿以来的理性主义哲学主体观。笛卡儿的"我思故我在"强调思想、意识的重要性，认为主体就是人所能意识到的"自我"（ego），拉康则强调无意识（unconscious）作为他者对主体形成的决定性作用。1936年，拉康在第十四届国际精神分析学会的年会上宣读了他的论文《镜像阶段》（"The Mirror Phase"）。在论文中，拉康认为主体是一个先天分裂的主体，这个分裂的主体诞生于它和它在镜子中的映像之间的根本不同。儿童认为镜中那个完美、自治的形象就是自己，而意识不到真实的自己是一个动作不协调，一切都依赖于他人照顾的个体。拉康强调主体的这种先天缺陷，在未来的发展中，个体不断追求却永远只能接近于他/她心中的完美镜像，主体的身份就建立在这种把镜中映像"他者"当成自己的错误认识上。① 他/她还会通过对母亲形象的认同或把母亲的形象纳入自身构建出一个自我，这个自我就是一个把"他者"内化的产物，是个体同他人关系的结果。因此，"我"实际上就是一个"他者"。② 主体对镜像迷恋的同时，也意识到空缺的存在，意识到自我与他人的区别，意识到自己独立于母亲的身份，于是"我"作为主体在区分"我"与其他主体间的关系时开始发生作用。

镜像阶段过后，孩童步入俄狄浦斯阶段，母亲与孩子在一个封闭的空间内自恋式地彼此认同，缺少社会的、语言的、经济上的交换关系。这时，父亲作为家庭的第三个成员就自然而然地在孩子面前扮演

---

① Jacques Lacan, *Écrits: A Selection*, trans. by Alan Sheridan, p. 2.
② Jacques Lacan, *Écrits: A Selection*, trans. by Alan Sheridan, p. 26.

起法律、秩序、权威的角色，然而这里的父亲是指想象中的父亲（i-maginary father），不是指遗传学上的父亲，他只是充当象征的父亲（Symbolic Father）的一个化身或代表，如果他没有履行这个象征功能，那么其他的权威形象，如教师、校长、警察乃至上帝，都可以向孩子灌输服于社会法则的意识，因此，父名（name‐of‐the‐father）在规范调整孩子与母亲之间的关系时所起的作用是非常必要的。弗洛伊德描述了父亲对孩子/母亲间的俄狄浦斯关系的干涉，父亲禁止孩子对母亲的这种亲昵行为（包括性的行为）。孩子感觉父亲是一个潜伏着的阉割者，在与父亲争夺母亲的情感和注意力上，他永远斗不过父亲。因为害怕被阉割，害怕父亲作为"菲勒斯"（the Phallus）拥有者的权威和权利，男孩让步。① 拉康用语言学和社会文化术语重写了弗洛伊德的俄狄浦斯说，他认为，父亲作为一种权威象征对儿童"超我"观念的形成起着至关重要的作用，儿童通过压抑自己对母亲的欲望结束了自己对母亲俄狄浦斯式的依恋关系，于是，一种隐喻的关系在父子之间建立：男孩既要学习父亲的男性特征，又不能对父亲的女人心存欲望，所以拉康谈论父亲的隐喻（paternal metaphor）或父名（name‐of‐the‐father），它意味着父亲的在场及母亲的缺场。② 儿童的阉割情结帮助他走出俄狄浦斯情结，接受父名所包含的全部意义，开始了主体在象征阶段的旅程。

象征意味着符号对主体的优先性。③ 我们在讲话时，为表明我们的

---

① Jacques Lacan, *Écrits: A Selection*, trans. by Alan Sheridan, p. 229.

② Jacques Lacan, *Écrits: A Selection*, trans. by Alan Sheridan, p. 221.

③ 拉康界定的儿童在认知过程中经历的三个阶段——真实（the Real）、想象（the I-maginary）和象征（the Symbolic）的划分并不是截然对立的，倒是经常出现交叉的情形，如儿童在象征阶段也会表现出想象阶段的特征。一般来说，儿童的真实阶段是从出生到镜像阶段开始之前，它保持着动物的纯真本性，尚没有受到外界力量的教化；想象阶段通常指儿童在6—18个月时经历的镜像阶段；镜像阶段的孩童已经开始受到外界象征事物的影响，只是他/她还必须经历俄狄浦斯情结；儿童在俄狄浦斯情结阶段，父亲象征的母子之外的第三者的力量已经开始发挥作用了；俄狄浦斯情结之后的阉割情结则让儿童彻底接受父亲象征的权威。

身份，我们使用代词"我"，但这是最不稳定的实体，"我"不断地变换，指向碰巧在此时使用它的人。"我"这个词除了指涉不稳定外，还有一些不足：语言通过指涉不在场的事物发挥功能，"我"却时刻表明自己的在场。拉康强调象征总是代表那些不在场的事物，儿童通过扔取东西象征母亲的在场和缺场。① 以象征为特点的语言无法在真实（the Real）中立足的，它无法对应或代表真实，它不可避免地使主体的构成包含了历史、地理和文化的成分。

　　拉康质疑那些对意识和话语的传统假定，认为语言并不表示主体事先就已存在的目的或想法。他认为，主体是话语的结果，而不是话语的原因，不是主体在生产语言，充当语言的主人，而是主体通过语言构建自己。在拉康看来，主体只不过是受语言束缚，被语言折磨的动物。我们虽然是讲话的主体，然而，在语言中，我们从不可能完全表达我们心中所想，在我们所说和我们实际上想说之间总存在一些距离。一个主体并不是通过能指向另一个主体表达思想，实际是能指代表主体指向另一个能指。主体不再是语言的执行者，而是受语言支配，被语言述说着。当符号在主体交流的行为中发生作用的时候，能指却颠覆了主体的意图，瓦解了交流的可能性。拉康反对语言指涉固定事物的说法，他认为，每一个语言单位只有通过指涉其他事物才能表意。

　　语言的契约关系要求两个主体在认同某物之前要取得彼此的认同，所以语言是主体间的协定。拉康强调话语不但传送信息，而且在说者和听者之间建立关系。他认为，人的主体性并非与生俱来，而是后天语言所象征的人类学、社会学文化建构的结果。拉康的语言观让人们对笛卡儿以来的理性主义主体观有了新的认识，当我们介绍20

---

　　① 弗洛伊德注意到自己的孙子在意识到他的母亲不在身边时玩的"扔掉、抓回"毛毛球的游戏，在孩子扔、抓的同时，他的口中发出"fort‑da"这两个音节，它们在德语中是"走了—回来"的意思。拉康以此为例，说明无处不在的语言让孩子进入象征阶段。

世纪西方文化思潮中各种流派的语言观时，①拉康的语言观也应该提
一提。

结　语

　　这篇关于拉康对语言认识的分析文章，总的来说，还是倾向于把
拉康当作一个结构主义者，这源于当时的我对于拉康的认识还不全面。
不过，当我说拉康认为人的主体性只有借助语言才能生成的时候，这
已经是在明确提及拉康的后结构主义特征的语言观了。正如我在第一
章论述的那样，拉康最明显的后结构主义特征体现在他对主体这个哲
学问题的精神分析上，而这一点是拉康与德里达和福柯明显不同之处，
后两人的学说不是关于主体的哲学，这也是学者认为拉康是最具后结
构主义特征的思想家的原因所在。同样，在第一章中我也提及，伊格
尔顿认为拉康的那个"无意识具有和语言一样的结构"的认识是最具
有明显后结构主义特征的。笔者认为，伊格尔顿之所以得出这样的结
论，是因为拉康的这个认识完全体现了拉康对"知识"和"真理"的
探询。对"知识"和"真理"的追索，是后结构主义者的事业，他们
将那些有着"二元对立结构"和"中心"的学说称为"形而上学"，
他们的任务就是拆解"二元对立结构"、打破"中心"，通过对前人发
现的"知识"和"真理"进行质询，如柏拉图的那些认识，希望找到
真正的"知识"和"真理"。也可以说，后结构主义思潮充满了革命
的脉动，后结构主义者希冀革旧鼎新、不可避免，作为潮头之人的拉
康，就是以如此心志对精神分析做主体探询的。而今，当我们说，精
神分析是关于主体话语的科学，是通过对主体话语的深入分析，才会

---

　　① 关于语言及语言观的研究，可参见战菊《语言》，《外国文学》2003 年第 4 期；萧沙
《解构主义之后：语言观与文学批评》，《外国文学》2003 年第 6 期；罗朗《语言对现实的反
叛和颠覆——西方 20 世纪文论语言观的演变》，《四川外语学院学报》2003 年第 6 期。

了解主体的无意识欲望的时候，不要忘记，是拉康引领我们走到这一步认知的。

　　关于"无意识具有和语言一样的结构"这一拉康话语，以及拉康认为"主体的主体性只有经由语言才能建立"的观点，我会在第三章"拉康的无意识理论"中继续论述。除此之外，因为精神分析是关于话语的科学，就是通过分析主体话语才能得知主体真相、主体真正的欲望，所以，第三章"拉康的无意识理论"、第四章"拉康的欲望观"、第五章"拉康论能指的优先性"其实都是对拉康语言观的继续阐释。

第三章 拉康的无意识理论

雅克·拉康是法国历史上最负盛名又最有争议的精神分析学家，他使"无意识"这一概念在法国变得家喻户晓，他最著名的一句话是"无意识具有和语言一样的结构"①。但是，拉康的无意识理论是从弗洛伊德关于无意识的理论基础之上发展起来的。因此，在谈论拉康的无意识理论时，需要经常返回到弗洛伊德那里，以比较的维度分析他们关于无意识的提法。本章的内容一共包括九节，力求全面地论述拉康的无意识理论。

第一节 弗洛伊德的无意识

弗洛伊德发现了无意识，并对它进行了科学研究。西方学者把弗洛伊德发现无意识比作哥白尼发现太阳系和哥伦布发现新大陆，还有学者把它同马克思发现生产方式相提并论。

弗洛伊德认为，精神分析和考古学非常相似：考古学家在城市废

---

① Jacques Lacan, *Seminar XI: The Four Fundamental Concepts of Psycho - Analysis* (1964), ed. by Jacques - Alain Miller, trans. by Alan Sheridan, London: Penguin Books, 1994, p. xv. 参见 Jacques Lacan, *Seminar VII: The Ethics of Psychoanalysis* (1959 - 1960), ed. by Jacques - Alain Miller, trans. by Dennis Porter, New York: W. W. Norton, 1998, p. 32.

墟中寻找被埋藏的古物，精神分析者在尘封已久的童年里寻找线索。一个人童年的一些不快乐经历受到压抑后在无意识中留存起来，精神分析者要想了解这些经历就必须从无意识入手，就像考古学家只能用铲子才能让庞贝古城下的遗迹重见天日。

弗洛伊德认为，人的思想分成三部分：意识、前意识、无意识。意识是我们对周围事物的感知和认识；前意识包含了可以轻易成为意识的东西；无意识包含了本能和冲动。后来，弗洛伊德又提出人的思想分别由本我、自我、超我主宰，这种提法是前一种学说的延伸。本我是受制于身体需求的本能冲动；自我源于本我，要对本我的冲动进行规定和限制；超我代表了父母和社会所反映的道德意识，它不断谴责自我对本我的放纵。

本我想要满足自己的本能需求而不考虑这些需求同外界需求的冲突，自我就时时感受着本我的这种不被超我接受的需求带来的压力，于是这些经历带着不快乐的色彩被挡在意识的大门之外，尘封在无意识中，这就是弗洛伊德所说的压抑过程。每个人的成长都要经历现实原则对快乐原则的压抑。这些被压抑在无意识中且被禁止的愿望不断地想要冲破自我的看守，通常以伪装的方式返回意识中。

无意识愿望的伪装方式包括梦、口误、玩笑、双关语、失忆、精神疾病症状等。口误是无意识的表现方式，玩笑也是无意识的一种表达方式，而对梦的解释被弗洛伊德看作了解无意识的最重要手段。梦源起于那些在清醒状态下无法实现的无意识冲动，它和个体的日常经历以及婴儿时期的性幻想①密切相关。自我的检查机制不会允许这些无意识冲动以其本来的面目出现，无意识只能以伪装的形式出现在梦里。

---

① 精神分析主要分析"性"和无意识。这里的"性"不等同于繁衍后代的性，也不是简单的生理冲动，而是心理上的性，它包含了意识和无意识中对那些可以带来快乐的事情的幻想，这里的快乐又远远超越了生理需求带来的满足。参见 Madan Sarup, *Jacques Lacan*, New York：Harvester Wheatsheaf, 1992, p. 15.

弗洛伊德认为，一个人的无意识欲望，尽管受到压抑，却可以通过一系列的压缩和转移的方式在梦中实现，甚至在精神疾病的病症中得到满足。在弗洛伊德看来，人的无意识欲望永远同自己儿时的记忆有关，同自己的性幻想密不可分。

对弗洛伊德来说，"梦"只是一种通过睡梦才能实现的特殊思考方式，它包含三个元素：梦本身的内容、潜在的内容、无意识欲望。他主张关注梦的形式和梦的机制，以及为什么要通过梦这种特别的方式，而不要过多在意梦的那些潜在的内容和被掩饰的意义。弗洛伊德的《梦的解析》《诙谐及其与无意识的关系》和《日常生活精神病理学》，就是他对无意识的研究成果。

弗洛伊德在《自我和本我》中提出，无意识的内容只有通过前意识的文字表达才能呈现给意识，而这些表达无意识的文字只有成为可认读的文字的一部分的时候，才能为意识所明白。例如，一个孩子看到一位妇女的双腿摆成字母 M 或 V 的形状，如果这个经历给他留下深刻的印象，那么这个字母就会作为一个联系人名和地名的线索存在于孩子的意识中。[①]

弗洛伊德认为，无意识的内容，那些受到意识压制的想法或形象，只有通过否定的方式才能出现在意识中。例如，一个人说："你可能会认为我要说一些羞辱你的话，但实际上，我没这个意思。"真实的意思是"我想羞辱你"。又如："我梦见了一个人，那当然不是我妈妈。"实际上是说"那是我妈妈"。

拉康基本上反对盎格鲁－萨格森的哲学传统，因为这种传统强调"常识"的力量，这个"常识"与弗洛伊德的"意识"的概念比较接近。在英国，很多人都认定常识是真实存在的，人们可以按照常识合理明智地对事情做出反应。拉康认为，这有点一厢情愿，事实并非如

---

① Madan Sarup, *Jacques Lacan*, p. 76.

此。始于 20 世纪二三十年代维也纳的"自我心理学派"也大致坚持相同的观点。这个流派的人，根据弗洛伊德对本我、自我和超我的划分，强调自我对本我的约束力量，认为自我中存在一个不受本我、自我和超我冲突影响的领域，在这个领域中，自我调节约束本我的不羁和冲动。他们认为来做精神分析的人有着软弱的"自我"，而精神分析者拥有较强的"自我"，精神分析的过程就是让接受分析者效仿学习分析者强大的"自我"。

拉康反对"自我心理学派"的观点。20 世纪 50 年代，拉康提出"重返弗洛伊德"，依据弗洛伊德的论文《论自恋》，拉康强调自我是变化发展、不断误认、残缺不全的。根据拉康的镜像理论，自我并不是与生俱来的，它的形成始于同镜中形象认同的一刹那，而镜中形象只是虚幻的，因此自我一开始就处于误认的状态。拉康认为，弗洛伊德过于强调自我的适应能力，却对自我拒绝来自无意识的想法和感情没有给予足够的重视。

拉康强调无意识的力量和作用，他认为主体的真相存在于无意识中，同意无意识存在于梦、玩笑、胡言乱语、文字游戏中，却提出无意识有着自己的规则。与意识中连贯的意象不同，无意识的意象彼此压缩或置换成其他的意象，所以，无意识的内容不可能一目了然，分析者必须能够听出被分析者的话外音，也就是无意识的思想内容。

第二节 拉康的无意识理论及其对意识理论的颠覆

拉康对弗洛伊德进行重新解释是在受到结构主义和后结构主义关于话语的理论影响下进行的。拉康对弗洛伊德精神分析学说最伟大的贡献，在于他用索绪尔的语言学理论解释无意识的功能。他认为无意识具有和语言一样的结构，认为语言学和符号学的理论可以帮助人们理解无意识。拉康把无意识内容看作能指，还用雅各布森的隐喻、换喻概念来解释无意识的表现方式：压缩和置换。无意识具有和语言一样的结构，这一理论的提出是事物发展的必然。作为一种谈话疗法，精神分析只能对受分析者的语言进行分析。拉康认为，弗洛伊德不断提及文学和语言绝非偶然，他的无意识概念的提出也是由语言而来。弗洛伊德于 1900 年提出自己关于无意识的学说，那时语言学说尚未发展。索绪尔对符号学和普通语言学的演讲发生在 1906—1911 年，而发表已是 1916 年的事情。

　　拉康的情况就完全不同。拉康深受胡塞尔现象学方法的影响，以及稍后与他同时代的萨特和梅洛－庞蒂的影响。现象学方法关注主体对自己的叙述，把它们看成意义的来源，而非研究对象。拉康还从黑格尔和海德格尔的思想中寻求支持，认为精神分析中的生理现象只有通过语言和言语的调节才得以存在。[①] 传统上，人们认为，语言是交流的工具，说话者非常清楚自己所讲的内容。相反，拉康认为，人缺乏对语言的掌握，在努力掌握语言的过程中，主体才得以在从动物转变为人类孩童的过程中形成。他认为，主体因为语言而形成，通过语言与周围世界交往。[②]

　　拉康不认同交流是把有明确意义的概念从一个人传给另一个人，也不认同语言代表了已知对象。他认为，语言的契约关系使得两个主体在认同一个对象前已经彼此承认，因此，语言始终是主体间的协定。拉康强调语言不仅传递信息，更是在说者和听者之间建立关系。从辩证法的角度来看，主体的存在取决于其他主体的承认。[③]

　　拉康一直关注语言和言语对主体能够产生的影响，然而，索绪尔的语言学直到 20 世纪 50 年代才成为他理论的一部分。大致是第二次

---

① Madan Sarup, *Jacques Lacan*, p. 44.
② Madan Sarup, *Jacques Lacan*, p. 46.
③ Madan Sarup, *Jacques Lacan*, p. 46.

世界大战后的 1948 年，拉康开始把索绪尔的语言学应用到精神分析当中。1953 年，拉康在罗马召开的国际精神分析大会上宣读了他的论文《言语和语言的功能和领域》，从此奠定了精神分析作为研究说话主体的基本理论。这篇论文反映了索绪尔对拉康的巨大影响，拉康认为主体由语言决定。

拉康说，是弗洛伊德最早把无意识同语言联系起来，最明显的证据是弗洛伊德对歇斯底里症患者的研究。在此基础上，拉康说，"无意识像语言一样具有结构"。他承认对这句话的理解要借鉴列维－斯特劳斯在《野性的思维》中的研究成果。列维－斯特劳斯通过研究发现，早在任何经历，无论是个体的，还是集体的，刻在一个人的头脑中之前，图腾已经在原始社会中具有分类的功能。在严格的人类关系建立之前，那些未开化的人，就已经依据这些在自然界中获得的支持（图腾就是他们的能指），以对立的主题模式，创造性地建立他们最初的关系结构。

拉康用《野性的思维》中原始人类社会结构的情形，类比人在主体形成之前的状况，其目的就是说明，人在主体生成之前，他的混沌未开的世界也有能指，也有结构。能够说明这个道理的最为熟知的例子就是那个把自己也算进去的计数的孩童，他说："我有三个兄弟，保罗，欧内斯特，我。"只是到后来，这个主体才会认识到，他们兄弟一共三人的确不假，问题是计数的"我"把自己也算进去了。

除了列维－斯特劳斯的结构人类学的影响之外，拉康还承认了来自语言学的影响。弗洛伊德无缘知道索绪尔的语言学理论，但拉康生活的时代恰逢结构主义如日中天。拉康对语言学给予了高度的肯定，认为它不同于任何或心理或社会的学科，是真正关于人的科学。语言凭借组合模式，自发运作，且先于主体存在，"就是这个语言结构为无意识提供了基础。就是这个结构，无论在何种情况下，都向我们保证，在无意识这个术语之下，有些东西是可以定义，可以接近，可以具体化的"①。这也是拉康强调他的无意识概念与弗洛伊德的有所不同的原因所在。

第三节 无意识：他者的话语

从语言的角度对弗洛伊德进行重新解释，使拉康得以研究无意识与人类社会的关系。他认为，无意识不是我们内心绝对私人的领域，而是人与人之间彼此交往联系的结果。无意识存在于你我之间，包围着我们，又像语言一样，使我们彼此联系。

一般认为，无意识只与本我有关。实际上，自我和超我中也有无意识内容。人们可以从梦、口误、玩笑、失忆、精神症状中看到我们的无意识真相。同样，无意识真相也可以在自我和超我对本我的审查和抑制中看出。

拉康认为，弗洛伊德最了不起的洞见不是发现了无意识，而是关于无意识具有结构的说法。无意识的结构以各种各样的方式影响主体的所说所做，于是无意识在表露自己的时候，使得精神分析成为可能。拉康把无意识看成一种语言，这种语言的具体运作和结果都不在主体的掌控之中。对拉康而言，无意识是另一个自我。他反对任何把无意识看成本能、冲动、原始、杂乱、邪恶的说法。在他看来，理解无意识的关键在于认识到无意识具有逻辑结构。无意识的逻辑可以在精神分析中，当分析者发现自己在一段话中听出了不同的秩序的时候出现。例如，一个受分析者说："我想我不存在。"第一个"我"是说出前面这句话的主体，是象征世界里能说会想的主体；第二个"我"才是真正的主体，是无意识的主体。

还应该提及的是，拉康的无意识观点始终是围绕着"存在的缺乏"

---

① Jacques Lacan, *Seminar XI*: *The Four Fundamental Concepts of Psycho – Analysis* (1964), ed. by Jacques – Alain Miller, trans. by Alan Sheridan, p. 21.

讨论的。他者是主体存在的证人和保证者，主体对"他者"的依赖造成了主体的"存在的缺乏"的感觉，这个关系在母亲和婴儿的关系中可以得到验证。母亲照看婴儿，喊他名字，告诉他是谁，她就是创造他的母亲他者。母亲他者是主体的诞生之处，并且在主体出生之前就已经存在，可是母亲本身也是一个建立在"存在缺乏"基础上的主体。由于缺乏，母亲不能满足孩子对爱的绝对要求，无论她给多少，都无法填补母亲和孩子存在上的空缺。对爱的要求超越了能够满足生理需要的东西，于是欲望产生，拉康认为，欲望诞生于要求和需要对立的边缘之处。[①]

《拉康文集》中有一篇文章讨论了弗洛伊德的"否定"概念。拉康认为"否定"恰恰说明了"他者"的存在，主体用"否定"的方式来强调自己与"他者"的不同。《拉康文集》体现了他对自我心理学派的批判，在他看来，自我心理学派是对精神分析的背叛，是对无意识的压抑和对患者的操纵，最主要的是，自我心理学派一直没有超越自我的语言范畴。从精神分析的角度看，拉康认为，存在两种言语，分别是虚语和实语。虚语源于自我，是针对想象阶段的主体，有别于小写的他者而说的；实语是相对于大写的他者而言的，这个大写的他者就是无意识，这样，实语的主体就是无意识的主体，所以拉康说，无意识是他者的话语。

拉康坚持主体的真相存在于无意识——那个大写的他者中。即使患者撒谎、沉默、失忆，他/她的真相也还可以在其他地方出现。比如，在自我的检查机制放松警惕的时候，在睡梦里、玩笑中、口误和笔误处。拉康认为，在精神分析过程当中，分析者只是充当一面镜子，要尽量中立公正地折射出接受分析者的性格或价值观。当然，分析者还应该有能力区分接受分析者的虚语和实语。

---

① Jacques Lacan, *Écrits：A Selection*, trans. by Alan Sheridan, p. 317.

第四节　无意识具有语言一般的结构

对弗洛伊德来说，无意识是我们存在的一部分，它控制着我们的思想和愿望，但我们对它束手无策，拉康却说"无意识具有和语言相同的结构"。

拉康认为，在婴儿阶段的一些时刻，它的自我中心式的独白已具有严格的句法结构。在他看来，无意识不是一系列无组织的冲动，而是自我的场所。对于认为无意识与本能的、古老的、压抑的冲动有关的看法，拉康予以谴责。他认为，理解无意识的关键是知道无意识的结构非常富有逻辑，这是因为"语言的结构赋予了无意识相同的结构。也是这种结构，无论如何，都让我们确信，在无意识这个术语之下，有一些事情是非常明确，可以触及和极其具体的"[1]。拉康反复强调语言在主体生成之前就天然地发挥作用，语言通过我们讲述而非我们讲述语言。

拉康重返弗洛伊德的事业，让他对弗洛伊德著作进行了深度阅读。他提醒大家，是"弗洛伊德的发现使大家开始质疑真相"[2]。他和弗洛伊德都强调主体的真相存在于无意识之中，而不是意识之中。通常情况，无意识被用来描述本我，但是自我和超我中也有无意识的成分。拉康认为，无意识存在于意识和感受的间隙之中，它是"他者栖居的地方，是主体构成之所"[3]。他说主体通过自己的话语说出自己也不知晓的真相，这个真相存在于能指间的空隙中和能指链上的缺口处。弗洛伊德和拉康都认为无意识真相最容易在主体的自我辩解中识别出来；

---

[1]　Jacques Lacan, *Seminar XI*: *The Four Fundamental Concepts of Psycho – Analysis*（*1964*）, ed. by Jacques – Alain Miller, trans. by Alan Sheridan, p. 21.

[2]　Jacques Lacan, *Écrits*: *A Selection*, trans. by Alan Sheridan, p. 130.

[3]　Jacques Lacan, *Seminar XI*: *The Four Fundamental Concepts of Psycho – Analysis*（*1964*）, ed. by Jacques – Alain Miller, trans. by Alan Sheridan, p. 45.

也可以在面对审查和压抑时表现的症状中辨认出来；最容易在主体矢口否认的事情中看出。弗洛伊德认为，主体一直压抑的形象或想法只有在"否认"（Die Verneinung，德语）的情况下才得以进入意识之中，因为"否认"的方式允许主体说出无意识真相。对于拉康来说，"否认"说明了"他者"的存在，说明主体希望与他者区分开来，因此，主体用否定的形式说出"他者"否则认为是错误的事情，所以拉康说，"无意识是他者的话语"①。

拉康强调精神分析的目的是研究人类的性行为和无意识。他认为，这两者都不是先天存在的事实，而是经由语言，并在语言中建构起来的。个体出生之前，语言已经存在，所以性的取向和无意识不是生理事实，而是文化作用的结果。无意识不是私人专属领域，而是我们同他人关系的结果。同那些分析自我和意识的精神分析学家不同，拉康认为精神分析的特殊性就是要"充分利用无意识的现实，让主体在语言中与自己的欲望相遇"②。

弗洛伊德认为，无意识有两种运作机制：压缩与置换。压缩机制允许单一的无意识想法表达几种关联的内容；置换是为了逃避审查而把一种较强的无意识想法转换成不会被批评的想法。拉康把弗洛伊德的压缩和置换概念分别比作雅各布森的隐喻和换喻。拉康把压缩描述成"能指的叠加"，以此同隐喻比较。"一个词语取代另一个是要产生隐喻的效果，而一个词语和另一个合并是要产生换喻的效果。"③ 在隐喻中，一个能指替代另一个能指只是为了说出不允许的内容。在这个意义层面上，拉康说症状因此可以被读作能指，欲望被读作所指，如他的等式所示：能指/所指 = 症状/欲望。

拉康认为，无意识说话的时候，方式十分间接，并且使用修辞手

① Madan Sarup, *Jacques Lacan*, p. 76.
② Jacques Lacan, *Écrits：A Selection*, trans. by Alan Sheridan, p. 361.
③ Jacques Lacan, *Écrits：A Selection*, trans. by Alan Sheridan, p. 285.

段。分析者必须逐字倾听、仔细分析才能捕捉到说者的无意识真相。①
拉康相信隐喻在阐释无意识概念的时候所起的作用，认为语言的隐喻
特性允许它指向字面意义之外的事情，在隐喻中，欲望发现自己的表
达之路。因为在话语背后是真正想要表达的内容，在想要表达的内容
后面还有其他的含义，而这个过程永无尽头。②

拉康把真相定义为"总是返回到其位置"的那种东西。③

第五节　无意识的功能与特征

雅克－阿兰·米勒（Jacques－Alain Miller, 1944—　）④ 曾经问拉
康，如何从存在论的角度解释无意识。拉康回应说，无意识"既不是
存在，也不是非存在，而是没有实现"⑤。他从原因入手进行解释，认
为在没有实现的事情中，原因不可或缺。总是出于什么缘由，让一些
事情脱离了正轨，在这原因与被原因影响的结果之间，蛰伏着无意
识。⑥ 其作用就是向我们展示，神经症患者如何在这缺口处与真实的欲
望重归于好。拉康提及，弗洛伊德在《神经症的病理学》中对此有所
触及，后者发现分裂处、间隙处、缺口处是未实现事件的领域。这些
未实现的事件，会短暂出现，又转瞬即逝，这种难以捕捉的特性，就
是无意识的存在方式。

---

① Jacques Lacan, *Seminar XI*：*The Four Fundamental Concepts of Psycho－Analysis*（*1964*），ed. by Jacques－Alain Miller, trans. by Alan Sheridan, p. xxvii.

② Madan Sarup, *Jacques Lacan*, p. 53.

③ ［斯洛文尼亚］斯拉沃热·齐泽克：《自由的深渊》，王俊译，上海译文出版社2013年版，第102—103页。

④ 拉康著作中研讨班系列皆是他的女婿雅克－阿兰·米勒根据拉康的授课录音整理编辑而成的，因此拉康把雅克－阿兰·米勒当作他研讨班系列作品的共同作者。

⑤ Jacques Lacan, *Seminar XI*：*The Four Fundamental Concepts of Psycho－Analysis*（*1964*），ed. by Jacques－Alain Miller, trans. by Alan Sheridan, p. 30.

⑥ Jacques Lacan, *Seminar XI*：*The Four Fundamental Concepts of Psycho－Analysis*（*1964*），ed. by Jacques－Alain Miller, trans. by Alan Sheridan, p. 22.

　　无意识最初表现为拒绝，表现为悬而未决之态，表现为尚未诞生。它所处的领域也没有什么不真实的事情，也非空想，只是一些没有实现的事情在那里如幽灵般游荡。这里犹如地狱一般幽暗，对阴影中任何一处的触及都是异常危险的，如果处理不当，就会遭到围攻。只有训练有素的分析师，才有可能让那些尚未实现的事情重见天日。拉康不太确定自己对无意识的这种认识是否会产生不良影响，但很确定在公共演讲中谈论弗洛伊德的"梦境之脐"（the navel of the dreams）所指向的未知之地不会没有效果。

　　这未知之地就是拉康所言的缺口之处，他把能指定律引入此地，最后得出他的"无意识具有语言一般的结构"这个著名的结论。在明确说出这个结论之前，拉康梳理了弗洛伊德的无意识理论的演变过程。首先，弗洛伊德的无意识概念与在他之前其他人提出的无意识概念是不一样的，在拉康看来，其他人的无意识概念基本就是意识的各种变体。其次，弗洛伊德的无意识也不是激发浪漫主义想象的那种无意识，与文艺女神无关，这可以从弗洛伊德对荣格的批评中看出，后者的集体无意识概念与浪漫主义的无意识概念有关联。最后，拉康指出，弗洛伊德反对那些认为无意识层面的真相可以像主体的意识层面的东西那样得到详细的解释。弗洛伊德的无意识藏身于他处：在梦里，在动作倒错中，在灵光一闪处，可以瞥见无意识的身影，那惊鸿一瞥留给弗洛伊德的却是受阻的感觉。不错，那种受到阻碍、分裂、失败的感觉，就像讲话时突然结结巴巴。弗洛伊德发现无意识要求登堂入室，但又转瞬即逝，只留下一个背影。就像希腊神话中俄耳甫斯（Orpheus）两次失去妻子欧律狄刻（Eurydice）那样，无意识也是这样出现—失去—再出现—再失去，俄耳甫斯寻找妻子之旅就像精神分析师寻找无意识一般无二。①

　　无意识一贯的形态就是不连贯和摇摆不定，它没有统一性可言。

---

　　① Jacques Lacan, *Seminar XI*: *The Four Fundamental Concepts of Psycho – Analysis* (1964), ed. by Jacques – Alain Miller, trans. by Alan Sheridan, p. 25.

追踪无意识，我们必须在共时的维度上进行，而且要认识到，在言说的主体层面上，无意识可以波及一切事物。在句子中，在不同的言说方式里，如在感叹中、在请求中、在祈愿中甚至在优柔寡断中，我们都可以发现谜一般的无意识，忽隐忽现，却确切无疑地在倾诉着。拉康说，那些盛开在无意识中的花，像菌丝一般，如弗洛伊德所说的梦一样，围绕着一个中心，向四处播散。①

无意识的世界充斥着被擦去、被遗忘的过往。这里有一个基本的结构在运作，它拦住一些东西，删去一些东西。从结构的角度上说，这是比抑制（repression）还要原始的一个层面。② 这个结构扮演着审查员的角色，其作用就是让难登大雅之堂的事物待在无意识里面。弗洛伊德通过遗忘这个现象研究无意识的审查机制。例如，他无论如何都想不起来他熟悉的一个人的名字，经过分析，他发现，这个人曾经对他的一些理论观点持反对的意见，自己这是记恨在心，因此故意遗忘。这些记恨，就是难登大雅之堂的事物，它们被无意识的审查机制关进了笼子。

被审查机制关进笼子的还有欲望。拉康认为，弗洛伊德在父亲之死的神话里应该看到了他自己被约束、被限制的欲望，即对父亲女人的欲望，而尼采的那个上帝已死的神话，其背后隐藏着的无意识真相，其实是对阉割的恐惧，恐惧遭到父亲的阉割。弗洛伊德尽其一生想弄清楚他与自己父亲之间真实的关系，至于结果如何，我们不得而知，但有一件事，是他一直求而未解的，那就是，他一直不知道"女人想要什么"③。拉康相信，倘若弗洛伊德不把一生的精力都用在解释歇斯底里患者的欲望上，他一定能找到这个问题的答案。

---

① Jacques Lacan, *Seminar XI*: *The Four Fundamental Concepts of Psycho - Analysis* (*1964*), ed. by Jacques - Alain Miller, trans. by Alan Sheridan, p. 26.

② Jacques Lacan, *Seminar XI*: *The Four Fundamental Concepts of Psycho - Analysis* (*1964*), ed. by Jacques - Alain Miller, trans. by Alan Sheridan, p. 27.

③ Jacques Lacan, *Seminar XI*: *The Four Fundamental Concepts of Psycho - Analysis* (*1964*), ed. by Jacques - Alain Miller, trans. by Alan Sheridan, p. 28.

第六节　无意识的伦理之维和存在之维

拉康说，从弗洛伊德本人开始，精神分析的发展历程就显示出对缺口中显现的事情的轻视。他要从"移情"（transference）这个概念入手，来说明和无意识、重复这两个概念有关的最碎片化和最有启发性的证据如何混乱地并存。例如，通常人们认为移情是重复的一种形式，拉康对此纠正："重复的概念与移情的概念无关。"①

无意识难以捕捉、脆弱不堪、没有实体，然而，拉康说，它的存在具有伦理维度。② 弗洛伊德在分析歇斯底里症患者时，想要找到患者发病的真相，他意识到，在欺骗的表象之下，在最为拒绝的姿态之下，隐藏着最深、最多的现实。于是，他决定，无论那真相是什么，他都要到达目的地，将它挖出来。弗洛伊德，这个发现者，在这片未知的无意识世界里，凭着他对真相的渴望，不断求索，最终挖掘出"歇斯底里症患者欲望"的真相。弗洛伊德在无意识的国度里，带着他的子民寻找真相，拉康依据弗洛伊德在整个无意识真相发现之旅中如国王一般的地位和负责任的态度，认为无意识的存在具有伦理层面的含义。拉康说，当他声称弗洛伊德探索真相的方法具有伦理维度时，并不是想让人们认为弗洛伊德是一个在困难面前无所畏惧的科学家，这样具有传奇勇气的形象需要进行一些调整。他强调："如果我在这里说无意识的地位具有伦理维度，而不是存在维度，恰恰是因为弗洛伊德本人在赋予无意识地位的时候没有强调这一点。而我所谈及的他对真相的渴望让他一往无前，也仅仅是为了显示能让我们自问弗洛伊德激情何在的方法。"③

---

① Jacques Lacan, *Seminar XI*: *The Four Fundamental Concepts of Psycho - Analysis* (1964), ed. by Jacques - Alain Miller, trans. by Alan Sheridan, p. 33.

② Jacques Lacan, *Seminar XI*: *The Four Fundamental Concepts of Psycho - Analysis* (1964), ed. by Jacques - Alain Miller, trans. by Alan Sheridan, p. 33.

③ Jacques Lacan, *Seminar XI*: *The Four Fundamental Concepts of Psycho - Analysis* (1964), ed. by Jacques - Alain Miller, trans. by Alan Sheridan, p. 34.

无意识的存在维度，在弗洛伊德看来，可以通过释梦、分析欲望来证实。弗洛伊德的著作《梦的解析》可以说是他展示无意识确切存在的最充分的说明。在回忆梦境时，人们常说，"我不确定，我怀疑"。弗洛伊德认为"怀疑"是一种抵制的表现，反而能够说明无意识的确定性，它是以不在场的方式显示的。对梦的研究，让弗洛伊德得出结论，无意识不仅确切存在，而且是主体真正的归处，是主体真正的家。① 对于弗洛伊德分析的那个著名的女同性恋者的梦，有人认为，这个女同性恋意在欺骗弗洛伊德，想让他相信她喜欢男人，弗洛伊德的回应是，"无意识不是梦"。拉康对此的解释是，弗洛伊德意在表达：欺骗是无意识言说的一种方式。令拉康感到遗憾的是，弗洛伊德没有对这个女同性恋者和另一个歇斯底里症患者朵拉的欲望对象做出进一步的说明，他止步不前，中断治疗，对病症的解释也犹豫不决。拉康认为，弗洛伊德因为缺少结构上的参照点，看不出患者的欲望对象，而实际上，就朵拉而言，她的欲望对象非常清楚、显而易见，那就是通过促成父亲和另一女子间的情事来维持父亲的欲望。② 朵拉在父亲与这个女子外出远足时表现出的顺从是她恰如其分的表演，她借此维护父亲的欲望。不仅如此，她还有进一步的行动，当这个女子的丈夫对朵拉倾诉他不喜欢自己妻子的时候，朵拉攻击了他，这也表明，"对她来说，有必要保持与第三者的关系，那让她能够看见欲望，而欲望无论在何种情形下都是不能够被满足的，且持续存在——既有她喜爱的父亲身为无能者的欲望，也有她自己不能实现的作为他者欲望的欲望"③。同样，那个女同性恋者的欲望对象也是她父亲的欲望对象，不

① Jacques Lacan, *Seminar XI*: *The Four Fundamental Concepts of Psycho - Analysis* (1964), ed. by Jacques - Alain Miller, trans. by Alan Sheridan, p. 36.

② Jacques Lacan, *Seminar XI*: *The Four Fundamental Concepts of Psycho - Analysis* (1964), ed. by Jacques - Alain Miller, trans. by Alan Sheridan, p. 38.

③ Jacques Lacan, *Seminar XI*: *The Four Fundamental Concepts of Psycho - Analysis* (1964), ed. by Jacques - Alain Miller, trans. by Alan Sheridan, p. 38.

过，她找到了一个解决方法，那就是藐视父亲的欲望。于是，我们看到这个女子的那些挑衅行为，一会儿跟踪城里名声不好的妓女，一会儿像骑士一般对待她倾心的女孩。直到有一天，她与父亲狭路相逢。从父亲注视的目光中，她读到了冷漠、蔑视和轻贱。然后，她立刻跳向身旁的铁轨。她的父亲让她意识到，无论如何，她也成不了菲勒斯，而那是父亲的终极欲望。于是，她只能摧毁自己。拉康指出，这个女同性恋者在梦中所做的事情同样也是对她父亲欲望的一种藐视："你想让我爱男人，你做梦去吧。这是以嘲笑形式表现的藐视。"[1]

第七节　无意识之思与能指网络中的无意识主体

拉康说，当谈论无意识的时候，不可避免地要谈论主体，原因也简单，因为无意识发生之地一定是主体所处之地。[2] 他看到，无意识与主体在能指中生成之间存在深刻的关联。

拉康强调，无意识具有如脉搏律动一样的节奏，现身片刻，转而消失不见。"消失"是常态，因此，弗洛伊德是用一个"优先权"（pre - emption）的隐喻来说明无意识表现最多的"消失"的特征的。拉康指出，发现无意识世界的弗洛伊德，转而发现，他可以通过释梦来验证他在歇斯底里患者身上学到的知识。弗洛伊德大胆地提出，无意识并非由意识引发或唤醒，而是由那些拒不承认的事物构成。弗洛伊德把这些被拒绝的事物称为无意识的思想，它的前奏通常是"我怀疑""我不相信""我不确定"，也就是说，当你听到有人这样讲述他的梦时，你就应该确定接下来他说的话，实际上关乎他的真相。

---

[1]　Jacques Lacan, *Seminar XI: The Four Fundamental Concepts of Psycho - Analysis* (1964), ed. by Jacques - Alain Miller, trans. by Alan Sheridan, p. 39.

[2]　Jacques Lacan, *Seminar XI: The Four Fundamental Concepts of Psycho - Analysis* (1964), ed. by Jacques - Alain Miller, trans. by Alan Sheridan, p. 43.

相对于笛卡儿的"我思"的主体，弗洛伊德提出了"我怀疑""我不相信""我不确定"的主体。拉康强调这是弗洛伊德的贡献，后者给我们提供了对于梦的全新的认知，告诉我们，实际上梦才是主体真正的家，"梦在哪里，我便在哪里"①。由能指符号构成的梦，其实就是"我"的生成之地，也可以说，"我"在哪里，梦就在哪里。梦里的那些信息，表现为由能指构成的一张网，分析师所关心的是，如何在这张网中捕捉到一些信息，也就是，找到关于主体真相的信息。

真相所处之地，无意识，居于感觉和意识间的缝隙处，这既是他者的领地，也是主体构成之地，属于主体的那些事件在这里上演。这个无意识所属的领域，不具有空间实体特征，更不能被解剖，它只是像一个幽灵一般存在于弗洛伊德提出的那个感觉—意识系统之中。弗洛伊德在《梦的解析》中，用一个视觉图示来展示它的运作，无意识包含很多层面，可以向多个方向渗透，就如同光通过层层镜面折射一般。

那么，最初的那些感知留痕（Wahrnehmungszeichen，德语）又是如何进入无意识之地的呢？弗洛伊德依据自己的经历，把感知和意识区分开来，是为了解释感知留痕流入记忆池的前提是在感知中被清理掉。然后，弗洛伊德又明确提出，有一个时刻，这些感知留痕同时生成。对拉康来说，弗洛伊德的这个表述，意味着他比索绪尔那样的语言学家提早50年提出了共时语言学的概念。即使听众不认可，有一点也是毋庸置疑的，即拉康毫无疑虑地指出，弗洛伊德所说的"感知留痕"，其实就是50年后语言学家言之凿凿的"能指"（signifier）。② 弗洛伊德明确无误地表明，这个共时系统不仅仅是由随意和临近的关联

---

① Jacques Lacan, *Seminar XI*: *The Four Fundamental Concepts of Psycho – Analysis* (1964), ed. by Jacques – Alain Miller, trans. by Alan Sheridan, p. 44.

② Jacques Lacan, *Seminar XI*: *The Four Fundamental Concepts of Psycho – Analysis* (1964), ed. by Jacques – Alain Miller, trans. by Alan Sheridan, p. 46.

组成的一个网络。这些能指之所以能够在同一时间内自动生成，也还是因为这些成分具有非常明确的历时结构。拉康说："弗洛伊德清楚地为我们指出，无意识的最后一层，即隔膜（diaphragm）发生作用的地方，也是初发过程（primary process）与能被用在前意识（the pre‑conscious）那部分内容之间的前关系（pre‑relation）建立起来的地方，没有什么会比这更神奇的了。他说，这一定与因果律（causality）有关系。"① 不仅如此，弗洛伊德在《梦的解析》中回到这个问题上，指出还有其他层面，在那里，这些感知留痕是以类比的方式构成的，就像构成隐喻的对比和相似那般。众所周知，隐喻是由历时语言学引进的。

弗洛伊德的这些提法，是得到多方验证的，而这些多方验证也让拉康确信，在他那些与他同时代的语言学家提出能指理论之前，弗洛伊德确切无疑谈论的就是能指。拉康指出，不得不承认的是，我们需要借助语言学家的能指理论，才能理解弗洛伊德所阐述的内容，给人的感觉，就像重新发现了弗洛伊德。这一发现，被拉康形容成好比找到了阿里阿德涅的线团（Ariadne's thread），② 凭借此线团，我们可以走出无意识的迷宫。重读弗洛伊德，拉康发现，精神分析的经历迫使我们在无意识结构的核心地带安置了那个一切缘起的缺口（causal gap），但在弗洛伊德文本中有一个谜一般、不能解释的存在，那就是弗洛伊德的确定性。主体的确定性在此分裂，因为有确定性的那个，始终是弗洛伊德。③ 弗洛伊德的确定性缘何而来？拉康说，这要回到他一直追问的那个问题上，即精神分析是不是自然科学。如果说科学诞生之初，

① Jacques Lacan, *Seminar XI*：*The Four Fundamental Concepts of Psycho‑Analysis*（1964），ed. by Jacques‑Alain Miller, trans. by Alan Sheridan, p. 46.
② 阿里阿德涅是古希腊神话中克里特岛国王的女儿，依靠她赠送的一个线团，雅典王子忒修斯走进迷宫杀死怪物，并沿着线找到来路走出迷宫。参见 Kathleen N. Daly, *Greek and Roman Mythology A to Z*, New York：Facts On File, 2004, pp. 15–16.
③ Jacques Lacan, *Seminar XI*：*The Four Fundamental Concepts of Psycho‑Analysis*（1964），ed. by Jacques‑Alain Miller, trans. by Alan Sheridan, p. 46.

总是有一位大师在场，毫无疑问，弗洛伊德是让精神分析成为自然科学的那个大师。而这就是弗洛伊德在他文本中确切在场的原因。

第八节　无意识主体与重复

早在笛卡儿提出"我思故我在"之前，主体"我"就一直等在那里。"我"一直都在，只是没人谈论"我"。如果没有笛卡儿的这个"我思"的主体，弗洛伊德也无法谈论他的"我怀疑"的主体，即无意识主体。笛卡儿迈出了具有里程碑意义的这一步，让后来者谈论主体成为可能。

精神分析认为，对无意识界域中主体的探询非常必要，毕竟，知道"我到底是谁"还是非常重要的。"我"不是灵魂，也不是肉体，更不是不朽之物，不是幽灵，也非幻影，更不是有些人认为的包着心理的球形外壳。要想理解弗洛伊德的主体概念，需要记住主体是被称呼、被召唤、被选中的那个，与笛卡儿的主体同源。有了主体，在精神分析中，回忆叙述成为可能。主体的叙述，让弗洛伊德确定，那些反复出现的事物是构成无意识的基础。弗洛伊德的自我分析，让他认识到自己欲望的规律，还认识到，那被父亲之名悬置的欲望，以反复出现为特征。

这反复出现的情形，与回忆有关，被弗洛伊德命名为"重复"。主体在自我回忆中，会不断到达一个底线，即真实（the real）的边缘。有一个想法，是我们竭力避开的，却反复出现，一直在不远处徘徊。这个总是回到同一个地方、反复出现的想法，就是真实的念头或欲望。弗洛伊德是通过分析歇斯底里症患者的想法与真实的欲望间的关系，从而发现"重复"这一功能的。不过，拉康指出，最开始，一个人无法知道歇斯底里女患者的欲望是她父亲的欲望。女患者为了父亲的利益，因而欲望着父亲的欲望。

拉康强调，重复不是复制。[1] 重复第一次如何出现并不明确，它不像复制那样不言自明。重复体现在行动中，在人的行动中，它不只是一种行为，通常更具有象征含义。例如，旧时日本武士为免受屈辱而剖腹自尽，这种行为，在日本的文化结构中，被认为会受到他人敬重。因此，一个行动，一个真正的行动，总是有结构的成分在内，它向外传递的信息就是，有一个并非显而易见的真实欲望陷在里面。[2] 拉康认为，弗洛伊德的这个"重复"（Wiederholen）概念最让人困惑。最审慎的词源学者告诉我们，这个德语词，"Wiederholen"，与动词"to haul"（拖拽）非常接近，"主体总是把自己的东西拖拽进一条他走不出来的小路"[3]。

弗洛伊德非常明确地说，虽然主体很难在梦里复制那让他罹患神经症的糟糕的记忆，但在清醒时，他完全不受此困扰。那么，创伤的确反复出现，其目的何在？弗洛伊德对此的解释是，创伤性神经症患者的梦，起着最初级的作用，就是实现对能量的约束。也就是说，我们在弗洛伊德的解释中看到的要点是，把主体分成不同的功能部分（agency），借此走进主体。主体就好比一个分裂的王国，任何认为心理具有一致性、统一性、合成性的看法，在弗洛伊德的理论面前都会土崩瓦解。

第九节　与真实邂逅

在精神分析中，我们期待与真实来一场邂逅的戏码，同时，我们也知道，真实的欲望总是逃避这场约会。拉康借用了亚里士多德在探

---

[1] Jacques Lacan, *Seminar XI*：*The Four Fundamental Concepts of Psycho - Analysis* (*1964*), ed. by Jacques - Alain Miller, trans. by Alan Sheridan, p. 50.

[2] Jacques Lacan, *Seminar XI*：*The Four Fundamental Concepts of Psycho - Analysis* (*1964*), ed. by Jacques - Alain Miller, trans. by Alan Sheridan, p. 50.

[3] Jacques Lacan, *Seminar XI*：*The Four Fundamental Concepts of Psycho - Analysis* (*1964*), ed. by Jacques - Alain Miller, trans. by Alan Sheridan, p. 51.

索原因时使用的一个词——"tuche"，并把它翻译成"与真实邂逅"（the encounter with the real），这是因为，精神分析的目的就是与真实相遇，找到真相。

然而，真相总是在能指网络之外，难以探查。例如，弗洛伊德在研究"狼人"的案例时，一直探询的是狼人幻想背后的真相，与狼人的真实邂逅，是弗洛伊德的欲望。拉康怀疑，或许因为弗洛伊德探询真相的欲望过于强烈，最后竟导致狼人后来精神病的发作。

患者身上重复出现的信号，看似偶然，实则必然，精神分析师一定不要受此蒙蔽。至少，当主体告诉我们，由于一些事情发生，导致他不能按时过来治疗的时候，我们千万不要只看表面，千万不能轻信主体的解释，因为这里就有一个我们需要处理的障碍。这样的认识是我们破解主体真相的正确打开方式。

与真实邂逅，就其本质而言，是一种愿望，通常以错过为结局。令人惊讶的是，在精神分析史上，与真实的邂逅，最初是以创伤的形式出现的。创伤决定了以后要发生的事情，这其实能够帮助我们理解现实原则与快乐原则之间的矛盾，尤其是现实原则虽然具有优先性，却不掌握最后的决定权。精神分析发现，创伤在梦里反复出现，经常掀开面纱，露出真容，来展示它根深蒂固的存在。不管现实情况如何发展，隶属于真实的那部分，却要永远像一个囚徒一般，在快乐原则中跋涉。① 如何才能与这样的真实邂逅？拉康给我们指明了一条出路：从无意识入手，研究无意识如何运作，尤其是无意识的初级运作过程（primary process）。对拉康来说，在感知和意识的断裂地带，在那个没有时间概念的地方，无意识的大戏正在上演，"真实"是那里的主角。

拉康用他的一个梦来解释无意识的初级运作过程。一天，拉康小睡时，听到敲门声，伴随不耐烦的敲门声，拉康做了一个梦。当他醒

---

① Jacques Lacan, *Seminar XI: The Four Fundamental Concepts of Psycho – Analysis* (1964), ed. by Jacques – Alain Miller, trans. by Alan Sheridan, p. 55.

来之后，重构所发生的事情，拉康意识到，敲门声被他感知到，他知道有人敲门。他也知道，他在里面睡觉，何时入睡，以及为何小睡。当门敲响时，不是在感知（perception）里，而是在意识（consciousness）里，他清楚地意识到，他正在醒来，他是被敲门声唤醒的。拉康最想知道他在听到敲门声后做那个梦时他在哪里。做梦之前，他感知（perception）到——听到敲门声，做梦之后，他意识（consciousness）到自己被吵醒了，那么，做梦时，他在哪里？很显然，拉康想说他在无意识（unconsciousness）里。

　　说到做梦—释梦，拉康必须回到弗洛伊德那里。弗洛伊德在《梦的解析》中阐述的观点是，梦是一种愿望的实现。那么，那个梦到自己的儿子烧着了的父亲的愿望是什么呢？难道仅仅是弗洛伊德所说的，梦的第二个作用是延迟睡眠的时间吗？那么，让父亲醒来的又是什么呢？难道不是梦里的另一个现实吗？当梦中的儿子质疑父亲"难道你看不见我着火了吗"这句话所含信息的真实性时，难道不比隔壁房间的儿子真的被火烧着了更多吗？是什么造成儿子死亡的，难道这句话里没有我们错过的现实吗？是什么让父亲承受儿子在梦中的责怪？是导致儿子死亡的发烧，还是他安排看顾儿子尸体的人没有尽职而带来的悔恨？阻止隔壁火势蔓延的行动尽管急迫，是不是为时已晚？在这个梦中，父亲与真实邂逅时发生了什么？当梦中的儿子拉着父亲的胳膊责怪他时，难道这不是父亲最深沉的欲望吗？他最真实的欲望就是儿子没死，儿子依旧可以攀着他的胳膊向他撒娇。那个躺在隔壁，一动不动的孩子，只是睡着了。他在梦里劝慰自己，儿子仍然活着，其表现就是儿子可以说话，要知道，死人是不能讲话的。如果每一个梦都是一种愿望的实现，那么这个梦，就实现了父亲希望儿子还活着的这样一个强烈的愿望。

　　那么，这个梦与拉康被敲门声惊扰时所做的梦有什么共同之处呢？拉康对此的解释是，两个梦境的生成都源于外界的声音。在这个梦里，父亲听到（感知）隔壁着火发出的声音，但是，在彻底清醒之前，又因为这个声音而做了这个梦，于是，悲痛欲绝的父亲，遭受创伤的父亲，在梦中遇到了还能够讲话的儿子，实现了自己的愿望。

真实的界域从创伤延展到幻想。幻想充当着屏风一般的作用，把那些最初的真实想法遮挡住，挡住那些在重复功能中起着决定性作用的想法。真实可以是一场事故、噪声、现实的很小的一部分，表明我们不在梦中。弗洛伊德提出的解决方案是在那些重复的事件中探询真实，他是在观察了自己孙子的行为之后得出这个结论的。他的孙子，在妈妈离开之后，就开始重复着"扔掉—拉回"手中的线轴，同时嘴里重复着"消失—回来"（fort - da，德语）这两个他刚刚学会的单词。弗洛伊德的解释是，母亲的离开，造成了主体的分裂（Spaltung，德语），孩子的这个游戏是他想要克服困境的尝试。

结　语

毫无疑问，拉康对无意识的研究是最具有后结构主义特征的探询，就像伊格尔顿承认的那样。同时，拉康对弗洛伊德的贡献给予充分的肯定，正如他说，"弗洛伊德的发现使大家开始质疑真相"[①]。这里的真相，是指人们曾经认为，自己的真相能够被他们清醒地意识到，然而，弗洛伊德不仅让我们知道我们的真相存在于无意识当中，同时也让我们知道无意识有自己的结构。拉康在此基础上，借语言学的东风，提出"无意识具有语言一般的结构"。

---

① Jacques Lacan, *Écrits*: *A Selection*, trans. by Alan Sheridan, p. 130.

第四章　拉康的欲望观

雅克·拉康被看作笛卡儿之后法国最重要的思想家，尼采和弗洛伊德之后欧洲最具创新性和影响最深远的思想家。国内学者对拉康的研究遍布在哲学、文艺学、心理学、社会学、电影研究和文学批评等学科中。学者们已经谈论过拉康的镜像理论、语言观、对法国女性主义的影响、对弗洛伊德主义的继承与发扬等，但到目前为止，拉康学说中最重要的概念——"欲望"——在国内学界中还没有专门论述。本章将以五个小节的篇幅对此予以探讨。

第一节　拉康欲望观的由来

拉康关于欲望（desire）的观点是在借鉴结构主义和海德格尔关于语言对主体存在影响的学说，以及弗洛伊德的概念"愿望"（wish）和黑格尔的概念"承认"（recognition）基础上发展起来的。

拉康如今被公认为后结构主义的代表人物之一，因此，在他发展自己理论的时候有机会接触弗洛伊德无缘听说的结构主义和存在主义学说。以索绪尔和雅各布森为代表的结构主义学说强调从语言入手发现人和社会的普遍规律，这让拉康深深地认同。拉康是通过列维－斯特劳斯开始接触索绪尔的语言学理论，① 但与索绪尔平衡语言的"能指"和"所指"两个范畴不同的是，拉康更看重"能指"，以至"所指"在他的话语中消失。拉康认为，欲望是语言赋予孩子的效果，因为孩子必须通过一系列的能指来表达他的需求。孩子一旦掌握了语言，心理结构就会发生质的变化，是语言中一个能指指向另一个能指的特性造成的这种变化。

另一个影响拉康对语言在主体生成中所起作用的认识的人是海德格尔。海德格尔在《存在与时间》中认为语言不是表达的工具，而是人的存在家园，是使人成为人的存在前提；他还认为，语言是人的主人，而人是语言的奴仆。因此，对海德格尔来说，不承认这点，就是"对存在本身的遗忘"。若想"解放因为遗忘存在而被异化的人类，海德格尔支持向起源的回归"②。海德格尔提出回到"理性诞生"之前的希腊，回到前苏格拉底时期，即回到巴门尼德和赫拉克利特的著作中，寻找存在的真谛。在拉康看来，海德格尔对存在真相的追寻，与弗洛伊德对欲望真相的探询如出一辙。拉康通过翻译海德格尔的文章《逻各斯》，了解到赫拉克利特的语言观，后者的"逻各斯理论强迫主体在他所表达的、超越他自身的真理中消除自己，而让语言或者能指来行动"③。他的《罗马报告》其实是对赫拉克利特的这个语言观的进一步阐释，其中讨论的是人们说出的话如何被听者重建意义。

除了结构主义和海德格尔对拉康所提出的欲望理论产生影响之外，弗洛伊德相关论述是无法规避的。弗洛伊德的德语概念"愿望"（Wunsh，德语）仅限于单个的、独立的念头，拉康的法语概念"欲望"（desir，法语）则表达了较强的持续力量的含义。弗洛伊德认为，

---

① Dany Nobus, "Lacan's Science of the Subject", in Jean – Michel Rabate, ed., *The Cambridge Companion to Lacan*, Cambridge: Cambridge University Press, 2003, p. 54.

② ［法］伊丽莎白·卢迪内斯库：《拉康传》，王晨阳译，北京联合出版公司 2020 年版，第 246 页。

③ ［法］伊丽莎白·卢迪内斯库：《拉康传》，王晨阳译，第 252 页。

无意识愿望可以通过扭曲的方式在梦中和精神症状中得到实现，并且这些愿望总是和儿时的性记忆有关。拉康在《精神分析的四个基本概念，1964：拉康讲义》（卷十一）中赞扬了弗洛伊德对欲望的认识。拉康认为，虽然弗洛伊德没有从语言的角度理解欲望的成因，但他凭借语言，通过倾听癔症患者述说的方式而知晓无意识的运作机制。① 弗洛伊德认为无意识欲望本身是完整的，拉康却在《弗洛伊德理论中的自我与精神分析技术中的自我，1954—1955：拉康讲义》（卷二）中指明《梦的解析》中没有一段能够说明欲望不需要其他的东西。弗洛伊德认为欲望是用愿望实现的术语在梦中完成的，拉康却认为，欲望指向现实世界中的真实的满足。拉康认为，欲望源于主体本质上的不完整，这驱使主体努力寻找真正的物来安抚精神上的不安。然而，真正的物实际上又无法取代主体在阉割情结阶段之前丢失的欲望之物，所以导致欲望的永无止境，这隐藏在主体为追求快乐在梦中和平时话语中所做的一系列的选择之后。

拉康的欲望观对黑格尔理论的借鉴缘于他和梅洛·庞蒂（Merleau - Ponty）等人在 1933—1939 年参加亚历山大·科耶夫（Alexandre Ko-jeve）对黑格尔的《精神现象学》的讲座所获得的感悟。② 科耶夫认为，《精神现象学》是一部书写主人和奴隶彼此渴望对方承认的寓言。对于主人而言，他的欲望就是要赢取奴隶对他作为主人地位的承认，为此不惜牺牲自己的生命；这也是奴隶的欲望，奴隶也想得到主人的承认。这是因为主体都具有"自我意识"，都用"我"这个字眼来表达自己的想法，都想得到他者的承认，即黑格尔所说的"自我意识就是欲望"。科耶夫对黑格尔《精神现象学》的阐释深深地影响了拉康。

拉康时代的精神分析倾向于混淆"需要"（need）、"要求"（de-

---

① Ellie Ragland - Sullivan, *Jacques Lacan and the Philosophy of Psychoanalysis*, Urbana and Chicago：University of Illinois Press, 1986, p. 81.

② Madan Sarup, *Jacques Lacan*, 1992, p. 31.

mand）和"欲望"（desire）这三种概念，拉康则致力于对它们进行区分。对于拉康来说，"需要"是指一个人的生理需要，如渴了要喝水，饿了要吃东西；"要求"是指一个人要求其他人给予自己足够的重视和关心，相对于生理需要而言，"要求"强调情感方面的满足；"欲望"则出现在"需要"区别于"要求"的边界上。拉康认为人的"欲望"始于学习使用语言。在获得语言之后，主体用语言表达自己的生理需要时，需要变成要求。孩子的要求并不能被"他者"满足，因为"他者"对此的理解与孩子的要求有差距。这种差距构成了最初的压抑，它无法表达出来，但会在一些事情中反复出现，这是欲望产生的前提。[1]

拉康于是致力于研究语言的习得如何对一个人的"需要"和"要求"产生影响，从而滋生出"欲望"的种子。他认为，欲望是人类行为的主要动因，同主体在语言中生成有关，因此他说："欲望是在孩子拥抱语言的那一刻产生的。"[2] 我们成为讲话的主体，可是语言不能完整表达我们所需之事，在我们所说和真正想要表达的事物之间永远存在一点差距。在拉康看来，是语言让人有了对他者欲望之物的欲望，也因此人和动物才有了区分。[3]

不过，在拉康得出"主体的欲望是他者的欲望"这个结论之前，我们需要了解拉康是如何得出"我是他者"这个结论的。

第二节　我是他者

1936 年 8 月 3 日下午，拉康在第十四届世界精神分析大会上宣读了自己的论文《镜像阶段》，从此拉开了他正式进入精神分析领域的大

---

① Jacques Lacan, *Écrits*：*A Selection*，trans. by Alan Sheridan，p. 317.
② Jacques Lacan, *Écrits*：*A Selection*，trans. by Alan Sheridan，p. 113.
③ Jacques Lacan, *Écrits*：*A Selection*，trans. by Alan Sheridan，p. 292.

幕。"镜像阶段"这一概念在多年以后仍然被诸多的精神分析学者使用，并且以各种新的形式活跃在拉康本人对欲望的思考中。

拉康认为，婴儿在6—18个月大时，还依赖成人的照顾，但已经可以和自己在镜子中的影像相认，进入主体成长的镜像阶段。具体情况如下：这个阶段的婴儿，当发现自己在镜子里的影像时，会停止其他行为，转身看着抱着自己的那个人，再看看镜子里面的自己，然后重复这个动作。镜像阶段生成的前提是婴儿必须能够和母亲的身体分离，而且能够转身看到他人是他人。尽管他还不能完美地控制自己的身体，但他认为镜子中那个完美的影像——强壮、独立、可以自控的小孩——是他本人。

拉康把婴儿和镜中影像相认称为"最初认同"（primary identifica-tion），而那个完美的镜中影像成为他心中永远"理想的我"（Idea－I）。在婴儿与他人认同的辩证交往中客观化自己之前，在语言习得之前，这个"理想的我"作为主体以最原初的形式沉淀下来。此时，婴儿尚未掌握语言，对他人也无明确概念，但他认为镜中影像即自己，而这个"理想的我"成为主体永远追求的目标。

然而婴孩与镜中完美影像相认的前提是他必须能够感知自己与"他者"（Other）不同的存在，能够假定自己和父母不同的身份。"他者"是婴孩具有这种不同存在和身份认识的证人和保证者。通常，母亲是孩子第一个必须依赖又必须与之分离的"他者"。母亲照顾婴儿，叫他名字，告诉他是谁。从镜像阶段开始，"他者"就必须确保这种差异。拉康认为，镜像阶段对主体发展至关重要，因为它会导致截然不同的结果，范围从最正常的性格到最严重的精神分裂不等。如果婴孩在镜像阶段末期尚不能区分自己和"他者"，通常会导致主体以后发展成为精神分裂症患者。

镜像阶段结束时，婴孩进入俄狄浦斯情结阶段，也就开始了与小范围的社会环境的辩证交往。拉康同意弗洛伊德关于俄狄浦斯情结的说法，但拉康借鉴结构主义与后结构主义关于语言的观点重新审视主体在这个阶段的发展，强调语言的作用，认为这个阶段是欲望、压抑和性身份发展的最初时期。他认为，俄狄浦斯情结是主体提升的过程，它让主体在与他者认同的过程中重塑自己。① 换句话说，主体的发展依赖于与"他者"的认同。在这个阶段，发生了"第二次认同"（secondary identification），主体把与自己性别相同的一方父母的意象印入心中，即主体与同性的一方父母竞争异性的一方父母的情感。②

拉康对"第一次认同"和"第二次认同"的区分，是受到弗洛伊德在论文《论自恋》中对"自恋主义"与"理想的自我"关系的讨论的启发。"认同"也是拉康后期关于无意识主体的论述中的一个重要概念。而他对精神分析经历中语域（register）的强调，让他用结构主义的术语把这两次认同重新命名为"想象的认同"（imaginary identification）和"象征的认同"（symbolic identification）。正是在对第一次与镜中影像认同和第二次与同性父母认同的研究的基础上，拉康认为，人类主体是分裂的，并由他者栖居。他宣布："我是他者。"③

第三节　哈姆雷特与他者的认同

拉康在讲述黑格尔的欲望理论与他自己的欲望理论的差异时，被他的一个听众要求在下一堂专题课上详细讲解镜像与能指之间的关系。

拉康说，在镜像与能指之间，似乎存在一个空隙、某些缺漏，这似乎是他那位听众所期待听到的回应。然而，拉康认为，这样回应过于敷衍，于是，严谨的拉康从一个纠正开始。他强调自己的传授不能

---

① Jacques Lacan, *Écrits: A Selection*, trans. by Alan Sheridan, p. 24.
② Jacques Lacan, *Écrits: A Selection*, trans. by Alan Sheridan, p. 24.
③ Jacques Lacan, *Écrits: A Selection*, trans. by Alan Sheridan, p. 26.

被泾渭分明地分成两个阶段，先是镜像理论时期，后是以《罗马报告》为标志而开始的能指理论阶段。他说，早在第二次世界大战后的1946年，他就发表过专题论文《对心理因果关系的呈现》（"Presentation on Psychical Causality"）。读者可以在这篇论文中看到，镜像与能指这两个域之间的相互作用已经由来已久。在这篇文章之后，拉康有很长时间的沉默，对此，拉康的解释是，自己的观点太过新颖，而当时的人们还过于拘泥形式，他用了一个描述当时极左翼共产主义的术语——法利塞主义（pharisaism），回忆这篇论文发表时，一切都要依循形式主义的社会环境。精神分析领域也是如此，拉康意识到，自己的观点还需要很长一段时间才可能被更多的人知道，于是，他潜心静气，为营造一个有更多的人愿意了解他学说的前景做准备。

回到《对心理因果关系的呈现》这篇论文，拉康说，他的精神分析研究，早在这篇论文里，就已经显示了镜像和能指这两个研究视角彼此缠绕，而非如他的对话者认为的那样，这两个研究视角截然分开，在先后两个阶段分别提出，即认为镜像对应主体发展的想象阶段（imaginary），能指对应主体发展的象征阶段（symbolic）。那么，镜像理论是如何被拉康发现并提出的呢？并且这个发现又是如何需要依赖于主体在大他者之地，因为被能指的浸染而生成的这个事实呢？

镜像阶段伊始，孩子看到镜中完美统一、活动自如的形象，内心是欢快的，这是他与镜中形象的第一次相认。他不断地转头看向那个抱着他的人，这个人在这里就代表了大写的他者，他希望大他者能够马上认可镜像的价值。这就是镜像与大他者最早发生关联的结点处，从此出发，镜像开始发挥作用。

为了让听众更好地理解镜像与大他者间的关联，拉康把目光转向了列维－斯特劳斯，后者在其著作《野性的思维》中，围绕分析理性和辩证理性间的对立发展对理性的成长之路进行描述，并且指出，在这两种理性之间还有一个缺口地带，是他没有描述的。这个缺口地带，根据拉康的见解，就是弗洛伊德在《梦的解析》中所说的无意识的领地，那是与产生理性思维之地不同的另一个处所。无意识是解析梦时，分析师需要使用的一个最基本的术语。在向听众展示无意识的结构之前，拉康认为有必要说一说理性（reason）的结构。

在理性的形成过程中，第一阶段是对世界的认知，这是"分析理性"所关心的事情，这个"分析理性"也是列维－斯特劳斯的《野性的思维》首要关注的方面。第二阶段是对舞台的认知，世界上所发生的事情都可以搬到舞台上，舞台就是历史的维度。① 一旦舞台被置于前场，整个世界的发生都可以在上面上演，用效仿笛卡儿的话说，舞台在哪里，"我"就在哪里，"我"戴着面具加入其中。最原初的世界，经过历史舞台的层层演绎，留下一些重叠的剩余物，这些剩下的东西逐渐累积起来，丝毫不考虑相互矛盾之处。所谓文化，不过就是这样一堆事物的堆积。真实的世界到底如何？真实的历史到底是怎样的？带着这样的问题，拉康开始借助《哈姆雷特》讲述理性发展的第三个阶段：舞台上的舞台阶段。

拉康问，在再现《哈姆雷特》时，哈姆雷特，那个舞台演员，与其他演员一道，给舞台带来了什么？毫无疑问，哈姆雷特想要的是国王能够良心发现。在"戏中戏"中，一个叫卢先纳的角色来到舞台上，实施了谋杀的罪行。关注这一场戏的人，都留意到，这个角色所穿的衣服根本不是国王的，而是哈姆雷特的。当然，这个角色也不是国王的兄弟，他是"戏中戏"里国王的侄子，相当于哈姆雷特本人与他那位篡位当上国王的叔叔之间的关系。因此，哈姆雷特在"戏中戏"中呈现的是他本人实施谋杀的意愿。在原剧中，哈姆雷特迟迟不能完成鬼魂父亲的心愿而替他复仇，其原因就是哈姆雷特在叔父身上看到

---

① Jacques Lacan, *Seminar X: Anxiety* (*1962 – 1963*), ed. by Jacques – Alain Miller, trans. by A. R. Price, Cambridge: Polity Press, 2014, p. 33.

了自己的镜像，于是他先假设了那些需要他复仇的罪行。这也是当"戏中戏"结束时，那个弑君篡位者近在咫尺，哈姆雷特却没有杀他的原因所在。哈姆雷特给出的借口，任谁听了都会觉得他在逃避他的使命。他说，倘若他在他叔叔祈祷的时候杀死他，那就是送他去天堂。对于哈姆雷特的这种失败之举，拉康是从认同的视角进行分析的，认为这是因为哈姆雷特与奥菲利娅发生了认同。在剧中，奥菲利娅死后，哈姆雷特被一个狂怒的鬼魂纠缠，哈姆雷特认为，这个鬼魂只能是自杀的奥菲利娅，她在父亲被哈姆雷特杀死之后，畏缩，屈服，无路可走。

弗洛伊德认为，《哈姆雷特》剧中所有与丢失对象的认同，都是引发哀痛的主要缘由。拉康认为，弗洛伊德的这种分析只看到了丢失对象的负面影响，而忽略了积极的一面。在拉康看来，剧中那个纠缠哈姆雷特的狂怒的鬼魂，让哈姆雷特有理由成为一个梦游者。这个梦游者接受了那些他在清醒状态下不能接受的事情，其中就包括在战斗中为他的敌人——国王，去迎战他的镜像——奥菲利娅的哥哥雷欧提斯（Laertes）。从那时起，一切事情都不理自明，他什么都不做，直到不得不做，杀死雷欧提斯的那一刻，他自己也将重伤而亡。

拉康总结了两种想象认同的不同之处：第一种认同是与"戏中戏"里的镜像认同；第二种认同比较神秘，是与欲望对象的认同。第二种认同之所以令人费解，是因为哈姆雷特一直忽视，直到他通过舞台，经由认同之途，重新认识自己。最初，他不知道那个对象是他的欲望所在；失去以后，他在"戏中戏"的回溯中才意识到，那个曾经的拥有，就是他最想要的。

对这个"戏中戏"的认识，是拉康所谓的理性认识的第三个阶段，这个阶段的理性发展，能够让人了解一个对象是如何变成欲望的对象，以及这个欲望对象的地位是如何建立起来的。

第四节　作为他者欲望能指的菲勒斯

　　前文说过，拉康认为，主体的欲望始于学习语言，而开始理解语言意味着孩子进入"象征界"，也意味着主体开始明了和接受何为他者的欲望之物。对于"他者的欲望"的认识，可以从拉康对"象征界""父亲之名""菲勒斯"这几个概念的认识中部分获得。

　　拉康的概念"象征界"，来源于列维－斯特劳斯的人类学，等同于列维－斯特劳斯的"文化秩序"。"文化秩序"是一种以语言为基础的结构，它要求主体同家庭之外的女人成婚，并且通过对俄狄浦斯情结的约束来禁止乱伦。在对列维－斯特劳斯的"亲属关系"这一概念考察之后，拉康得出结论："对乱伦的禁止是一种象征性的法律效应。"[①]拉康于是提出"象征界"这一概念用来指涉主体在习得并理解语言之后对父亲权威和母亲欲望的认识。

　　然后，拉康又用"父亲之名"这个概念表达父亲律法的象征含义，这也是沿用了弗洛伊德在《图腾与禁忌》中使用的概念。"父亲之名"的功用是以象征性阉割的方式剥夺孩子对母亲全部情感的占有欲望，以确保父亲律法的影响和实施。换句话说，即使没有真实的父亲，孩子也要经历阉割情结阶段。拉康认为，"父亲"是父亲律法的原型，是象征的"他者"，他最终取代母亲占据了"他者"的位置。在阉割情结阶段之前，主体成长依赖的"他者"主要是母亲。"他者"由母亲转变为父亲的主要原因是主体一定要有"他者"可以依赖。从最初与镜中影像认同到第二次与同性一方父母认同，主体的认同都是以"他者"的存在为前提的。当孩子想要占据母亲全部注意力的时候，第三者——父亲，就闯入原本只属于孩子和母亲的二人世界。父亲禁止孩

---

　　① Jacques Lacan, *Seminar XI: The Four Fundamental Concepts of Psycho – Analysis* (1964), ed. by Jacques – Alain Miller, trans. by Alan Sheridan, London: Penguin Books, 1994, p. xxv.

子拥有母亲全部的爱，威胁要阉掉孩子，孩子当然拒绝这种事情的发生。拉康认为，这种拒绝，"首先是拒绝对'他者'的阉割（首先是母亲）"①。在与父亲竞争母亲的过程中，孩子战败，接受父亲对于母亲的特权。此时，主体也开始真正进入象征秩序世界，这是以牺牲想象界与母亲合二为一的神奇感受为代价的。这种被压抑的"不愿与母亲分离"的欲望在主体以后的发展过程中，不断转化，最终在无意识中沉淀下来。就是在阉割情结阶段，孩子开始明确意识到"父亲"这个能指的功能，他更加确信母亲欲望着她所没有的东西。②

拉康用"菲勒斯"（phallus）这一能指来指涉他者的欲望之物，也是主体永远得不到、永远追寻的欲望之物。对于拉康来说，"菲勒斯"这个概念充满了象征意义和欲的内涵，因其永远的缺场，是表达阉割情结造成的缺乏的理想的能指。"菲勒斯"和"父亲之名"都是具有否定内涵的概念，但拉康认为，它们为主体提供了一个停泊点，是确保主体由此进入语言的象征代码。③ 在与能指发生关联的时候，孩子就会理解"菲勒斯"作为第一能指的意义。当拉康谈论"菲勒斯"时，他强调象征秩序在人的主体性形成中的重要作用。"菲勒斯"作为权威的象征，阻止孩子对母亲的欲望，它让母亲和孩子进入由父亲支配的象征世界。拉康反复强调"菲勒斯"是无与伦比的能指，也因此被谴责为"菲勒斯中心主义"。但是，或许可以这样理解，拉康只是描述和揭露父亲律法象征功能的状况，而不是规定父亲法则的权威。他是一位科学家或观察家，而不是提倡者。

拉康在《菲勒斯的意义》（1958）一文中对琼·瑞韦蕊（Joan Riviere）的论文《女性气质作为一种伪装》（1929）进行评论。他认

---

① Jacques Lacan, *Écrits*: *A Selection*, trans. by Alan Sheridan, p. 295.

② Sean Homer, *Jacques Lacan*, London and New York: Routledge, 2005, p. 55.

③ Jacques Lacan, *Seminar XI*: *The Four Fundamental Concepts of Psycho-Analysis* (1964), ed. by Jacques-Alain Miller, trans. by Alan Sheridan, p. xxvi.

为，该论文的重要之处在于它探讨了性别身份的建构和表现。论文中提到一个女知识分子，像男人一样，以傲慢、客观的治学态度，在学术界迅速取得成功，而在她获得公众认可之后，她又极力施展她作为女性的魅力，半遮半掩地向学术权威男士卖弄风情，以便安抚她的成功给这些男士带来的不安和焦虑。瑞韦蕊从弗洛伊德关于俄狄浦斯情结的理论解释这个女知识分子前后矛盾的性格特征。她认为，女人在学术界同父亲竞争，成功之后，取代了父亲的位置，然后又利用女性气质来掩饰自己在学术上给父亲们带来的威胁。在《菲勒斯的意义》中，拉康认为，在女人前后矛盾的性格中，恰恰充分说明了女人的欲望，女人想要成为菲勒斯，即他者的欲望的能指，然后又用女性气质伪装自己来掩饰她渴望成为她所不是的事物。①

那么，他者的欲望是如何成为主体的欲望的？

第五节　主体的欲望是他者的欲望

拉康根据"我是他者"和"他者的欲望是菲勒斯"这些结论认为主体的欲望与满足之物的关系非常复杂，总是和他者的欲望关联。拉康相信一个欲望会在得到承认之前重复出现，而这个重复与其说是欲望失败的结果，还不如说是缺少对欲望承认的结果。拉康把精神分析看作引导接受分析者主体认识到自己欲望的尝试，但强调主体的欲望需要经由语言才能被识别。

拉康还强调精神分析的目的是研究人类的性行为和无意识，他认为这两者都不是先天存在的事实，而是经由语言，并在语言中建构起来的。拉康是在《罗马报告》（1953）中开始谈论语言和言语在精神分析中的重要作用。② 他认为，语言在主体出生之前就已经存在，所

---

① Madan Sarup, *Jacques Lacan*, p. 93.

② Bice Benvenuto and Roger Kennedy, *The Works of Jacques Lacan*, New York: St. Martin's Press, 1986, p. 78.

以性的取向不是生理事实，而是文化作用的结果，无意识也不是私人专属领域，而是我们同他人关系的结果。他认为精神分析的关键之处就在于"充分利用无意识的现实，让主体在语言中与自己的欲望相遇"①。而语言又意味着说者和听者共存，所以拉康说："主体历史形成于持续进行的主体间的话语交流。"② 分析者必须对所听内容做出回应，而这个回应以颠倒的方式向主体传送他/她自己所说，从而使主体意识到自己的欲望。单凭主体自己的言行和话语是意识不到自己的欲望的，而让主体认识到自己的欲望正是精神分析的目的所在。尽管精神分析者被认为是能够知道接受分析者无意识真相的人，但他们必须放弃自己的权利，以便让接受分析者与自己的无意识欲望相遇。

长期的观察和精神分析的实践，让拉康确信"主体的欲望是他者的欲望"③，下面用拉康的三个分析案例对此做进一步的说明。

第一，拉康对一位癔病患者进行精神分析。这位患者的欲望表现为想要鱼子酱（对鱼子酱的欲望是她欲望的一个能指），而在梦中她的欲望是熏鲑鱼（对熏鲑鱼的欲望，原本属于她的朋友，这是另一个能指）。患者的丈夫很乐于满足她的欲望，为她弄到鱼子酱，但患者本人坚持不让丈夫这样做，她不想在真实需求的层面被满足。她所要的是其他的、无理由的要求，那么到底是什么呢？拉康质询梦中对熏鲑鱼的欲望在无意识中的含义是什么。弗洛伊德认为，梦是通向无意识之所的重要路途，拉康认为无意识可以通过隐喻的方式触及。他说："梦所揭示的是隐喻的结果。"④ 困扰拉康的问题是：在接受精神分析之前，这个梦究竟向谁显露意义？因为这个意义在被解读之前就已存在。分

① Jacques Lacan, *Écrits*: *A Selection*, trans. by Alan Sheridan, p. 361.

② Jacques Lacan, *Écrits*: *A Selection*, trans. by Alan Sheridan, p. 54.

③ Jacques Lacan, *Écrits*: *A Selection*, trans. by Alan Sheridan, p. 292.

④ Jacques Lacan, *Écrits*: *A Selection*, trans. by Alan Sheridan, p. 286.

析之后，拉康发现这里涉及患者与他人认同的问题。患者与自己的朋友认同，她从没忘记丈夫总是赞扬她的朋友。她丈夫喜欢丰满的女人，但患者本人非常瘦弱，很难吸引自己的丈夫，因此她想通过吃熏鲑鱼变胖，以便满足她的丈夫。而这个时候，患者又和自己的丈夫认同，熏鲑鱼是丈夫的欲望之物。患者的欲望实际上是她丈夫的欲望，拉康因此说主体的欲望是他者的欲望。他说："如果欲望是不能满足的，那么它是通过能指做到这一点的：鱼子酱，作为能指，象征不能到达的欲望；而一旦欲望滑入对鱼子酱的欲望时，对鱼子酱的欲望只是欲望的换喻而已。"[1] 在这里，意义总是可以指向另一个意义，使换喻成为可能。

第二，拉康在《精神分析的伦理，1959—1960：拉康讲义》（卷七）中对索福克勒斯笔下的安提戈涅进行评论，他认为，安提戈涅是道德行为的典范，但"典范"一词暗示的是她的所作所为都是遵循"他者"的意愿。安提戈涅是弑父娶母的忒拜王俄狄浦斯的女儿。俄狄浦斯和自己的母亲一共生有两男两女，在他去位死后，一子波吕涅刻斯率岳父城邦的军队攻打忒拜城，另一子厄特俄科勒斯率忒拜军队抵抗，两人都战死沙场。克瑞翁，俄狄浦斯王之母/妻的弟弟，继任忒拜城邦的王位。为惩罚叛徒，克瑞翁下令不许安葬波吕涅刻斯，违者处死。安提戈涅不顾克瑞翁的禁令，履行自己做妹妹的责任，安葬了哥哥。克瑞翁把安提戈涅关进山洞，作为强大的"他者"，他不能容忍一个女人蔑视他的权威。而安提戈涅的行为又完全符合道德规范，她不逃避责任，不考虑自己的幸福，不拖延自己认为应该做的事情，她按照自己的欲望行事，而这欲望也正是"他者"的欲望，以否定形式出现的克瑞翁的欲望。[2]

第三，哈姆雷特与王后乔特鲁德的关系为拉康的"主体的欲望

---

① Jacques Lacan, *Écrits: A Selection*, trans. by Alan Sheridan, p. 286.

② Madan Sarup, *Jacques Lacan*, p. 79.

是他者的欲望"这一理论提供了最好的说明。① 拉康在阅读《哈姆雷特》这部剧的时候，他的关注点在哈姆雷特作为主体与王后乔特鲁德作为"象征的他者"的关系上。整部剧中，在哈姆雷特同母亲讲话的时候，面对的不只是母亲，因为母亲不是单纯的主体；他自己也不是单纯的主体，因为他依据父亲的意愿行事，是父亲的一个支持者。② 哈姆雷特是一个被双重剥夺的角色，他的主体性一方面服从于父亲幽灵的道德请求，另一方面受到永远不能够成为他者的母亲的话语的限制。虚构人物哈姆雷特和乔特鲁德，让拉康更加确定主体在象征世界中的形成必然伴随着一些内在性的东西被剥夺，也为他说明欲望的变化提供了恰当的例证。对观众来说，哈姆雷特是通过话语来表现存在的，他的母亲乔特鲁德同样如此。乔特鲁德，是象征的母亲（the symbolic mother），不是真实独立的主体。③ 母亲，作为象征的他者，她的欲望不断地决定着哈姆雷特的欲望；而哈姆雷特作为主体，并不知道自己的欲望，而是把母亲的欲望当成了自己的欲望，所以有了哈姆雷特的犹豫迟疑。为了理解哈姆雷特迟迟没有行动的缘由，需要知道杀死克劳迪斯对他来说有什么意义。杀死克劳迪斯意味着除去了乔特鲁德的欲望之物，但因为哈姆雷特的欲望是成为母亲的欲望之物，所以他不能够完成杀死克劳迪斯的任务，不能完成幽灵所要求的复仇。乔特鲁德的欲望之物是代表菲勒斯能指的克劳迪斯，而这也是哈姆雷特梦想之物。哈姆雷特对菲勒斯的欲望除了表现为他不能杀掉克劳迪斯之外，还表现在他对克劳迪斯的蔑视和谴责上。

---

① Jacques Lacan, "Desire and the Interpretation of Desire in *Hamlet*", in Shoshana Felman, ed., *Literature and Psychoanalysis*, Baltimore and London: John Hopkins University Press, 1982, pp. 11 – 52.

② Tamise Van Pelt, *The Other Side of Desire: Lacan's Theory of the Registers*, Albany: State University of New York Press, 2000, p. 108.

③ Tamise Van Pelt, *The Other Side of Desire: Lacan's Theory of the Registers*, p. 108.

结　语

　　拉康关于欲望的学说，反映了他对形而上学中二元对立概念形式的超越。传统上，人们一般认为，"个体的欲望"与"他者的欲望"是两个对立的概念，然而，从拉康对发生在主体身上的"两次认同"的描述，我们已经接受了"我是他者"这个结论。如果"我是他者"，那么，"我的欲望"就是"他者的欲望"，不再是对立的两个概念了。第三节"哈姆雷特与他者的认同"是对镜像理论的进一步说明，同时指出哈姆雷特身上发生的两次认同事件。第四节"作为他者欲望能指的菲勒斯"对拉康在精神分析中提出的一个代表性能指进行了分析。第五节借用拉康自己分析的三个例子对"主体的欲望是他者的欲望"这一理论进行了说明。

第五章　拉康论能指的优先性

在研讨班进行到第三个年头的时候，拉康说："精神分析应该是关于主体所栖居的语言的科学。从弗洛伊德的视角来看，人是被语言捕获和折磨的主体。"① 由于精神病患者的语言极其特殊，拉康决定把他们的语言作为研究对象，目的是发现精神病患者的心理结构。于是，1955—1956 年，拉康用结构主义语言学术语，如"能指""所指""隐喻""换喻"等，分析精神病患者的语言，尤其是弗洛伊德分析过的史瑞伯博士的语言。不过，拉康在使用这些术语的时候，已经超越了结构主义语言学的范畴，他更强调能指相对于所指所具有的优先性。下面将用四个小节对此论述。

第一节　精神病与神经症的区别

在《神经症和精神病中现实感的丢失》和《神经症和精神病》两篇文章中，弗洛伊德对这两种疾病进行了区分。精神病患者的临床特征表现为不切实际的妄想，弗洛伊德认为，这种现象一定是由更深层的原因造成的。神经症患者一般被认为是为了逃避现实，发病初期表现为遭受

---

① Jacques Lacan, *Seminar III*: *The Psychoses*（1955 – 1956）, ed. by Jacques – Alain Miller, translated with notes by Russell Grigg, New York: W. W. Norton, 1993, p. i.

了某种创伤，以至在主体与现实的关系中出现了一个断裂。

弗洛伊德从一开始就认为，神经症患者牺牲的现实是一部分心理现实。拉康以此为切入点，提出这部分现实不等同于外界现实，当神经症被触发时，主体的这部分就溜走了，变得不可触及，或者说，成为本我的一部分。这部分被搁置、被遗忘了。拉康认为，可以用象征的方式接触这部分被遗忘的角落。拉康也提到，弗洛伊德在文章中提出了一个储物室的概念，这是主体在心理现实中建立的一处备用之地，其中储备的物质是主体用来建构外部世界所需的。精神病患者从中借物，神经症患者却尝试赋予这被他忽略的现实以特殊的意义，象征的意义。拉康认为，弗洛伊德虽然提及象征，却没有给予其足够的重视。总的来说，弗洛伊德提及"象征"的时候，是一种总体上的印象派的风格，"象征"应有的精确意义没有得到进一步阐发。

弗洛伊德在区分神经症和精神病的时候，提出神经症表现为现实没有被完全象征化，其中有一小部分躲开了象征化，主体没有能力面对这一部分没有象征化的现实；而精神病正好相反，主体爆发精神病，完全因为现实本身一开始就有一个空洞之处，而这空洞之处需要幻想填充。这种区分过于简单，弗洛伊德在看过史瑞伯的文本后也指出，仅仅看到症状如何形成还不够，非常有必要发现它们的形成机制。拉康选择从弗洛伊德提出的精神病患者现实中的那个空洞之处入手，进行深入的挖掘。

在接近空洞的实质之前，拉康认为我们需要了解弗洛伊德提出的投射机制。弗洛伊德把史瑞伯在现实中不断出现的幻想看成他的投射机制在发生作用，当然，这种投射机制的发生，一定也有其他的因素作用。例如，在所谓的投射性嫉妒的妄想中，一个患者会把其患病的原因归因于配偶的不忠，而自己在想象中为配偶的不忠自责不已。①

---

① Jacques Lacan, *Seminar III: The Psychoses* (*1955 - 1956*), ed. by Jacques - Alain Miller, translated with notes by Russell Grigg, p. 46.

弗洛伊德的原话为：说那些被压抑的情感，压抑和抑制，会再一次向外投射，是不正确的。相反，我们要说，被压抑的事物从不可知晓之地返回。①

拉康却说，在象征界里被拒绝②的事物会在真实域中出现，从压抑的意义上说，患者不想知道任何事情。

拉康为什么这样说？

下面我们到拉康的一个精神病案例分析和拉康对维克多·雨果的一句话所做的阐述中寻找答案。

第二节　"我刚去过肉贩那里"

这位女患者，被初步诊断为患有偏执幻想，她具有骄傲、多疑、易怒、固执等心理特征。患者认为自己是受害者，因为像她这样善良优秀的人，却要遭受很多考验，只能靠他人的仁慈和同情生活。在对这个患者进行精神分析的过程中，患者自己也认同要向拉康坦白一切。有一天，她告诉拉康，她在走廊里和一个举止粗鲁的家伙发生了争吵，这个可耻的已婚男子与她的一个邻居是固定情人的关系，她的邻居也同样品德低下。在他们彼此经过对方时，那男子对她说了一个脏词，这个词极度地贬低了她，以至她非常不愿意向拉康重复这个词。在拉康的温柔攻势之下，五分钟之后，两个人就建立了友好关系，于是女患者就笑着向拉康坦白了她在这个事件中也有过错，她在两人相遇而过时说道："我刚去过肉贩那里。"

拉康认为，这句话里有对"猪"的指涉，女患者完全同意，这就

① 转引自 Jacques Lacan, *Seminar III*：*The Psychoses*（1955 – 1956），ed. by Jacques - Alain Miller, translated with notes by Russell Grigg, p. 46.

② 也可以表述为：被象征界排除的事物。这个"拒绝"或"排除"相对应的德语是"Verwerfung"，法语是"forclusion"，英语是"foreclosure"。这个词是拉康从弗洛伊德那里借来的。

是她想让拉康明白的地方。拉康的追问是：为什么她期待他人精确地理解到这点，自己又不明说，而一定要通过影射的方式呢？患者的抵制到底是什么呢？为什么话中有话？为什么她说"我刚去过肉贩那里"，而不直接说"（你是）猪"呢？当拉康向女患者重复这句"我刚去过肉贩那里"时，女患者脱口而出："他说——母猪！""母猪"这个词，就是女患者不愿意向拉康重复的。而对拉康来说，这是解开所有心理谜题的关键所在。

这名男子其实是女患者朋友的丈夫，女患者和她的朋友原本亲密无间，现在这名男子作为第三者出现了，让女患者痛苦的是，她不在欲望的中心，她不是三角关系中的主要角色。女患者认为，这位男邻居想把她切成碎片，以此来阻止她对他们婚姻家庭生活的干扰。因此，他对她所说的"母猪"，既是他的真实想法，也是对她的侮辱。认为自己受到"侮辱"，是妄想症患者的医学表现。当主体受到侮辱时，必然会有自我防卫。女患者认为，男邻居是闯入者，破坏了原本属于她和闺蜜的亲密关系，因此，她会在朋友和她的丈夫关起门来亲热、吃饭、阅读的时候敲他们的门。这两位新婚的爱人，原本就要远离我们的女患者，认为她处于闯入者的位置上，所以，在她屡次闯入他们二人世界的时候，对她进行了驱逐、拒绝和排斥。女患者的妄想症状就是在这个时刻爆发的。

拉康关心的是这样的问题：在上面的对话中，到底谁在讲话？对话者中的一方相对于另一方是小写的他者，但是拉康认为，其实对话发生时，纯粹单一的现实是不存在的，真正说话的是大写的他者。在真正的言说中，大写的他者的存在是为了确保主体被小写的他者承认。例如，对某人说"你是我男人"，你其实是在含蓄地告诉他，"我是你的女人"，但是，因为是你先说的"你是我的男人"，也就是说，他的地位是在被你承认的基础上才建立起来的，他也因此会承认你。在这句"你是我男人"的话中，就包含了很多超越语言之外的东西，所以拉康说，真正说话的是大写的他者。一句话开始的时候，就像一场游戏开始，随后的交流，要么维持第一句话的地位，要么反驳，诸多变化，都是要遵循游戏的规则，所以拉康会问："到底谁在讲话？"

木偶说话时，当然不是木偶说话，而是木偶后面的人在说话，我们的这种认识就已经说明了大他者对我们的影响，也说明象征界在我们生活中无处不在的作用，更说明我们在精神上没出差错的原因。真实域的言说，就是没有受到大他者影响的言说，就是纯粹的木偶的言说，不是木偶身后之人的言说。当这个男邻居说"母猪"时，女患者认为就是"他"在讲话，不是他身后的人在讲话。换句话说，女患者看不到他身后的人，她的世界是真实的世界，没有大他者的存在，没有象征界对她发生作用。

拉康有一个描述自我、主体、小他者、大他者间关系的简图。① 根据这份简图，女患者在走廊里遇到的男子是"小他者"，这里没有大他者的存在。说"我刚从肉贩那里回来"这句话的是"自我"。这句话里的"我"是"主体"。"小他者"对女患者说"母猪"。向拉康讲述这个经过的那个人，作为妄想症患者的那个人，"自我"，"毫无疑问，以颠倒的方式从小他者处接收回她自己的信息，她所说的事情也会影响她作为主体的那些考虑，而主体，依据定义，仅仅因为她是一个人类主体，她只能以影射的方式讲话"②。

拉康认为："只有两种方式可以谈论主体，我们其实都是主体。它们——要么致力于他者的事业，大他者，从那里以颠倒的方式接收到自己的信息——要么用影射的方式表明它的方向，它的存在。"③ 这个女患者，之所以是严格意义上的妄想症患者，是因为在她的闭路中排

---

① Jacques Lacan, *Seminar III*: *The Psychoses* (*1955 – 1956*), ed. by Jacques – Alain Miller, translated with notes by Russell Grigg, p. 14.

② Jacques Lacan, *Seminar III*: *The Psychoses* (*1955 – 1956*), ed. by Jacques – Alain Miller, translated with notes by Russell Grigg, p. 52.

③ Jacques Lacan, *Seminar III*: *The Psychoses* (*1955 – 1956*), ed. by Jacques – Alain Miller, translated with notes by Russell Grigg, p. 52.

除了大他者，只有小他者和她的"自我"这另一个小他者的存在。

拉康认为，女患者其实不知道自己所说"我刚从肉贩那里回来"这句话的真实含义。女患者认为，她向男邻居说这句饱含影射之意的话，用意不过在于侮辱对方是一头"公猪"，而男邻居的回应"母猪"，恰恰也向她证明了，男人准确无误地接收到了她的信息。然而，拉康不这样看，他看到了女患者更深的精神层面，或者说，他看到了真相。"现在，谁刚从肉贩那里回来？一头被切割了的猪。她不知道她在说这些，然而她就是说的这个。她告诉与她对话的一方——我，这头母猪，刚从肉贩那里回来，我已经支离破碎，一份残破的躯体，被拒绝的断片，充满妄想，我的世界就是分裂的，像我一样。"①

第三节 "他的小麦捆既不吝啬，也不邪恶"

拉康阅读《摩西与一神教》，发现寻找主体真相这一命题在这本书中得到弗洛伊德自始至终的追问，这正好验证了拉康的看法，后者认为，精神分析就是寻找真相如何介入一个人的生活。对拉康来说，"真相的维度是神秘的，难以解释的，没有事情能够决定它可以被掌握，原因就是人已经完全习惯了非真实的事情"②。

在《摩西与一神教》中，摩西放弃了世俗的一切，隐藏自己的脸，并且接受死亡的命运。拉康认为，对摩西是谁以及摩西害怕什么的追问，都不如质疑：真相如何进入摩西的生命，真相如何让摩西为此不顾一切？弗洛伊德的回答是：全都是因为父亲那个象征所起的作用。如果父亲所属的现实自带神圣的气质，那么，父亲作为象征的这个真

---

① Jacques Lacan, *Seminar III*: *The Psychoses*（*1955 - 1956*）, ed. by Jacques - Alain Miller, translated with notes by Russell Grigg, p. 52.

② Jacques Lacan, *Seminar III*: *The Psychoses*（*1955 - 1956*）, ed. by Jacques - Alain Miller, translated with notes by Russell Grigg, p. 214.

相是怎样走进弗洛伊德理论前场的？弗洛伊德认为，这只能源于历史之初，儿子们对父亲的谋杀。拉康认为，弗洛伊德的这种认识全凭直觉，因此，这里有一些事情需要进一步厘清，那就是：父亲这个象征是怎样进入一个人的生命之中的？与弗洛伊德不同，拉康所处的时代让他有机会了解索绪尔和雅各布森关于语言学的研究成果。在弗洛伊德那里，父亲只是作为象征的存在；在拉康这里，父亲这个象征是作为能指的存在。拉康探询的是：父亲这个象征，在作为纯粹能指的存在时，在精神病患者的经历中，到底扮演了怎样的角色？为了回答这个问题，拉康返回弗洛伊德对精神病的研究中。①

　　拉康挑选的精神病例，是弗洛伊德发表于 1911 年的《史瑞伯：妄想症案例的精神分析》（*Psycho - Analytic Notes on an Autobiographical Account of a Case of Paranoia*）。1903 年，一个罹患过精神疾病的、任德国德累斯顿上诉法院评议会主席的法官史瑞伯（Daniel Paul Shreber, 1841—1911）在病愈后发表了一本描述其精神病细节的自传——《一个神经症患者的回忆录》。弗洛伊德在阅读了史瑞伯的自传后，感受印象最深刻的是："那些患有偏执、妄想、精神失常的人，他们爱自己的妄想，如同爱他们自身。"②弗洛伊德猜测，在史瑞伯与他的幻象的关系中，一定有一些东西是所指和意义不能涵盖的，后来，弗洛伊德把这些东西称为本我的驱力。拉康阅读史瑞伯的自传，原本是要发现"父亲"作为能指对史瑞伯博士的影响，③没想

---

① Jacques Lacan, *Seminar III: The Psychoses*（*1955 - 1956*）, ed. by Jacques - Alain Miller, translated with notes by Russell Grigg, p. 215.

② Jacques Lacan, *Seminar III: The Psychoses*（*1955 - 1956*）, ed. by Jacques - Alain Miller, translated with notes by Russell Grigg, p. 215.

③ 拉康认为精神病患者的世界里缺失父亲之名，对"父亲之名"的根本性排除，构成了精神病的基本结构。精神病患者的"排除"与癔症或强迫症患者的"压抑"或"否定"不同。"当一个元素受到压抑时，它便会返回到某人的言语之中，返回到能指链即象征界之中。但是，当一个元素遭到排除时，它便无法返回到象征界之中，原因很简单，因为该元素从一开始就不曾存在于那里。它是被拒绝的，是被驱逐的。因此，这个元素就不会返回到象征界之中，而是返回到实在界之中，例如，以各种幻觉的形式返回到实在界之中。"参见［美］达瑞安·里德尔《拉康》，李新雨译，当代中国出版社 2014 年版，第 105 页。

到，他发现了更加不同寻常的东西，那就是，在这本有许多重复之处的小册子中，"即使在句子可能包含意义的时候，你也从不会遇到类似于隐喻的任何东西"①。也就是说，拉康在史瑞伯的文本中，没有看到隐喻。这一发现，将会把拉康引向何处？为什么拉康在精神分析中要谈论隐喻？

谈论隐喻，并不容易。有人说隐喻是缩减版的明喻。拉康认为，诗人一定不会赞同这种说法，因为对于诗人来说，诗歌风格始于隐喻，可以说，没有隐喻就没有诗歌。他以维克多·雨果的一句话为例："他的小麦捆既不吝啬，也不恶毒。"指出，这句话不是明喻，而是典型的隐喻，因为"这里没有比较，只有认同"②。拉康还说："只要我们总是能看到其中的认同，隐喻的维度于我们相对其他人而言就少一些理解的难度。但这并不是全部——我们对'象征性的'这个术语的使用实际引领我们限制了它的含义，仅仅选定了象征的隐喻维度。"③

隐喻以意义为重，在这个前提之下，它可以对能指颐指气使，任意组合，以至先前建立的词汇和连接都被废除掉了。这也是拉康对隐喻的认识。他继续说道："任何一本词典用法中，没有一刻钟会有文字表明，小麦捆有能力吝啬，甚或不那么邪恶。然而，一旦有可能说，'他的小麦捆既不吝啬，也不邪恶'时，语言的使用就只能受到要表达的意义的影响，也就是说，意义将能指从它的词汇联系中撕裂出来。"④

---

① Jacques Lacan, *Seminar III*: *The Psychoses* (*1955 - 1956*), ed. by Jacques - Alain Miller, translated with notes by Russell Grigg, p. 218.

② Jacques Lacan, *Seminar III*: *The Psychoses* (*1955 - 1956*), ed. by Jacques - Alain Miller, translated with notes by Russell Grigg, p. 218.

③ Jacques Lacan, *Seminar III*: *The Psychoses* (*1955 - 1956*), ed. by Jacques - Alain Miller, translated with notes by Russell Grigg, p. 218.

④ Jacques Lacan, *Seminar III*: *The Psychoses* (*1955 - 1956*), ed. by Jacques - Alain Miller, translated with notes by Russell Grigg, p. 218.

拉康提醒我们注意这句话的句式结构，如果这些能指不遵守句子形成的规则，那么意义就得不到表达。例如，这句话的英译为：His sheaf was neither miserly nor spiteful，其中的谓语动词"was"不能在位置上和连词"nor"互换；主语"sheaf"和它的定语"His"也不能顺序颠倒，正因如此，小麦捆才能具有"吝啬"或"邪恶"的品质。换句话说，能指在句子中的位置决定了句子的意义。

拉康认为："象征手法需要借助隐喻表达的这个阶段，预设了相似之处由位置来展示的独特性。"① 因为"sheaf"是"miserly"和"spiteful"的主语，因此这个"sheaf"实际上被认同为"His"这个单词所指代的"He"，整个句子借助隐喻，形象化地描述"小麦捆"和"他"的相似之处：既不吝啬，也不邪恶。但是，如果这些能指的位置在句子中发生了变化，句子的意义就会随之发生变化。拉康在这里指出，倾听受分析者语言的时候，不仅要注意其句子中相似性或象征或隐喻的维度，还不能忽略语言所遵循的句式结构的维度。

第四节　拉康为什么提及失语症患者？

拉康对受分析者语言的相似性和结构性这两个维度的重视，源于他的好朋友——罗曼·雅各布森对失语症的研究成果。雅各布森认为，失语症患者混乱的语言可以依据一个人在遣词造句时是否遵循相似原则和临近原则来判断。所谓相似原则，是指在遣词造句时脑海中出现的具有同义性关系的一组词，它们可以相互替代，供言说者选择。所谓临近原则，是指言说者遵循句式结构，按照语法规则的排列顺序讲话。

在拉康看来，饱受诟病的感觉型和运动型失语症患者，其语言都

---

① Jacques Lacan, *Seminar III*: *The Psychoses* (1955–1956), ed. by Jacques – Alain Miller, translated with notes by Russell Grigg, p. 219.

是严格遵循句式结构和语法规则的。[①] 他以很多人都熟知的威尼克失语症（Wernicke's aphasic）患者的语言为例，认为其语言所展现的系列句子具有高度发展的语法特征。例如："是的，我明白。昨天，当我到达那里，他已说过，而我想，我对他说，不是的，那个日期，不确切，不是那个……"[②] 没有语法错误，句式结构都对，但是这里暗示的意义比已经说出的要宽泛许多。当你期待着他最终说出准确信息的时候，他就是没办法把他的意思用恰当精准的词表达出来，这是威尼克失语症的典型特征。他的语言围绕着那个他没办法说出来的空缺，努力描述，就是无法直达要点。如果分析师让他给他要说的事情下个定义，或者找一个相等的词，他根本做不到，更不用说，让他用一个隐喻说出他想说出的，或者用元语言（metalanguage）[③] 同他讲话，他更是没办法回应。[④]

在拉康看来，失语症患者的语言中，句式语法所体现的结构性原则完好地存在，但是表达要点的同义词严重缺席，即语言的相似性维度不在场，或者可以说，失语症患者不会运用隐喻的方式表达自己的想法，而这与拉康对史瑞伯自传中没有隐喻的发现恰好契合，这就是拉康提及失语症患者的原因所在。拉康发现，在出现幻听的妄想症患者身上，幻听的语言对主体能够发生作用，完全是凭借句子的语法结构、临近原则、表意特征、声音表达来实现的。在幻听现象中，语言的结构性原则的主导地位最容易在妄想症患者的话语被打断的时候显现出来。如果患者继续讲下去，分析者就会清晰地看到其语言完全

① Jacques Lacan, *Seminar III: The Psychoses* (*1955 - 1956*), ed. by Jacques - Alain Miller, translated with notes by Russell Grigg, p. 219.

② Jacques Lacan, *Seminar III: The Psychoses* (*1955 - 1956*), ed. by Jacques - Alain Miller, translated with notes by Russell Grigg, p. 219.

③ 元语言，这一术语，最早是罗曼·雅各布森提出的语言学术语，专指描述目标语言的语言。

④ Jacques Lacan, *Seminar III: The Psychoses* (*1955 - 1956*), ed. by Jacques - Alain Miller, translated with notes by Russell Grigg, p. 220.

由句式结构的临近原则支配，其语言的意义就在于其表意特征和言说方式。

　　虽然说精神分析中最吸引分析者的是受分析者语言的所指，但是拉康指出，"认识不到能指的基本调节作用，认识不到能指才是指导性的线索，我们不仅会丢掉对精神现象的最初理解和对梦自身的解释，弃之不顾，而且也会让我们完全没有能力理解精神病患者身上真正发生的事情"①。仅仅认识到这一点，还远远不够，若想理解受分析者的话语，分析师不仅要重视能指，重点分析能指，还应该能够区别隐喻（metaphor，隐晦地表达两者之间的相似之处，如she has a heart of stone）和换喻（metonymy，又称"转喻"，用一名称来指代与之密切相关的事物，如用 the White House 来指代 the US president）。

　　对隐喻和换喻区别的基本认识，让拉康得以从新的语言学视角看待弗洛伊德提出的神经症的各种机制，提出其中不存在隐喻和认同的维度。例如，前面提到的，拉康发现，在史瑞伯的自传文本中没有隐喻。拉康认为，在神经症患者话语所表现的各种机制中，换喻占据主导地位。借助雅各布森的隐喻和换喻理论，拉康进一步发展了弗洛伊德的压缩和置换理论，他认为，"总的来说，弗洛伊德称之为压缩的东西，在修辞上被叫作隐喻；他称之为置换的东西就是换喻"②。拉康让分析者了解隐喻和换喻的重要性，目的还是让他们回归受分析者话语的能指上，因为其话语的句式结构和词语选择在其呈现的症状中具有决定性的作用，所指不知所踪，能指是唯一可以借助的工具，分析者只能聚焦于能指之上。

---

　　①　Jacques Lacan, *Seminar III: The Psychoses*（*1955 - 1956*）, ed. by Jacques - Alain Miller, translated with notes by Russell Grigg, p. 220.

　　②　Jacques Lacan, *Seminar III: The Psychoses*（*1955 - 1956*）, ed. by Jacques - Alain Miller, translated with notes by Russell Grigg, p. 221.

结　语

本章的第二节和第三节各用一句话作为小标题，第二节的小标题是一个精神病患者说过的话，第三节的小标题是正常人兼大作家雨果的一句话。

在第二节中，那个告诉拉康，她对自己的男邻居说过"我刚去过肉贩那里"这句话的女患者，以为自己的真相是——侮辱对方是一头公猪。拉康不同意她的认识，他认为，女人的无意识真相是——"我，这头母猪，刚从肉贩那里回来，我已经支离破碎，一份残破的躯体，被拒绝的断片，充满妄想，我的世界就是分裂的，像我一样"①。拉康的这个结论，只是再一次说明了他强调的"能指的优先性"。所谓"能指的优先性"，是相对于变动不居的所指而言，能指一直是原来的能指。拉康认为，分析能指就能发现主体的真相。于是，拉康去掉了女患者对"肉贩"这个词所产生的或象征或隐喻的联想，只考虑这个句子中能指本身的含义。

在第三节中，拉康研读弗洛伊德的《摩西与一神教》，发现"父亲"这一称谓，在弗洛伊德那里只具有象征功能，在他这里，"父亲"却是"纯粹能指"的功能。接着，拉康又研读弗洛伊德的《史瑞伯：妄想症案例的精神分析》和史瑞伯的《一个神经症患者的回忆录》，发现史瑞伯的回忆录中没有隐喻。于是，拉康以维克多·雨果的一个隐喻为例，向听众说明，隐喻意味着认同。正常发展的主体，都会经历第一次认同和第二次认同，即镜像阶段与镜中像相认，俄狄浦斯情结阶段，与同性的父母一方相认。那么，当拉康在史瑞伯的回忆录中找不到任何带有隐喻性质的句子时，他就可以确定，史瑞伯生病的原因

---

① Jacques Lacan, *Seminar III: The Psychoses* (*1955 – 1956*), ed. by Jacques - Alain Miller, translated with notes by Russell Grigg, p. 52.

在于他在经历第一次认同和第二次认同时发生了意外。①

　　在第四节中，拉康之所以提及失语症患者，是因为他们的语言中也没有隐喻。拉康指出，虽然患者语言的所指最具魅力，但分析师一定要重视能指、分析能指，因为当语言只剩下能指的时候，也就是当象征和隐喻都不存在的时候，自然而然，主体的真相就会显现出来。

---

① 我在第四章"拉康的欲望观"的第二节"我是他者"中已经论述过主体生成阶段需要经历的两次认同，认同发生意外会导致主体罹患精神分裂症。

第六章　拉康论物

　　为了说明精神分析实践的伦理维度，为了弄清楚弗洛伊德所谓的现实原则和快乐原则的真正含义以及两者之间存在的歧义与不足，拉康引入了一个新的术语，"das Ding"①。作为一个具体、肯定、特殊的

---

　　①　英文译者丹尼斯·波特在翻译拉康的第七卷研讨班讲义——《精神分析的伦理》时，保留了德语原词 das Ding，作为第四章和第五章的标题，参见 Jacques Lacan, *Seminar VII: The Ethics of Psychoanalysis* (1959–1960), ed. by Jacques–Alain Miller, trans. by Dennis Porter, New York: W. W. Norton, 1998, pp. 43, 57. 中文译者季广茂将"das Ding"译成"原质"，同时在后面的括号里注明齐泽克的用词："(*das Ding*, the Thing)"。参见［斯洛文尼亚］斯拉沃热·齐泽克《斜目而视：透过通俗文化看拉康》，浙江大学出版社 2011 年版，第 32 页。这里对应的齐泽克原文是放在括号里的一个注解："(the Lacanian *das Ding*, the Thing that gives body to the substance of enjoyment)"。参见 Slavoj Žižek, *Looking Awry: An Introduction to Jacques Lacan through Popular Culture*, Cambridge, Massachusetts: MIT Press, 1991, p. 19. 学者吴琼将"das Ding"译成"物"，但他先说"原质之'物'"，再说时只剩"物"，参见吴琼《雅克·拉康：阅读你的症状（上、下）》，中国人民大学出版社 2011 年版，第 618—619 页。笔者根据学者石福祁的论文《近代以来西方哲学中"物"的概念——从康德、胡塞尔到海德格尔》［发表在《兰州大学学报》（社会科学版）2000 年第 5 期］中提到的康德、胡塞尔和海德格尔的相关著作，去查询国内这些著作的中译本。例如，译者孙周兴等将"das Ding"翻译为"物"，参见［德］海德格尔《海德格尔文集：不莱梅和弗莱堡演讲》，孙周兴、王庆节主编，孙周兴、张灯译，商务印书馆 2018 年版，第 5—30 页。为了让听众明白"das Ding"的所指，拉康杜撰了一个近似于希腊哲学表达的短语，"causa pathomenon"，这里的"causa"的含义是"原因"，"pathomenon"的含义是"病理现象"，是由"pathology"（病理）和"phenomenon"（现象）这两个词合成的。拉康对该短语的解释是"最基本的人类情感的原因"，也就是说，此物是让人类滋生七情六欲的导火索，或触动开关。参见 Jacques Lacan, *Seminar VII: The Ethics of Psychoanalysis* (1959–1960), ed. by Jacques–Alain Miller, trans. by Dennis Porter, p. 97. 综合上述译者和学者对"das Ding"的翻译，可以认为，弗洛伊德使用"das Ding"的时候，与康德谈论的"自在之物"比较接近。

能指，它具有"物""东西""事物"等含义，与另一个德语词"die Sache"含义相近，但是，die Sache 除了具有"物""事情""任务""事业"的含义之外，还有"所有物""财产"等含义。拉康说，在法语中，没有一个词能与"das Ding"的含义完全对应，法语里表达"物""东西""事物""事情"的单词"la chose"不能用来翻译"das Ding"。那么，拉康的"das Ding"，到底是何方神圣？

第一节　与词对应的物

在揭开"das Ding"的神秘面纱之前，拉康向"die Sache"走去。他从弗洛伊德的文章《无意识》（"The Unconscious"）入手，指出，无意识中发生的是"物的上映"（Sachvorstellung，德语）[1]，完全不同于前意识（the preconscious）中发生的"词的上映"（Wortvorstellung，德语）。

这让那些参加拉康讲座，遵循他的建议而去阅读弗洛伊德作品的人认为，弗洛伊德的观点与拉康提出的无意识具有语言一样的结构是冲突的。为了说服这些人，拉康建议他们先阅读弗洛伊德的另一篇文章《压抑》（"Repression"），然后再看《无意识》。对弗洛伊德这两篇文章的研读，让拉康得出结论："压抑只能在能指的层面上运作。"[2]

接上页　参见［德］康德《任何一种能够作为科学出现的未来形而上学导论》，庞景仁译，商务印书馆 2009 年版，第 59 页。到了拉康这里，"das Ding"被他用来指涉引发基本的人类情感，甚至病理现象，那么，把"das Ding"译为"原物"，意即"导致一切发生的那个肇始者"，也符合拉康的原意。然而，需要记住的是，"物"或"原物"都没有固定的所指。此外，"das"是德语中放到中性名词前的定冠词，相当于英语中的"the"，那么，如同英语中的"the apple"可以翻译为"这个苹果""那个苹果""原来的苹果""刚刚看到的苹果""夏娃吃的那个苹果"等一样，"das Ding"可以译为"此物""彼物""这个物""那个物""该物""原物""刚刚谈论的物"等，并非只有一个对应的中文。

① 这是一个合成词，其中 vorstellung 的含义是：戏剧、电影等演出、上演、放映。

② Jacques Lacan, *Seminar VII: The Ethics of Psychoanalysis (1959–1960)*, ed. by Jacques - Alain Miller, trans. by Dennis Porter, p. 44.

这也意味着，"压抑"基本上是围绕着主体和能指的关系组织起来的。正如弗洛伊德强调的那样，只有从这个视角出发，才能以精确、分析的方式谈论"意识"和"无意识"。这也是弗洛伊德着重分析精神分裂症患者语言的原因所在，在精神分裂症患者的世界中，词与词之间存在非常明显的类同（affinity）特征。弗洛伊德敏锐地意识到，精神分裂症患者的特殊情况，让他们在描述事情的时候，更容易发生表达问题。

"词的上映"与"物的上映"看似对立，但实际上，弗洛伊德所处时代的语言学可以对此解释。让拉康佩服的是，仅凭他那个时代的语言学研究状况，弗洛伊德就已经理解了，语言运作作为一种功能与语言结构之间的区别，前者在语言被说出来时，对前意识会产生基本的影响，后者决定着无意识元素如何组织。在这两个运作之间，一系列相关联的事件协调运行，保持有序。

弗洛伊德在谈论"物的上映"时，使用的是"Sachvorstellung"，而不是"Dingvorstellung"，他用"Sachvorstellung"与"Wortvorstellung"这两个词区别"物的上映"与"词的上映"。"物"与"词"，反映的是属于人类的那些事情与语言象征系统之间的关系，这个关系专属于人类。① 人类所见万物，实际都存在于一个由语言理解塑造的世

---

① Jacques Lacan, *Seminar VII*: *The Ethics of Psychoanalysis*（1959 – 1960），ed. by Jacques - Alain Miller, trans. by Dennis Porter, p. 45. 海德格尔对于"词"与"物"的关系有着详细的论述，鉴于拉康曾经翻译过海德格尔的《逻各斯》（[法]伊丽莎白·卢迪奈斯库：《拉康传》，王晨阳译，第249页），毫无疑问，拉康对"词"与"物"的相关论述受到海德格尔的影响。海德格尔在《词语》一文中，引用并分析格奥尔格的一首诗歌，其最后两句是"词语破碎处，无物可存在"。对于这两句话，海德格尔的分析如下："词语之支配作用突现为使物成为物的造化。词语于是作为那种把在场者带入其在场的聚集而熠熠生辉。表示如此这般思得的词语之支配作用的最古老词语，亦即表示道说（das Sagen）的最古老词语，叫做Λόγος[逻各斯]，即：显示这让存在者在其'它存在'（es ist）中显现出来的道说（die Sage）。另一方面，表示道说的同一个词语Λόγος[逻各斯]，也就是表示存在即在场者之在场的词语。道说与存在，词与物，以一种隐蔽的、几乎未曾被思考的、并且终究不可思议的方式相互归属。"参见[德]海德格尔《海德格尔文集：在通向语言的途中》，孙周兴、王庆节主编，孙周兴译，商务印书馆2015年版，第236页。

界中，而语言通过象征的过程主宰着一切。动物与人类的区别就在于它们不像人类那样能够完全了解象征的运作过程。所谓的"物"（Sache），都是工业生产或人类行为的产品，而且都被人类用语言命名，因此，"物"（Sache）和"词"（Wort）是密切相连的一对。

"Das Ding"作为一个特殊的能指，所涉在别处。

拉康特别提到弗洛伊德在论文《一个构想》（"Entwurf"，德语）中有一段对现实原则的论述，其中提到"das Ding"；而弗洛伊德的另一篇文章《否定》（"Die Verneinung"，德语）主要分析的就是"das Ding"。关于"das Ding"，它突出的特征是，不在关系之中。也就是说，它不与任何事情有关联。拉康说："一个人可以在 das Ding 中找到真正的秘密。"① 拉康是从现实原则的角度对此进行解释的。在他看来，弗洛伊德谈论现实原则主要是想向我们显示它总是处于失败的状态，只能在边缘处设法肯定自己。如果事情没有进展，那是因为这个事情不是重要需求。从需求的角度谈论现实原则，拉康指出了现实原则的秘密："一旦我们尝试说清楚现实原则，为了让它能够依赖外在现实世界，而这也是弗洛伊德的意图，就会发现现实原则的功能是要把主体和现实隔离开来。"②

现实中的量与质的元素都无法进入第二过程（secondary process）的领地，因为第二过程处理的是那些非"主要需求"，最终目的是为有机体保存足够的能量回应外界刺激，能量的水平使得 ψ 神经机制在整个神经元系统中脱颖而出。外界大量的信息到达 φ 神经机制，即到达表皮、肌腱的神经末梢，甚至到达肌肉和骨头的深度，φ 神经机制使出浑身解数应对。拉康说，《一个构想》实际上是关于神经反应运作

---

① Jacques Lacan, *Seminar VII*: *The Ethics of Psychoanalysis* (*1959－1960*), ed. by Jacques-Alain Miller, trans. by Dennis Porter, p. 46.

② Jacques Lacan, *Seminar VII*: *The Ethics of Psychoanalysis* (*1959－1960*), ed. by Jacques-Alain Miller, trans. by Dennis Porter, p. 46.

的理论。

外部世界的咄咄逼人，并不会完全被 φ 神经机制解决掉，后者只是起到筛查的作用。这里涉及对外部世界主观化（subjectivization）的概念，感官系统以最自然率性的方式对现实进行筛选，人最后面对的是筛选后留下的点点现实。在一定程度上，这是一个信号，它提醒我们，有一些与外界有关的东西还存在。意识需要应对外部世界，需要与外部世界友好相处。

可是，拉康问：这些是弗洛伊德所谓的现实原则涵盖的全部内容吗？迄今为止，拉康还没有明确"das Ding"的含义。

第二节 身边人：作为"物"的一个所指①

无意识活动发生在快乐原则的领地，而现实原则主宰着意识和前意识的领域。无意识思想活动只有在付诸措辞，进行合情合理的陈述时，才能进入意识的范围。可是，为什么一个想法，或一个情绪，会先于另一个出现？拉康说，它们真正的关联存在于完全不同的地方。

弗洛伊德说，清醒的主体知道，奉行快乐原则的无意识思想，在努力地向语言行进。那些单调、苍白、无色的无意识之思，一次次努力着，在不同的"表现"中流转，最终以"词"的形式再现。

拉康发现，弗洛伊德从《一个构想》开始，又分离出来一个被称

---

① 弗洛伊德逝世十年后，即 1949 年，海德格尔在不莱梅作了 4 个演讲，其中第 1 个演讲的题目就是《物》。演讲的开头，海德格尔就问："切近（Nähe）的情形究竟如何呢？我们如何才能经验到它的本质呢？表面上看来，我们是不能径直发现切近的。而不如说，我做到这一点，我们就要去追踪在切近中存在的东西。在切近中存在的东西，我们通常称之为物（Ding）。"参见［德］海德格尔《海德格尔文集：不莱梅和弗莱堡演讲》，孙周兴、王庆节主编，孙周兴、张灯译，商务印书馆 2018 年版，第 5 页。对于熟悉海德格尔思想的拉康来说，他一定能感知到，弗洛伊德的"身边人"的概念，与后来海德格尔所说的"切近中存在的东西"，关联最大。从海德格尔对"物"的论述，反观弗洛伊德的"身边人"的概念，就会发现，弗洛伊德追溯的，与幼儿距离最近的"物"，就是照顾他/她的身边人。

为"我"（Ich，德语）的系统。伴随着很多变形和转换，以及无处不在的模棱两可，弗洛伊德后来重申，"我"在很大程度上是"无意识"的。[1] 他关于记忆的全部理论都与铭刻（inscription）的顺序有关。弗洛伊德认为，他自己第一次铭刻于心的事件大约发生在 4 岁之前，另一件铭刻于心的事件发生在 8 岁的时候。弗洛伊德是以记忆的术语谈论这些事件的，在拉康看来，这些恰好是无意识的构成材料。拉康认为，弗洛伊德对与错并不重要，重要的是，从这里开始，我们有了前意识（Vorbewusstsein，德语）和意识（Bewusstsein，德语）的区分，才可以追溯无意识及其思想构成。换句话说，这是对发生在感觉（Wahrnehmung，德语）和意识（Bewusstsein，德语）之间事情的描述：始于最混乱的无意识，终于清晰表达的语言。可以肯定的是，在感觉和意识之间发生的，一定与无意识有关，这一次，弗洛伊德为我们展示了一个结构。"也就是说，在一定程度上，无意识和快乐原则所干涉的是插入在感觉和意识之间的意指结构（signifying structure）。"[2] 这些积累起来的经验结构一直保留在那里，铭刻在那里。

在"唯我"的层面，在运作的无意识层面，有些东西自动倾向于排斥外部世界。在操练（Ubung，德语）的层面，则意在释放（discharge），一边抑制，另一边释放，整个机制就是在这种交叉的状态下制衡共存着，弗洛伊德称之为"储备"（Vorrat，德语），他把储存自己无意识的地方称为"小储物间"（Vorratskammer，德语）。"我"是这个"小储物间"的搬运工，同时也是构成心理机制核心的量与能的基础。

在这个基础上，主体才会有第一次对现实的理解，因为"在这个

---

① Jacques Lacan, *Seminar VII*: *The Ethics of Psychoanalysis*（1959–1960）, ed. by Jacques-Alain Miller, trans. by Dennis Porter, p. 49.

② Jacques Lacan, *Seminar VII*: *The Ethics of Psychoanalysis*（1959–1960）, ed. by Jacques-Alain Miller, trans. by Dennis Porter, p. 51.

点上，现实进行了干预，现实与主体有着最亲密关系的，是他的身边人（Nebenmensch，德语）"。① 拉康认为"身边人"的提法中，体现了在"一旁却相像""分离却同一"的思想。"身边人"对主体所起的现实作用，被弗洛伊德概括在一句话中："身边人情结分为两部分，其中一部分，通过一种不变的机制自我肯定，作为一个物（a thing，als Ding）保留下来。"② 这个"物"，从一开始就因为陌生（Fremde，德语）被主体隔离开来，它与其他的"物"完全不同，这是主体现实经历的最原初的分裂。"身边人"带给主体第一次同外部的接触，这个"外部"与主体以后经历的现实，在其中寻求满意的"现实"截然不同。这个"物"，在主体寻求满意之前，就已经建立起自己的目标和结局。弗洛伊德说："对现实试探的首要目的，并非要在一个真正的感知世界找到那个，对应于此刻呈现给主体的对象，而是要再一次找到它，确认它在现实中仍然存在。"③ 拉康认为，弗洛伊德的这句话，就是为了说明"身边人"这个"物"，与其他的"东西"有所区别。

这个"非我"的"身边人"，古怪、陌生，有时还咄咄逼人，却是主体的"第一个外部现实"（the first outside），主体的全部发展都是以此为中心。很明显，这是一种探究式的前进，一边寻找参照点，一边与欲望世界发生联系。外部世界展示了一些东西，这些东西或许可以被当作愿望与期待之物，至少在某些场合，可以帮助到达这个"物"（das Ding）。当所有条件都具备的时候，那个"物"应该还在那儿，但是，再清楚不过的是，被认为一定会找到的"物"，再也找不到了。就本质而言，这样的物已经丢失，不可能再被找到。

---

① Jacques Lacan, *Seminar VII*: *The Ethics of Psychoanalysis* (*1959 – 1960*), ed. by Jacques – Alain Miller, trans. by Dennis Porter, p. 51.

② 转引自 Jacques Lacan, *Seminar VII*: *The Ethics of Psychoanalysis* (*1959 – 1960*), ed. by Jacques – Alain Miller, trans. by Dennis Porter, p. 51.

③ 转引自 Jacques Lacan, *Seminar VII*: *The Ethics of Psychoanalysis* (*1959 – 1960*), ed. by Jacques – Alain Miller, trans. by Dennis Porter, p. 52.

拉康指出："我们所经历的世界，弗洛伊德所在的世界，假定这个对象，这个物（das Ding），就是主体的绝对的他者（the absolute Other），被认为可以再被找到的那个。"① 但是，"最多也是作为失去了的物被找到。一个人找不到它，只能找到它令人愉悦的关联物。就是在这种盼望和等待的状态中，以快乐原则之名，最佳的张力状态被寻求着。在其之下，既无感知，也无努力"②。最后，丢失的东西，幻化为一系列他物，没有这些替代，一个感知的世界就不能以正确的、人类的方式组织起来。对弗洛伊德来说，感知的世界依赖于这些最基本的幻觉，没有幻觉，注意力也无从说起。

第三节　"物" 对所指的超越

拉康说，弗洛伊德在多个场合提及"特别的行为"，该行为无论如何都不是一种释放，而是受快乐原则影响的重复行为，其根源在前意识中。以歇斯底里患者为例，在她泪流满面的时候，她所做的每件事情都是筹谋、都是规划，目标是那个史前的、无法忘怀也永远不能触及的大他者（den Anderen，德语）。女患者实施特别行为，当然是要获得满意的体验，其目的是复制最原初的状态，再次找到"那物"。凭借这个认识，神经症患者的很多行为就能够得到理解。歇斯底里症患者的行为围绕该物展开，前提是此物让她厌恶。强迫症患者聚焦的"物"，却是可以带给他很多快乐的一个对象，此物被他用来规约自己的行为，避免欲望的终结。妄想症患者的行为反映了他不相信那个他不得不受其影响的"第一个陌生人"。拉康特别指出，弗洛伊德在这里

---

① Jacques Lacan, *Seminar VII：The Ethics of Psychoanalysis*（*1959－1960*），ed. by Jacques - Alain Miller, trans. by Dennis Porter, p. 52.

② Jacques Lacan, *Seminar VII：The Ethics of Psychoanalysis*（*1959－1960*），ed. by Jacques - Alain Miller, trans. by Dennis Porter, p. 52.

使用了"信仰的拒绝"（Versagen des Glaubens，德语）这个不像心理学意义上的术语。在拉康看来，妄想症患者偏激的态度牵涉人与现实最深层的关系，在他那里，现实是作为信仰被表达的。对妄想症的探究，拉康提供了一个"象征秩序"的视角，他认为，"妄想症的推力基本上是对象征秩序中某种支持的拒绝"①。这个特别的支持，服务于主体与那物之间的关联。

拉康认为，德语词"das Ding"超越了所指。② 对于"我"来说，"大他者"是一个物（a Ding），"你"也是一个物。③ 主体与他物之间存在最主要的情感关联，并且在任何压抑生成之前就已经存在，主体的生成缺其不可。主体与最原初的他物之间的关系决定了主体的第一次定位和第一次选择，这些最初的磨合从此之后也影响了快乐原则的功能。需要注意的是，在同一个地方，一些相反的东西也会组织起来，并最终取代此物。那些相反的东西，也被康德讨论过，拉康认为，康德从哲学的角度，瞥见了"物"的功能。在康德看来："物的功能必须作为一个纯粹的表意系统，作为一个普遍准则，作为与个体关系中最缺乏的东西，来进行呈现。"④ 也是在这个地方，被人们认为"道德的"行为，依据某种"善"的准则，不无矛盾地展现着。

弗洛伊德曾经说过，如果精神分析因为过度强调本能的作用而让人们感到焦虑，那么，这也提升了道德机制的重要性。探究弗洛伊德思想在伦理领域的创新与革命，拉康决定从内疚感这个问题切入。

那么，这些与弗洛伊德在《一个构想》中反复提及的"物"有何

---

① Jacques Lacan, *Seminar VII: The Ethics of Psychoanalysis* (1959－1960), ed. by Jacques－Alain Miller, trans. by Dennis Porter, p. 54.

② Jacques Lacan, *Seminar VII: The Ethics of Psychoanalysis* (1959－1960), ed. by Jacques－Alain Miller, trans. by Dennis Porter, p. 54.

③ Jacques Lacan, *Seminar VII: The Ethics of Psychoanalysis* (1959－1960), ed. by Jacques－Alain Miller, trans. by Dennis Porter, p. 56.

④ Jacques Lacan, *Seminar VII: The Ethics of Psychoanalysis* (1959－1960), ed. by Jacques－Alain Miller, trans. by Dennis Porter, p. 55.

关系呢？弗洛伊德认为，心理世界形成之初，该"物"作为"第一个外界"的事物，起到一种核心的作用，全部想法因它而起，并且每一个想法都遵循快乐原则。围绕该物进行的是一种边调试、边象征的过程，此发展为人类所独有。弗洛伊德在《否定》（1925）一文中再次提起这个迷雾重重的"物"，他把它等同于"再次找到"，拉康认为，这至少建立了一种主体寻找客体的关系。然而，这个"客体"，这个"对象"，"这个东西"，到底为何？弗洛伊德始终没提。无论如何，对此"物"的搜寻，受到快乐原则管控，在此期间感受到的"快乐"和"不快乐"，都不能超出固定的兴奋量。如果超出限制，心理冲动就不能够到达终点，继而分散四方，转变成复杂的事物。快乐原则要求控制兴奋量的超额入侵，来保证神经系统的恒稳状态（homeostatis）。这个恒稳状态与有机体总的恒稳状态有所不同，它通过调节内部刺激获得情绪的平稳。

第四节 源于"物"的无意识之思

"想象"（Vorstellungen，德语）①，本质上是支离破碎的，源起于那个"物"，西方哲学从亚里士多德开始就已经围绕想象的问题进行探讨了。但是，弗洛伊德理解的想象略为激进，他赋予想象空洞的身体特征，如鬼魂、恶魔一般，是一种"虚弱无力的享乐"（an enfeebled jouissance）。哲学家经过数个世纪的探询，已经把"虚弱无力的享乐"当作想象的基本特征了。弗洛伊德激进之处在于，他把"享乐"从传统知识中剥离出来。在他看来，想象扎根在感知和意识之间，从而在快乐原则的层面发挥作用。思想，依据快乐原则，管控想象的投入和无意识的结构就是在这里，絮凝起来的无意识，一小块一小块地呈现，

---

① 这个词，除了具有演出、上演、放映的含义之外，还有表象、想象、概念、意见、想法等含义。

拉康坚持，这些小块呈现的无意识具有和能指一样的结构。弗洛伊德在《否定》中分析无意识的时候写道："这已经不是单纯的想象了，而是想象的呈现。"① 拉康说："他就这样把想象转变成一种结合、组合的元素了。以这种方式，想象的世界已经根据能指那样的可能性组织运作了。在无意识层面已经有一个组织存在，正如弗洛伊德所说，这个组织不必相互矛盾或者遵守语法，而是依据压缩和置换的法则，就是我称为隐喻和换喻的法则。"②

弗洛伊德告诉我们，这些发生在感觉和意识之间的想法，如果不凭借一种话语，就无法到达意识，也就是说，这些想法可以通过"词的上映"被意识知道。"词的上映"的发生过程，与无意识机制中叠加的思想过程截然不同，如隐喻和换喻。可以说，"词的上映"开启了一种意在表达思想过程的话语。我们其实对于无意识中的思想进程一无所知，但是我们用一些不可避免的术语谈论它们，为我们的欲望寻找理由。这当然是一种话语，毕竟，除了这个话语之外，我们也没有其他方式。从意识中出现的就是对话语的感知，那就是他的想法。拉康进一步指出，这些想法按照能指链的基本规则组织形成。③

"想法呈现"（Vorstellungreprasentanzen，德语）分为"物的上映"（Sachvorstellungen）和"词的上映"（Wortvorstellungen）两种呈现。一般情况下，这两种呈现并驾而行，但是，若涉及"das Ding"（这个物），就是不同的情形，"das Ding"是最初的无意识想法产生的缘由。"das Ding"并非什么都不是，它的特征就是不在场和陌生，它与主体的关系被分解为好和坏，而好与坏已经属于概念的范畴，受到快乐原

---

① Jacques Lacan, *Seminar VII*: *The Ethics of Psychoanalysis* (1959 – 1960), ed. by Jacques - Alain Miller, trans. by Dennis Porter, p. 61.

② Jacques Lacan, *Seminar VII*: *The Ethics of Psychoanalysis* (1959 – 1960), ed. by Jacques - Alain Miller, trans. by Dennis Porter, p. 61.

③ Jacques Lacan, *Seminar VII*: *The Ethics of Psychoanalysis* (1959 – 1960), ed. by Jacques - Alain Miller, trans. by Dennis Porter, p. 62.

则的选择或排斥。

无意识之思开始的时候，首先是感受，此时出现的是"物的上映"，然后想法进入前意识，这时出现的是"词的上映"，这一切的发生都要遵守快乐原则。组织这些无意识想法的时候，受神经元系统控制的有机体的典型反应是回避、规避一切事情，具体表现为："在想法呈现的地方，发生的是压抑（Verdrangung，德语）。在'词的上映'之所，发生的是否定（Verneinung，德语）。"① 拉康说，正如弗洛伊德指出的那样，"否定"是在话语中表达被无意识压抑内容的首选方式，"否定"的同时，也说出了真正的心声。弗洛伊德认为，在无意识中没有否定，若说有，也是以隐喻的方式否定。

第五节　如果母亲是那物

对弗洛伊德来说，超我与现实原则密不可分，他通过分析"诫条"对心理的影响，从而提出了一种全新的理论。

拉康认为，就道德生成而言，弗洛伊德的贡献在于，他非常确定地发现，与自然相对立的文化，始于禁止乱伦的那个最基本的律法。精神分析的整个发展，越来越确证了这一点，可是，与此同时，对这个最初律法的强调也越来越少了。然而，只要母亲占据了那"物"的位置，她与孩子心理之间的相互影响就不可避免。

弗洛伊德指出，禁止乱伦是原始律法的基本原则，可是，他又发现了我们人类乱伦的欲望，并断言那是最根本的欲望。列维－斯特劳斯在解释禁止乱伦的必要性时，虽然说了父亲不能娶自己的女儿的原因是女儿必须用于交换，却没有探究儿子为什么不能与自己的母亲睡觉。

---

① Jacques Lacan, *Seminar VII*: *The Ethics of Psychoanalysis* (*1959 - 1960*), ed. by Jacques - Alain Miller, trans. by Dennis Porter, p. 64.

拉康发现，禁止乱伦的律法始于无意识层面，与那“物”有关。对母亲的欲望不可能得到满足，因为那是终点，所有需求的终结，是不可触碰的底线，这是无意识形成的最深层的结构。在一定程度上，快乐原则促使人一再寻觅他不得不找的东西，但那又是他不会得到的东西，因为那个东西在禁止乱伦的律法范围之内。①

像“摩西十诫”那样的禁律，或许只是言语的禁忌，没有它们，言语就无从说起。拉康特别强调，他在这里说的是“言语”（speech），而不是“话语”（discourse）。“摩西十诫”包含一切行为准则，基本被文明社会接受，但是也没有在哪一个地方特别指出，一个人不许和自己的母亲睡觉。

拉康把“十诫”类比为无意识中发生的压抑。“十诫”的用意就是防止主体有伦乱的行为，意图的实现依赖于把禁止乱伦当作言语的必要条件。“十诫”的作用在于规定了主体与那“物”的距离，而这个距离恰好是言语的形成条件。“十诫”也是所有社会生活得以进行的条件。实际上，在生活中，我们时刻努力遵守这些戒律，同时，也想打破这些戒律。

拉康反复提及“十诫”，是为了看清楚“十诫”如何对应于前意识的内在性（immanence）。这个“内在性”，被拉康命名为“真实”（the real）范畴。“真实”就是那个总在同一个地方出现的东西，这一点可以从科学史和思想史中看出。若想了解道德的发展变化，就需要了解“真实”的具体情况。对“真实”的探究，在康德和萨德那里，到达了顶点。在他们那里，道德一面是普遍准则的单纯简单的应用，另一面，成为单纯简单的对象。

拉康说：“弗洛伊德在快乐原则方面所做的探究是为了告诉我们不存在至高无上的善，所谓的至善，就是那物（das Ding），它实际上是

---

① Jacques Lacan, *Seminar VII: The Ethics of Psychoanalysis* (1959 – 1960), ed. by Jacques – Alain Miller, trans. by Dennis Porter, p. 68.

母亲，也是乱伦的对象，是一种被禁止的善，并且也没有其他的善。"①
这里的"至善"就是"最好的东西""最好的物"，母亲作为那物的原
型，是被禁止得到的。

结　语

本章以五个小节的篇幅分析、阐释拉康在第七期研讨班上反复谈
论的"das Ding"这个能指。第一小节"与词对应的物"主要阐述弗
洛伊德提出的与"词的上映"对应的"物的上映"中的"物"，在这
组概念中，弗洛伊德使用德语词"die Sache"，没有使用"das Ding"。
第二节"身边人：作为'物'的一个所指"分析"我"身边的人如何
成为"我"的无意识，如何成为我"物"的藏身之所。第三节"'物'
对所指的超越"阐释"das Ding"这个能指所指涉的不断变幻的含
义——"大他者""小他者""无意识""外在现实""物""客体"
"对象""善"等。第四节"源于'物'的无意识之思"主要分析无意
识如何被"物"引发，同时论述"物"如何以"不在场"的方式产生
影响。第五节"如果母亲是那物"，从禁止乱伦的律法的缘起处，探询
母亲之所以成为"物"的一个不可缺少的构成。

这里对"物"只是进行了初步的探询，第十章"拉康论升华"
中，也有拉康对"物"的分析。

---

① Jacques Lacan, *Seminar VII*: *The Ethics of Psychoanalysis* (*1959 - 1960*), ed. by Jacques -
Alain Miller, trans. by Dennis Porter, p. 70.

第七章　拉康论客体 *a*

　　布鲁斯·芬克所译《拉康文集》，一共 33 篇文章，其中没有涉及拉康对"客体 *a*"论述的文章。不过，拉康前后在三期研讨班上都讲授并使用过这个概念。这三期研讨班分别是 1960—1961 年的《移情》、1962—1963 年的《焦虑》和 1964 年进行的以《四个精神分析的基本概念》为题的第十一期研讨班。由此可见，拉康是在谈论"移情"的时候，提出"客体 *a*"的概念，然后在分析主体焦虑和讨论"无意识""重复""移情""驱力"这四个基本概念的时候，对"客体 *a*"继续讲解和强调的。本章将用五节来介绍并分析拉康的这个概念。

第一节　客体 *a* 的形成史

　　客体 *a* 到底是什么？拉康的法语原词是"objet petit *a*"[①]，可以直

　　[①]　拉康的法语原词为"objet petit *a*"，参见 Jacques Lacan, *Le séminaire de Jacques Lacan*, *Livre XI: Les Quatre Concepts Fondamentaux de la Psychanalyse*, texte établi pare Jacques – Allain – Miller, Paris: Seuil, 1973, pp. 21 – 164. 英文译者在对待拉康的法语原词"objet petit *a*"时，采取了两种策略，一是保留原词，不做任何翻译；二是把它译成英文"object *a*"，其中保留字母"a"小写且斜体的状态。第一种翻译策略，参见 Jacques Lacan, *Semina XI: The Fundamental Concepts of Psycho – analysis*, trans. by Alan Sheridan, London: Penguin Books, 1994, p. 65. 第二种翻译策略，参见 Jacques Lacan, *Seminar X: Anxiety（1962 – 1963）*, ed. by Jacques – Alain Miller, trans. by A. R. Price, Cambridge : Polity Press, 2014, p. 211. 齐泽克 接下页

译为"客体小 a"，拉康著作的英文译者去掉了"petit"所表达的
"小"的含义，将其译成"object a"。笔者依据英文译者的翻译，将其
译成"客体 *a*"。这个"*a*"代表什么？下面的内容将阐述这个小写且
斜体的字母 *a* 的由来。

　　拉康在第八期研讨班上讲授《移情》专题，因为移情必然涉及爱，
又因为《会饮篇》的主题便是"对于知识渊博的人来说，爱是什么"，
于是，拉康把柏拉图的《会饮篇》作为分析对象。他按照宴饮论说的
顺序，先后评论每个人演讲中对爱的认识。其中阿西比亚德的演讲内
容是拉康最为看重的，也是他选择《会饮篇》作为他分析移情问题起
始部分的缘由，而"小 *a*"就出现在拉康分析阿西比亚德演讲的这部
分内容里。

　　阿西比亚德说苏格拉底喜欢漂亮的少年，表面上，似乎什么也不
知道，他用"愉快的醉汉"（silenus）来形容苏格拉底。不过，阿西比

接上页　在英文撰写的《斜目而视：透过通俗文化看拉康》中使用拉康法语原词"objet petit *a*"，参见 Slavoj Žižek, *Looking Awry: An Introduction to Jacques Lacan through Popular Culture*, Cambridge, Massachusetts: MIT Press, 1991, p. 8. 该书的中文译者将"objet petit *a*"译为"小客体"，参见［斯洛文尼亚］斯拉沃热·齐泽克《斜目而视：透过通俗文化看拉康》，季广茂译，浙江大学出版社 2011 年版，第 12 页。同样，齐泽克在英文撰写的《快感大转移——妇女和因果性六论》继续使用拉康的法语原词，参见 Slavoj Žižek, *The Metastases of Enjoyment: Six Essays on Women and Causality*, London: Verso, 1994, pp. 157－177. 中文译者翻译《快感大转移——妇女和因果性六论》时，把"objet petit *a*"翻译为"客体 *a*"，参见［斯洛文尼亚］斯拉沃热·齐泽克《快感大转移》，胡大平、余宁平、蒋桂琴译，江苏人民出版社 2004 年版，第 230—235 页。另一位中文译者王润晨曦，翻译《拉康》时，将"objet petit *a*"翻译成"客体小 a"，参见［法］阿兰·瓦尼埃《拉康》，王润晨曦译，刘铭主编，海峡出版发行集团福建教育出版社 2019 年版，第 86 页。笔者根据这些翻译，结合自己的查阅和理解，并向同学俞佳乐教授（她于 2004 年获得南京大学法语语言文学专业翻译方向博士学位）求教，且考虑到中文中普遍接受的"主体"这一翻译，于是决定把与"主体"对应的词，无论是法语的"objet"，还是英语的"object"，都翻译为"客体"；而对于字母"a"，我保留了它"小写且斜体"的形式"*a*"。不过，"客体"和"对象"，在康德那里是有区别的。"自在之物"被当作"客体""本体"，原本杂乱无序，经过人的理性认识和归纳之后，才能成为"对象"，"康德将物称作'对象'，正是强调它不过是人的主观认识活动的产物"。参见石福祁《近代以来西方哲学中"物"的概念——从康德、胡塞尔到海德格尔》，《兰州大学学报》（社会科学版）2000 年第 5 期。

亚德清楚地知道，"愉快的醉汉"只是苏格拉底的外在装饰，就如同装珠宝的椟，而他看重的是苏格拉底身体内如珠如玉的东西，拉康用"ἄγαλμα（ágalma）"一词指涉苏格拉底的这种内在。在分析苏格拉底的内在之前，拉康认为有必要分析苏格拉底的表象。为此，他回到那个引起他关注的"ágalma"这个词所表达的含义上。拉康记得是在阅读欧里庇得斯的《赫卡柏》时，第一次遇到这个词，而当时，他正在分析菲勒斯与需求和欲望的关系，于是，在看到赫卡柏使用这个词的时候，他如命中注定一般地被这个词吸引了。特洛伊城陷落之后，王后赫卡柏想象自己可能会被驱逐到提洛岛上，那个神话中的岛屿，是被天后赫拉追杀的勒托生下宙斯一双儿女——阿波罗和阿耳忒弥斯的地方。赫卡柏暗示那里有一件东西很著名，实际上，勒托是在一棵棕榈树下生产阿波罗和阿耳忒弥斯。神话中的棕榈树，让人很容易联想到菲勒斯，就这样，棕榈树变成勒托女神分娩痛苦的缘由，于是，"ágalma"这个词，如同光环、光晕一般，被赫卡柏用来形容神的痛苦。

然而，拉康不认同把"ágalma"这个词简单地翻译成"珠宝"或"装饰"，在他看来，这个词总是与其他事物关联，"总是强调客体让人迷恋的功能"[1]，"总是与一种特殊类型的形象有关"[2]。拉康以《奥德赛》为例，指出文中两次出现"ágalma"这个词。该词第一次出现，是在众人为了祈求奥德赛的儿子忒勒马科斯顺利归来，向神献祭一头公牛的时候，某位珠宝从业人员，被要求做一个装饰（ágalma）挂在这头公牛的角上，于是，一个金环也作为祭品被奉献给雅典娜。拉康认为，《奥德赛》中关于"ágalma"的这一叙述，意在表达，黄金制成

---

[1] Jacques Lacan, *Seminar VIII: Transference* (1960–1961), ed. by Jacques-Alain Miller, trans. by Bruce Fink, Cambridge: Polity Press, 2015, p. 140.

[2] Jacques Lacan, *Seminar VIII: Transference* (1960–1961), ed. by Jacques-Alain Miller, trans. by Bruce Fink, p. 142.

的饰品能够吸引雅典娜的目光，并让她满意。"ágalma"第二次出现，是在描述特洛伊木马被拖进城里的时候，特洛伊人想把这个大木马放到城堡的最高处，因为它是一个让人着迷的东西。前面提到过，拉康是在阅读欧里庇得斯的《赫卡柏》时，遇到"ágalma"一词的，这个词也是不只出现一次。欧里庇得斯在讲述特洛伊公主波吕克塞娜为了安抚阿喀琉斯的鬼魂，献祭了一个胸部作为贡品的时候，表达了女人的胸部就是一个"ágalma"。拉康认为，他在希腊文学作品中与"ágalma"一词的邂逅，似乎是老天的安排，这个词让他对"部分客体"（partial object）的言说有了根据，毕竟，"部分客体的功用是精神分析伟大发现中的一个"①。

对于这个"部分客体"，我们真正的发现是，"它是个人欲望的关键点、症结所在、解锁之地"②。当我们发现"部分客体"的时候，我们做出的反应却是尽力抹掉它的来处。我们总是用一种辩证的、总体性的原则去解释它，把它想象成能配得上我们的一个或扁或圆的整体。我们不会告诉自己，我们解释的这个被我们欲望的他者，可能是许多"部分客体"的集大成者。我们原本欲望的是"部分客体"，可是后来，我们的欲望在其他相对完整的东西中流转，这是我们的欲望与他

_____

① Jacques Lacan, *Seminar VIII：Transference*（1960 – 1961），ed. by Jacques – Alain Miller, trans. by Bruce Fink, p. 143. "部分客体"这一概念是卡尔·亚伯拉罕（Karl Abraham, 1877—1925）和梅兰妮·克莱恩（Melanie Klein, 1882—1960）的贡献。卡尔·亚伯拉罕是柏林精神分析协会的创始人，并与同事一起制定了国际精神分析协会的精神分析家的培训标准，与弗洛伊德有大量的书信往来。梅兰妮·克莱恩先后与桑多尔·费伦齐（Sándor Ferenczi, 1873—1933，匈牙利心理学家，早期精神分析代表人物之一）和亚伯拉罕共事过，亚伯拉罕去世后，克莱恩定居伦敦，她与安娜·弗洛伊德是儿童精神分析领域的先驱者。亚伯拉罕和克莱恩认为部分客体"涉及身体的部分、它们符号上的等价物，或者一个完整的人也可以被视为这个部分客体。拉康批评'部分'这个词，因为它反映出整体性的概念，而这在冲动的多角度上是存疑的。他引入了'客体小 a'的概念用来指示欲望的客体的成因"。参见［法］阿兰·瓦尼埃《拉康》，王润晨曦译，刘铭主编，海峡出版发行集团福州教育出版社 2019 年版，第 143—144 页。

② Jacques Lacan, *Seminar VIII：Transference*（1960 – 1961），ed. by Jacques – Alain Miller, trans. by Bruce Fink, p. 143.

者关系的一个缩影。拉康指出,若想理解"部分客体",就得放弃二元对立的思维模式,放弃在主体—客体对立的模式中思考"部分客体"。严格来说,他者的主体与我们一样,都会应用语言、心中拥有筹谋、精于各种算计。拉康的重点是,在这个身为他者的主体身上,有我们欲望的那个客体。他顺便批判了一下形而上学,提出:"使形而上学话语凸显沉重且引人关注的每一件事物,皆是以模棱两可为基础。"① 例如,哲学教授们口中的"主体"和"客体"概念,在拉康看来,就是模糊不清的。

拉康在寻找表述"部分客体"的能指时,邂逅了原意相当于"珠宝"的希腊词"ágalma",于是,他在 1961 年 2 月讲授《移情》的时候,就用这个希腊词指代"欲望的对象"。对这些欲望对象的研究,是精神分析学迎头挺进的领域。这也是被哲学否定和排斥的领域,因为哲学的辩证法无法到达那里。②

拉康说,在精神分析当中,他们会使用一堆东西,尤其是一堆认同功能。③ 例如,当我们爱恋某人,却遭到其拒绝时,我们做出的回应是,认同那个拒绝我们的人,于是从爱到认同这样一个明显的变化出现了。实际上,主体性就是在一系列认同基础上生成的,我们在与"理想的自我"和"欲望的自我"的相认中成长。我们需要弄清楚,在上面的表述中,部分客体居于何处?其功能又如何?拉康说:"当我们寻找这个客体,这个如珠如玉的宝贝(ágalma),小 a,这个欲望对象时,正如克莱恩学派所发展的分析理论所显示的那般,发现它已经在开端处,在任何辩证发展开始之前——它就已经作为欲望的对象存

① Jacques Lacan, *Seminar VIII*: *Transference* (1960 – 1961), ed. by Jacques – Alain Miller, trans. by Bruce Fink, p. 146.

② Jacques Lacan, *Seminar VIII*: *Transference* (1960 – 1961), ed. by Jacques – Alain Miller, trans. by Bruce Fink, p. 147. 拉康其实是在批判克莱恩学派把欲望对象分成"好"与"坏"对立的两面。

③ Jacques Lacan, *Seminar VIII*: *Transference* (1960 – 1961), ed. by Jacques – Alain Miller, trans. by Bruce Fink, p. 147.

在了。"① 从这段引文中，我们知道了拉康原创的那个"客体 *a*"概念的由来。在下面的表述中，"the a of the object of desire"，这个 a 可以是欲望对象的某些东西，也可以理解为欲望对象的任何东西。

客体 *a* 最明显的表现，它进行干涉的信号，就是焦虑。弗洛伊德认为焦虑是一种信号，在与某物关联时发生。拉康却说，这个信号发生在主体受到客体 *a* 影响的时候。那么拉康用"客体"和一个字母，想要表达什么？他说，这是一个代数符号，其功用如同一根线，帮助我们识别出各种事件背后客体的身份。这个代数符号就是要给我们提供一个纯粹的身份标记。用一个词把某物选拔出来是一种比喻性的做法，同样，"客体 *a*"，把客体和小 *a* 放到一起，也是一种比喻性的做法，② 这样做是因为借鉴了主体—客体（subject – object）间的关系，客体这个术语出自此处。当然，这个"object a"也可以用来命名客体规律的一般功能，但是，带字母 *a* 的这个客体游离在客观规律的任何可能定义之外。

说到客体，从康德开始，不幸就开始降临到客体之上，这源于人们过多地研究某些明显的元素，尤其是那些来自超验美学领域的对象。在试图分离时间维度和空间维度时，科学对客体的研究陷入所谓的科学理性危机。经过诸多努力之后，人们却发现，在物理学的某个层面，时间和空间这两个变量却无法保持独立，而这似乎给一些人带来不能解决的问题。然而，这些都不能引起拉康的关注，相反，在思考客体的地位时，拉康意识到应该赋予我们的经验以象征性的意义。精神分析学家们最后还是要把目光转移到我们的身体上，我们的身体是精神分析的研究对象。关于如何赋予经验于合适的地位，拉康有话要说。

---

① Jacques Lacan, *Seminar VIII：Transference*（1960 – 1961），ed. by Jacques – Alain Miller, trans. by Bruce Fink, p. 147.

② Jacques Lacan, *Seminar X：Anxiety*（1962 – 1963），ed. by Jacques – Alain Miller, trans. by A. R. Price, p. 86.

我们的经验已经认定没有哪种建立在意识之上的直觉是有创造力且有效的，因此也不能构成任何超验美学的起点。原因很简单，主体不可能以穷尽一切的方式在意识中立足，因为最初他是原始的、无意识的，更因为能指在他意识形成之前就已经存在。能指是如何进入意识形成前的真实界域之内，主体又如何从能指中诞生的呢？这两个问题的答案，其实包含在拉康提出的主体自身具有的三个维度之中，它们分别是真实界、想象界、象征界。

到底什么能够让能指具体化呢？我们彼此呈现给对方的，首先是我们的身体。只是，这个身体不能归于纯粹简单的超验美学范畴，也不能以笛卡儿所认为的方式构成。即使镜子中呈现的我们的外在形象，在某一时刻，也会发生改变。如果这个属于我们的镜像，允许我们注视的维度出现，镜像的价值就会开始变化。当镜中注视的目光从镜像开始转移到其他事物上的时候，一种神秘的感觉就会降临，焦虑随之而来。

从镜像转到其他事物的过程中，有一些事物出现了，该事物的普遍性，它在现象学中的存在，都可以通过客体 a 的作用来说明。客体的转变是如何发生的呢？它是如何从一个可以精确定位的对象转变成主宰我们幻想却又不可言状的对象呢？这种蜕变始于何时何地？拉康说，他前一些年的研究方法可以指明蜕变发生之地，并能够解释这中间发生了什么事情。

对于焦虑，普遍的看法是，它没有对象。这种认识，部分源于弗洛伊德的专题论文，却是拉康要特别纠正的。拉康认为焦虑不是没有一个对象。① 焦虑与那个悬停在某处的对象有着千丝万缕的关系，但若将这个对象说成焦虑的对象，却是不合适的。当他说，焦虑不是没有一个对象的时候，这与拉康给主体和菲勒斯之间的关系所下的定

---

① Jacques Lacan, *Seminar X: Anxiety* (1962 – 1963), ed. by Jacques – Alain Miller, trans. by A. R. Price, p. 89.

义——他不是没有一个菲勒斯，是如出一辙的。当然，在说焦虑不是没有一个对象的时候，并不意味着主体知道哪个对象参与其中。不是没有，只是在别处，也是主体所在之地，只是不为人见。这与菲勒斯的社会学的功能相类似：在社会交换中，男性主体四处游荡，成为菲勒斯的持有者，这也是阉割成为必要手段来防止社会中随意的性交行为的原因，当然也有一些禁令，但更多的是偏向于纵容。真正的秘密，即弗洛伊德围绕原始社会妇女交换的研究发现，在妇女交换的表象之下，阳具填补了空缺，然而，绝不允许看见菲勒斯的参与，因为菲勒斯的出现会引发焦虑。

阉割情结不等同于阉割。每个人都知道这一点，也疑惑多多，然而奇怪的是，没有人在这上面做过多的研究。阉割意象，或者说，阉割想象，到底是诞生于想象界，还是诞生于象征界？阉割情结形成的时候，主体具体经历了什么？阉割一事与战争中野蛮的去势习俗有关，当然，也与父母的恫吓分不开："再那样做，我们就把它剪掉。"对割掉的强调与割礼的要求自然密不可分。割礼对人造成的精神上的影响并不是模糊不清的。割礼的目的在于通过分离包皮来加强男性气质，却也引发了阉割情结一样的效果，至少也会有焦虑伴随发生。在割礼和阉割中都有"切割"，这个"切割"就是造成阉割情结的关键一环，而切割的威胁在母亲说"我要把它切掉"之后一直延续着，被切掉的东西转化成普通常见、可以交换的物件，这些物件就在母亲的手里，拉康说，这恰好就是关于阉割情结难以解释的地方。通常情况下，主体会梦到那个东西在自己手里，因为坏疽而被切割，或者同伴为他做了切割手术，或者有一些变形，这些梦充满了诡异和焦虑，令人惴惴不安。这个东西随后变成常见的，可以分离的物件。这种现象学的转向，允许我们设计一些东西来对比两种对象。

说到对象领域的构成，拉康回到镜像阶段的基本功能上。镜像阶段伊始，主体与镜中影像认同，这构成了整个主体最初的误认。接下来，主体还会与想象的他者——他的相似物认同。这意味着，主体的身份总是与其他的身份纠缠不清。因此，需要借助一个普通的客体，一个引发竞争的客体，通过这个客体的归属性，"你的"还是"我的"，来区别他者与主体。人们拥有的东西一般分为两种：一种能够与人分享，另一种不能与人分享。当然，不能分享的东西也会在分享的领域中流转，与能够分享的东西一道被贴上价码。拉康强调菲勒斯，是因为它是最显著的一个客体。菲勒斯与粪块、乳房等都是不能与人分享的客体，于是，当它们出现并被识别出来时，焦虑就会向我们发出信号。这些客体先于常见的、可交流的、社会化的客体而存在，这就是拉康所谓的 a。① 拉康说应该列一个目录，把这些客体 a 都包括进去，他已经命名了上面 3 个，还缺 2 个，因为 5 个这样的客体 a 才能对应弗洛伊德在《抑制，症状和焦虑》中归纳的 5 种损失。②

当爱情生活中断的时候，通常都是在爱的客体的选择上出现了问题。在爱这个问题上，最原初的客体——母亲——至关重要且影响深远。对于一些人来说，只有同妓女发生性关系才会产生高潮，而另外一些人需要选择与他母亲不同的女性。然而，精神分析的经验告诉我们，与妓女的关系几乎根源于同母亲的关系，而在一些比较堕落的性生活中，所选择的女性几乎就是阳具客体的等同物。最早让主体喜欢，产生情欲的客体既在场又隐身，继而以客体 a 的形式出现在主体面前。在挑选爱的对象、爱的客体的时候，最早让主体产生情欲的客体起着绝对的影响作用，也就是说，把某些客体排除在外，完全是因为母亲的关系。

---

① Jacques Lacan, *Seminar X: Anxiety* (1962 - 1963), ed. by Jacques - Alain Miller, trans. by A. R. Price, p. 91.

② Jacques Lacan, *Seminar X: Anxiety* (1962 - 1963), ed. by Jacques - Alain Miller, trans. by A. R. Price, p. 91. 这五种主体失去的对象，我在第八章第三节"焦虑的居所"中会具体提及，它们分别是：人在出生的一刹那，就失去了子宫内的温暖环境；然后失去母亲，她也被视为一个对象；失去生殖器；失去对象之爱；最后是超我之爱的失去。

始于抑制，终于焦虑，客体与主体的关系在性的展示上得到了淋漓尽致的反映，拉康提到了其中移情的发生。① 拉康说，提到移情的时候，不应该局限于复制和重复。坚持强调历史元素，或者重复活生生的经历，就很有可能把共时维度搁置一旁，忽略精神分析师包含的一切内容，因为，精神分析师所处之地，正是部分客体（partial object），即客体 *a* 发挥作用的地方。对这个方面的忽视，会导致"分析后的结果"（post‐analytic result）的出现，具体表现为性功能障碍得不到解决。分析（analysis）作为部分客体的领地或空间，其功能已经在弗洛伊德的文章《可终止的分析与不可终止的分析》（"Analysis Terminable and Interminable"）中得到初步的说明。拉康认为，弗洛伊德的局限在于，在他整个观察之中，他都没有发现在被分析者和分析师共时关系中起作用的那个部分客体，这是造成他在朵拉案例分析中干预失败的原因，也是在那个女同性恋案例分析中失败的原因。这也是弗洛伊德本人所说的分析阉割情结的局限之处。他所不知的是，他一直都是他所分析患者的这个部分客体的所在之处。②

弗洛伊德说，精神分析让我们知道男人们有阉割情结，女人们有阴茎嫉羡。对于拉康来说，这是有限的分析，止于弗洛伊德，是后者所谓的可终止的分析。但是，弗洛伊德也指出，也有一种分析，其中某物部分显露，却无法对此进行分析。这"部分显露的某物"，就是拉康命名的客体 *a*。客体 *a* 是剩余物，是被切掉脐带或被切掉包皮后剩下的东西，它和莫比乌斯带一样，在镜中的显像没有左右里外之分。这是客体 *a* 和普通客体的区别，因为普通客体镜像与原物只是呈现左右的互换。普通客体的镜像，是理想的自我，是它全部的世界构成。而

① Jacques Lacan, *Seminar X: Anxiety* (1962–1963), ed. by Jacques‐Alain Miller, trans. by A. R. Price, p. 93.

② Jacques Lacan, *Seminar X: Anxiety* (1962–1963), ed. by Jacques‐Alain Miller, trans. by A. R. Price, p. 94.

如莫比乌斯带一样的客体 a，其镜像如幽灵一般，具有神秘性和侵入性。在莫泊桑生命末期，他开始慢慢地看不见镜子中的自己，偶尔会瞥见房间里有东西，那是一个背对着他的幽灵，他知道，这个东西与自己有关，当这个幽灵转过身时，他看见那就是他自己。

第二节　作为欲望成因的客体 a

客体 a 不是欲望的目的，而是欲望的原因，换一种说法，就是客体 a 躲在欲望的背后。[①] 弗洛伊德说，客体滑动，穿过某地，溜走了。拉康说，在主体出现之前，客体在大他者之处，后来进入主体，成为内化之物。[②] 拉康用人们对物品的迷恋来说明客体是欲望的原因。到底什么是被欲望的呢？不是鞋品，也不是乳房，不是任何能够体现恋物癖的物件。对物的迷恋引发欲望。欲望肆意游走，广结善缘。对于一位恋物癖患者来说，完全没有必要去穿那些鞋子，它们只需在触手可及的地方即可；也不必自己拥有一副丰满的乳房，那乳房可以存在于她的脑海中。但是，众所周知，对于恋物者来说，所迷恋的物一定要在，因为这物件是欲望维持自身的条件。

客体 a 在你说"我"的地方，在无意识的层面，存在。在这个层面，你是 a，一个客体，而这是不能让人接受的。拉康从性施虐狂和性受虐狂的主体结构的分歧来指明差异的症结所在，从而对客体 a 的位置进行说明。性施虐狂的欲望，因为涉及的每一件事情都是难解之谜，只能在分裂的基础上对其阐述。性施虐狂志在强加给另一个主体难以承受的痛苦，这种痛苦恰到好处，可以引发主体的分裂，又不太过，

---

① Jacques Lacan, *Seminar X：Anxiety（1962 – 1963）*, ed. by Jacques - Alain Miller, trans. by A. R. Price, p. 101.

② Jacques Lacan, *Seminar X：Anxiety（1962 – 1963）*, ed. by Jacques - Alain Miller, trans. by A. R. Price, p. 102.

足可以使得在他作为主体的存在与他身体承受的痛苦之间赫然存在一个缺口。性施虐狂所求的不完全是对方的痛苦，更多的是对方的焦虑，对方主体的焦虑才是性施虐狂志在必得之物。那么性施虐狂的欲望又有哪些特征呢？在贯彻执行他的行为、他的仪式的时候，欲望的施动者并不知道自己所欲何求，而他一直追求的无非就是凸显自己。但是，向谁凸显呢？无论怎么看，这种凸显都是蠢笨地朝向他自己的，他成了一个纯粹的客体。同理，可以从萨德的形象入手，在经过一代代的变体之后，只剩下一种石化的形态。性受虐狂的情形也是如此，把自己当成一个客体是他公开的目的，无论是成为桌子下的一条狗，还是一件商品、与人交易的一个物件，抑或是市场上售卖的东西，都是他的所求。总的来说，他追求的只是与普通客体的认同，与那种可以交换的客体的认同。对他而言，他根本不可能意识到自己也是一个 *a*。①至于想要弄清楚为什么这样做让他乐此不疲是不可能的。然而，在他能够理解此处情况的特殊性之前，有某些结构上的结合需要在此建立起来。对于性受虐狂来说，他并没有获得他客体的认同。而对于性虐待狂来说，认同只出现在一个阶段，除此之外，即使在这个阶段，他也看不见自己，他只能看见一些剩余物。性受虐狂也会看不见一些东西。

有一点非常肯定，那就是认识到自己是自己欲望客体的，总是属于受虐狂的范畴。受虐狂的出现，通常因为超我是一个小气鬼，超我的刻薄促使主体受虐。拉康认为，在说超我是受虐狂的原因的时候，一定不要忘记引发原因的客体 *a*。这些客体 *a* 包含母亲的乳房、硬粪块、菲勒斯，对于菲勒斯，拉康不认为听众了解它的功能。眼睛也属于客体 *a* 的范畴，然而，没有拉康的进一步解释，听众根本不知道眼

① Jacques Lacan, *Seminar X：Anxiety（1962 - 1963）*, ed. by Jacques - Alain Miller, trans. by A. R. Price, p. 105.

睛这个客体的功能是什么。① 没有这些客体，就没有焦虑，反过来，正是因为有了这些客体，焦虑才随之而来，因此这些客体非常危险，需要谨慎对待。

这份小心让拉康有机会进一步解释他所说的欲望和律法是一回事的理由。两者的对象都是普通常见的，拉康是在这个意义上进行评说的。让精神分析得以开工的俄狄浦斯神话，其价值也不外乎是让我们明白这一点。在拉康看来，俄狄浦斯神话仅仅意味着以下结论：在起源处，欲望，作为父亲的欲望，与律法是一回事。② 两者之间关系密切，以至律法的功能是按照欲望的路径描摹的。欲望，对母亲的欲望，与律法的功能是一致的。她是被律法禁止的，对母亲的欲望被套上律法的枷锁，因为，毕竟母亲不是最被欲望的对象。如果每件事情都是围绕着对母亲的欲望而组织，如果一个人必须更喜欢一个不是母亲的女人，这是否就意味着，一个戒律必须引入欲望的结构之内。不可否认，一个人欲望的同时，心怀戒律，而俄狄浦斯神话意味着父亲的欲望规定着律法的内容。③

回到性受虐狂的问题上，他们如此行事的价值何在？拉康说，当欲望和律法合二为一的时候，受虐狂意在表现的是，大他者的欲望规定了律法。性受虐狂本身表现得犹如喷出物，那就是客体 a，以被弃的棋子状态出现，被扔给狗，或者垃圾箱、废物堆里，或者任何可以收留它的地方。父亲的欲望与律法的结合，导致主体发展出阉割情

① 拉康在结束《焦虑》的讲授之后，在第十一期研讨班上，对他留在这里的任务，即眼睛具有何种客体 a 的功能，进行了充分的讲授。他以"作为客体 a 的凝视"为题，从"眼睛和凝视的分裂""歪像""线条与光线""什么是一个图片"这四个方面对此进行论述。参见 Jacques Lacan, *Seminar XI: The Four Fundamental Concepts of Psycho - Analysis* (1964), ed. by Jacques - Alain Miller, trans. by Alan Sheridan, London: Penguin Books, 1994, pp. 65 - 119.

② Jacques Lacan, *Seminar X: Anxiety* (1962 - 1963), ed. by Jacques - Alain Miller, trans. by A. R. Price, p. 106.

③ Jacques Lacan, *Seminar X: Anxiety* (1962 - 1963), ed. by Jacques - Alain Miller, trans. by A. R. Price, p. 106.

结。父亲被杀死之后，他的欲望神秘地化身为律法，这样的结果就是，在精神分析史上，以及在每一件我们能够想象的事情上，最能确定的关联，就是阉割情结。客体 a 失踪的地方，就是阉割情结出现之处。

在上面的行文中，拉康先说客体是欲望的原因，再说认识到自己是自己欲望客体的总是性受虐狂者，因为这些关联，在超我的影响下，一些特殊的东西以不在场的形式出现了，拉康用（－φ）这个符号表示客体 a 的缺席。那么这个客体 a 是如何维持自身存在的呢？拉康说，客体 a 其实就是弗洛伊德所说的力比多最后不可缩减的留存，它在弗洛伊德的文本中若隐若现，每一次遇到它，弗洛伊德都不无悲伤。① 客体 a 所居何处？如果可能，在何种层面它能够被识别？就是性受虐狂在认识到自己是自己欲望客体的时候，也只能发生在舞台上。当走下舞台，我们在大他者之处只能发现缺乏。当主体在大他者之地生成时，客体 a 注定缺席，而且有多远走多远，甚至当压抑的内容重返时也不见身影。在客体 a 缺席的地方，移情的维度得以建立。这个地方，被物化为一个形象、一个边缘、一个开口或一个缺口的事物所限制，在此处生成的镜像都是有边框限制的，却是焦虑的天选之地。② 边框之内，是拉康所谓的舞台，也是焦虑信号出现的地方。

拉康说，当移情发生的时候，有一个维度被规避了，③ 他没有明确说出这个维度是什么，但从上下文判断，这个维度应该就是焦虑的维度。他还说，移情不是简单地复制重复一种情境、一个动作、一种态

① Jacques Lacan, *Seminar X：Anxiety（1962－1963）*, ed. by Jacques－Alain Miller, trans. by A. R. Price, p. 107.

② Jacques Lacan, *Seminar X：Anxiety（1962－1963）*, ed. by Jacques－Alain Miller, trans. by A. R. Price, p. 108.

③ Jacques Lacan, *Seminar X：Anxiety（1962－1963）*, ed. by Jacques－Alain Miller, trans. by A. R. Price, p. 108.

度或一个梦魇。总有另外一个坐标，如在真实界中存在一种爱。如果不知道这个爱的后果，也就不能理解移情。这个爱以各种不同的方式出现，移情的主要问题都是因它而起，主体不知道自己所缺为何，因为他一边爱着，一边缺乏着。拉康说，爱就是给对方你没有的东西，这甚至是阉割情结遵循的原则，去占有菲勒斯，能充分利用它，却不必是它。是它，成为它，对于一个男子来说，无可厚非；但是，对于一个女子来说，情况就会变得非常危险。

弗洛伊德接诊过的那个年轻的女同性恋者就遭受过此种危险。分析显示，患者在家中的小弟弟出生之后，产生了一种难以解释的失望情绪，她随即表现出同性恋的行为，对一位名声不好的女性表示爱意。在与这名女子交往中，弗洛伊德说，该患者基本都是以男子的方式行事。拉康坦诚，过去忽略了弗洛伊德在这个案例中对宫廷爱情影响的强调。这个女同性恋者行事犹如骑士，为那个名声不好的女子做出了各种牺牲，她满足于最无生气、最少的赞同，甚至一无所求。她所爱的对象越不回报于她，她就越会对这个对象青眼有加。即使传闻说她的爱人形迹可疑，这个女患者还是想要拯救她。两人之间的情事，满城尽知。弗洛伊德却一眼看出，女同性恋者那种藐视一切的做派，意在激怒家中某人，结果发现，那个人就是她父亲。整场情事终于一场偶遇。这位年轻女士，与她的恋人一道，撞上了自己的父亲，后者在去办公室的路上。他满是恼怒地瞥了她一眼。随后的情景迅速展开。她的恋人，早就认为两人之间的情事无趣，开始感到厌倦，也不想惹麻烦，于是对这个女士说，到此为止，不想再继续下去了，也请求这个女士不要再奢侈地每日送花给她，每日追随着她。听到这些话后，这个女士便毫不犹豫地从桥上跳了下去。

"跳了下去"的德语原词是"niederkommt"，意即"让某物落下"，仅仅令人联想到与生产的相似之处，并不能穷尽这个词的含义。这个"下去"，使得突然之间，主体化身为客体，从一个受超我影响的主体，突变成一个落下去的客体 *a*。忧郁症患者有从窗户跳下去的冲动是有原因的，并且执行起来从来都是令人措手不及。窗户，象征舞台与世界对个体的限制，主体在一跃而出的瞬间，暂时性地回到被排除在外的状态。那一瞬间，主体达到一种纯粹的状态，欲望与律法在这一刻融合起来。这一刻也是上面这一对恋人遇到那位女同性恋者父亲的一刻。导致"投入行动"（Passage à l'acte），即"那一跳"，发生的，不完全是因为父亲"恼怒的一瞥"。这里触及关系的基本结构。这位年轻的女性，因为弟弟的出生，而对父亲满怀失望，于是着手进行对自己的阉割，就像骑士对贵妇所做的那样，献出他男性所属的特权，于是通过一种颠倒的方式，她让自己成为大他者所缺乏之物的支撑所在，也就是成为确保律法完全就是父亲欲望的最终的保证者，成为一个绝对的菲勒斯，拉康用希腊字母 Φ 来表示。

　　毫无疑问，年轻的女士对父亲充满怨恨，急切地想要报复。她憎恨和报复的就是这个律法，这个终极菲勒斯。她的行为背后的潜台词就是：父亲，我对我们之间的关系失望至极，我既不是你温驯的女人，也不是你随意处置的物品。她是我的女士，我将努力与我身上被抛弃的部分和谐相处。她不再顾影自怜，对外表、美貌、风情不再有任何兴趣，成了一个忠诚的骑士。所有的逆转都发生在女士看到父亲恼怒的一瞥之后，此时，她的感受是极度的尴尬，随后就激动起来，这激动源于她不能够面对她至爱的不满，也让她立刻投入行动，把自己等同于一个可以自由下落的客体 *a*。当女士偕同伴侣与父亲在桥上相遇时，她所有行为代表的父亲的欲望，与父亲"恼怒的一瞥"代表的律法，最终狭路相逢了。她至爱的父亲的恼怒，让她顷刻间化身为客体 *a*，落荒而跳，逃出舞台。

　　这个客体 *a* 让人联想到弗洛伊德关于哀悼的著名说法，承哀者会与逝去的对象产生认同。拉康认为，弗洛伊德的这种解释还未达意，因为当我们哀悼时，我们不知道我们哀悼的对象，那个客体，正在变成我们阉割的支撑。弗洛伊德无法看到这一步，他意识到，无论主体在精神分析中取得如何明显的进展，对主体来说，都如落水无痕，但敏锐如他，还是明确指出客体 a 在大他者之镜中的专属位置。① 弗洛伊德说他停下来，遇到阻止，类似于在催眠中发生的那样。那么催眠中发生了什么呢？拉康说，在催眠中，一个人唯一看不见的东西是催眠者的凝视，即催眠的原因，这个原因，凝视，在随后的催眠中并不出现。② 另外一个可以用来证明客体 a 存在的是强迫症患者的疑惑。拉康认为，这种偏激的疑惑才是导致对强迫症患者的分析一直持续下去的原因。在精神分析师与强迫症患者之间如同蜜月一般的关系中，患者会说："他真的是一个非常好的男人，给我讲述这个世上最美好的故事，麻烦是，我根本就不相信。"③ 这个"不相信"，即"疑惑"，就是拉康言及的客体 a。

对于拉康来说，在那个年轻的女同性恋者的案例中，问题的症结是在客体 a 处提升菲勒斯；在朵拉的案例中，弗洛伊德在报告结尾处揭露了先天构成元素与后天习得元素间小小的差异决定了同性恋倾向的生成。通过把选择的对象分离出来，通过展示对象选择所具有的创造性的一面，弗洛伊德成功地分离出了客体，这个客体所属的领域是要进行特别分析的。但是，弗洛伊德对于朵拉的分析以他自己最后放手而告终，他这样做，并非不得体，而是因为他立刻看到了结局。弗洛伊德非常清楚那个年轻的女同性恋的"投入行动"具有的象征意义，因此，他完全可以预见朵拉的结局，于是，他让步了，他告诉自己，"我什么也掌控不了"，然后，把朵拉转给了他的女同事。他是那个最先"放下"她的人，那个把朵拉当成客体 a 的人。

---

① Jacques Lacan, *Seminar X: Anxiety* (1962 – 1963), ed. by Jacques – Alain Miller, trans. by A. R. Price, p. 111.

② 拉康在这里已经开始略微提及他要在下一期研讨班上重点分析的客体 a——凝视了。

③ Jacques Lacan, *Seminar X: Anxiety* (1962 – 1963), ed. by Jacques – Alain Miller, trans. by A. R. Price, p. 112.

第三节　由客体 a 引发的焦虑

"客体 a 被大他者隔离出去，作为主体与大他者关系的残存物而存在。"①

如上所述，拉康分析弗洛伊德曾经研究过的女同性恋案例和朵拉案例，意在说明主体与客体 a 之间关系的结构特点，客体 a 是主体想要化身而为的东西，达成目标的办法就是"投入行动"——"落下"（being dropped）。"投入行动"的一刻，也是主体极度尴尬的一刻，附带情绪上的激动，使得原本停留在舞台上的主体，那个历史化的主体，从舞台"落下"，"跳出"画面，不再参与任何与主体有关的任何事情。拉康说，这就是"投入行动"的确切结构。女同性恋的主角"越过藩篱"，朵拉在 K 先生对她表达倾慕时"掌掴了对方一耳光"，这些"投入行动"，意在逃离现场，都是在命运转折的关键时刻发生的。"投入行动"，也是为了逃离舞台，走向世界。关于"世界""舞台""舞台上的舞台"之间的区分，拉康在这个关于"焦虑"的专题讲座的第一个阶段，就已经向听众提出了。"世界"是那个真实事物所在的地方，"舞台"是大他者的舞台，主体在这里受到语言能指的浸润，所处之地只能是虚幻之所。

拉康不厌其烦地讲述主体的问题，是为了以这种曲线的方式，发现焦虑的功能，包括他后面要谈及的主体的"表演"（acting out），看似为了避免焦虑，实际都是拉康研究焦虑的切入点。焦虑不是主体和大他者之间唯一绝对的交流方式，以至人们质询：对于主体和大他者来说，焦虑是否也非常见之物？在这一点上，拉康提醒听众注意，某些动物身上的焦虑，是人类唯一能够明确感知到的动物的情绪。关于

---

① Jacques Lacan, *Seminar X: Anxiety* (1962 - 1963), ed. by Jacques - Alain Miller, trans. by A. R. Price, p. 114.

焦虑的特点，有一点非常肯定，那就是，"焦虑从不作伪"①。

弗洛伊德后来说，焦虑是自我里的一个信号，拉康对此评论，如果信号在自我里，那也是在理想的自我里。理想的自我是自我在与一系列他物认同的过程中形成的。弗洛伊德在《这是我以及这是它》一文中强调，有一个问题令他很困惑，那就是，认同与爱之间总是暧昧不清。拉康认为这个暧昧不清实际反映的是一种关系，即"是"（being）和"有"（having）之间的关系。例如，弗洛伊德论及的哀悼，悲伤的根源在于认同。那么这个 a，这个认同对象，如何就成了爱的对象呢？这个可以从骑士之恋中得到解答，骑士，作为爱人，从可爱的对象，到有所缺乏的主体，都是他在爱情中的扮相。这个 a，被拉康用来指代客体，不仅因为这个字母所具有的代数功能，还因为它不是再也得不到的东西。在爱情中，这个 a 可以通过回溯认同而被识别出来，它认同自己就是对方。

弗洛伊德认为，焦虑是一种边缘现象，是生成于自我中的一个信号，在主体受到不允许出现的事物威胁的时候出现。这个不能够出现的事物，即客体 a，作为残存物，受到大他者的憎恨。弗洛伊德等心理学家认为焦虑最早形成于前镜像（pre - specular）和前自体情欲阶段，拉康问：为什么不是在自我形成的阶段呢？虽然说，在镜像阶段，要保证主体与他的镜像之间有足够的距离，但拉康强调，精神病的发生，并不是因为客体具有侵入性，而是应该追问：就自我而言，什么构成了他们的危险？答案是，这些客体的结构无法让它们自我化（egoization），无法形成镜像，这就是自我感受到的危险。例如，患有人格解体（depersonalization）的患者，最开始就是不能认出自己的镜像，以致后来，只要他在镜子里找不到自己，就会犯病。如果镜中所示令人痛苦，那是因为还没有得到大他者的承认。

---

① Jacques Lacan, *Seminar X: Anxiety* (*1962 - 1963*), ed. by Jacques - Alain Miller, trans. by A. R. Price, p. 116.

主体与他的镜像相认，这是理想自我在大他者之地生成的特点和范式，具体情形是，孩子转过头，转向这个大他者，这个见证人，用微笑的方式向这个站在他旁边的成年人传达他的欢乐。他的欢乐在于他与镜中的形象认同，他认为镜子中"可以自治"的完美形象就是他本身。他如此着迷于这个形象，以至他与镜像的亲密无间，让他与大他者之间的关系没有立足之地。

第四节　那个弗洛伊德不能理解的客体 a

主体的"投入行动"，也是一场"表演"（acting – out），意在展示给大他者观看。"表演"与客体 a 之间的关系如何呢？

握住某人的手，以便他不会摔倒，这是他这个主体完全可以有的一种关系。这个关系，这个结合，可以说是主体的一种 a。主体无所谓有还是没有，但是，倘若这个 a 涉及超我，主体的结局就很难预料。例如，有一种母亲，被人称为"羡慕阳具的女人"（phallic woman），有一天会难以解释地没有抱住她无比珍视的孩子，让她从自己的怀中掉落。希腊神话中的厄勒克特拉（Electra）对她母亲最深沉的怨恨就是有一天她让自己从她的怀抱里滑落下去。拉康认为，主体在"掉落""滑落"的进程中，失去了其作为主体的特征，毫无疑问地变成了随便一个客体。

在女同性恋案例中，自杀的尝试是一种"投入行动"，那个名声不好的女子被视为一个高级客体，整场事件都是在进行"表演"。在朵拉的案例中，其对 K 先生掌掴耳光，这是一种"投入行动"；而她在 K 先生家的所作所为，都是"表演"。"表演"意味着观众的存在，这个观众有一个称谓，就是"大他者"。"表演"背后的含义是什么呢？拉康认为，不是单纯地像弗洛伊德解释的那样，那个女同性恋者希望有一个父亲所生的孩子，一个与母亲无关的孩子，而是，在阐释无意识欲望的时候，至少应该把孩子与母亲的关系也考虑在内。她的确想要那个孩子，却把它看作另外的东西，看作一个菲勒斯，一个对失去的东西的替代。为了实现自己的欲望，她另辟蹊径，把自己扮作菲勒斯，所有的"表演"都是为了向大他者展示，她可以是她所没有的菲勒斯，也可以作为菲勒斯给她的女伴提供服务，甚至为她不惜牺牲菲勒斯。

在"表演"中，主体通过把自己作为他者来展示自己。"表演"本身并不隐秘，而它背后的东西——主体的欲望和导致欲望的原因，却藏身他处。表演的症结在于欲望的原因，那个客体 a，在整个事件中消失不见。客体 a，那个剩余的东西，被切去的东西，存在于主体和大他者之间。人类个体在接受语言洗礼后，从原本真实的境域中走出，成为他者化的主体，从此立足于能指构成的虚幻世界；而大他者，作为主体外部环境的统称，没有可能是真实的，至少不是完全真实的。也可以这样理解，客体 a 原本在主体身上，或者是主体的所属物，后来被切掉了，这个被切掉的东西，辗转流落到大他者之地，令主体难觅其踪迹。

客体 a 可以是莎士比亚笔下安东尼奥身上被夏洛克要求的一磅肉，也可以是一盘新鲜的兔脑或猪脑。拉康向听众讲述了一个认为自己剽窃他人著作的精神病例。医生用各种事实证据向患者展示他不是一个剽窃者，该医生读过患者的作品，那是真正的原创，相反，另外一些人才是剽窃者，他们抄袭了他的作品。患者对此不置可否，等他离开之后，患者狼吞虎咽了满满一盘的新鲜动物大脑。这个"表演"的背后隐藏了什么？被吃下去的兔脑或猪脑，是他被剽窃的智慧，是被偷走的客体 a，是他不能承受的失去。

拉康问，"表演"以及这不知名欲望的展示，其用意何在呢？表演也是一种症状，而症状无法直接解释，因为事涉移情，也就是说，需要大他者的介入。但是，有一些"表演"是不可能对其解释的。

解释"症状"却是完全可能的，前提条件是移情已经建立起来。就本质而言，症状与表演不同，精神分析在症状中发现，症状不需要大他者的关注，也不是对大他者的展示。拉康说："症状，实质上，是一种享乐，不要忘记这一点，一种在层层束缚下的享乐，没有疑问，它不需要你，与表演不同，它完全自给自足。"① 而表演不像症状那般可以自得其乐，"它是一种疯狂的移情"②。面对这种"疯狂的移情"，菲丽丝·格林纳丽（Phyllis Greenacre）在其所撰写的文章《关于表演的一般性问题》（"General Problems of Acting Out"）提出应对办法：解释它，制止它，或者加强自我。③ 拉康认为菲丽丝对"表演"的解释忽略了那个剩余物（the remainder）。而不让"表演"，在分析中随处可见，分析师对此既不能强求也不能听之任之。至于用"加强自我"的方式来应对表演，自然指的是分析师要增强自我。这里涉及主体认同的问题，但不是与大他者中理想自我的镜像的认同，而是与分析师的自我认同，结果导致不折不扣的躁狂症的发作。这个发作到底意味着什么？拉康认为，"它代表了 a 的起义反叛，代表了 a 完全未被触及"④。

弗洛伊德根据自己对那个年轻女同性恋者的观察得到结论，在该案例中，没有移情发生。拉康认为，弗洛伊德在此问题上存在盲区，他完全错认了移情关系。对于患者自述在梦中对他说谎，弗洛伊德深感震惊，自问自答："什么！无意识可以撒谎！"这个患者，在梦中，是她作为女性存在的。而同时，她又对弗洛伊德说，与女人结婚，她

① Jacques Lacan, *Seminar X：Anxiety*（*1962 – 1963*），ed. by Jacques – Alain Miller, trans. by A. R. Price, p. 125.

② Jacques Lacan, *Seminar X：Anxiety*（*1962 – 1963*），ed. by Jacques – Alain Miller, trans. by A. R. Price, p. 125.

③ Jacques Lacan, *Seminar X：Anxiety*（*1962 – 1963*），ed. by Jacques – Alain Miller, trans. by A. R. Price, p. 126.

④ Jacques Lacan, *Seminar X：Anxiety*（*1962 – 1963*），ed. by Jacques – Alain Miller, trans. by A. R. Price, p. 128.

才能拥有最好的自己。那么，果真是最能反映真相的无意识欺骗了我们吗？无意识话语中的确有一些磕绊存在，拉康在《罗马报告》中对此有所提及。无意识总是能得到我们的信任，然而，讲述梦的话语却不是无意识的，这些话语是被一个无意识欲望组织起来的。也就是说，这个患者的确欲望一些东西，欲望源于无意识，并通过那些谎言表达。主体说谎的背后是什么？弗洛伊德在面对主体说谎的困境时，停止了继续探索的脚步。当一切运转的零部件卡住时，弗洛伊德却对导致卡住的原因视而不见。那个废弃的客体，那个小小的残存物，那个导致进一步探究停止的 a，被完全忽略了。弗洛伊德拒绝进一步探究的，实际上，是他本人的情感起源。拉康认为，对于"我在说谎"这个著名的"艾皮米尼得斯悖论"（Epimenides Paradox），如果说谎关乎欲望，则是完全可行的。通过肯定说谎是因为欲望，主体可以顺理成章地取消逻辑上的悖论之处，而不是像哲学家们那样止步不前。弗洛伊德一直没弄清楚的问题是：一个女人想要什么？绊倒弗洛伊德的，是可以被称为"女性气质"的东西。这里的"女性气质"，并不是说女性就本质而言是喜欢撒谎的，而是其他的东西，是弗洛伊德在发现他和未婚妻私订终身后，未婚妻在没有告知他的情况下，仍然同一位情郎夜间漫游时，他不能理解的东西。他已经向她承诺了一生，那么，她还想要什么？这个问题困扰了弗洛伊德整整一生。

第五节 "客体 a" 中能指与所指的悖论之处

对于认为焦虑是一种恐惧，没有对象的看法，拉康予以纠正，提出焦虑不是没有对象。这里所说的对象，无法明确指出，还需要从缺乏的功用说起。缺乏是任何逻辑构成不能没有的，也可以说，逻辑的历史，是成功掩饰缺乏的历史。因此，拉康需要谨慎应对充满悖论的逻辑，他从一个富有教育意义的故事说起。

　　真实界中不存在缺乏，这个缺乏只有通过象征这个媒介才能够理解。例如，在图书馆中，一个人可以说，某部书在它原来的地方失踪了。这个地方，早在象征发生之前就已经存在于真实界中，因此，这个地方的缺乏可以通过一个象征物进行填充。这个象征物既指代地方，又指代缺乏，它代表了不在这个地方的任何东西。不过，缺乏对主体的形成会产生不小的影响，因为一旦主体知道丢了东西，那么找回丢失之物的办法无疑是把丢失之物看作身体的一小块。在寻找丢失之物的路上，主体与大他者之间的关系就会出现一种结构上的断层。但是，如果引进能指的概念，这个断层就会得到弥合。缺乏发生的地方，借用能指的说法，就是一个不能够用能指表示的事物，也可以被称呼为"能指缺乏之地"。① 然而，缺乏又是真实的，如何指代，如何定位，以便人们能够理解呢？拉康说，象征缺乏，表达缺乏，并不能消除缺乏。"没有某个东西"（privation）是真实的，因为没有而造成的缺乏（lack）却是象征的。比如，女人没有阴茎，如果不借由象征把它当作一个人有或没有的基本事物，那么女人就不会知道她没有这个东西。阉割也是象征的，这意味着它指向某种缺乏的现象。阉割作为主体结构上最原初的一个缺乏出现在精神分析中，出现在主体与大他者的关系中。

　　缺乏无法能指化，但是，为了说明问题，拉康发明了"客体 *a*"来指代所缺之物，提出客体 *a* 是欲望的原因。客体 *a* 与大他者的关系如何，可以通过焦虑的功能进行探究，因为焦虑出现的时候，都有明确的信号。拉康发现，在谈论焦虑的分析话语中，都会提到对焦虑的防御。焦虑，作为提醒我们危险到来的工具，变成了我们为保护自己而努力反对的东西。通过抵制焦虑，所有病理学中的反应和建构就可以得到解释了。这里的矛盾之处在于，自卫实际上不是针对焦虑本身，

---

　　① Jacques Lacan, *Seminar X*: *Anxiety* (1962 - 1963), ed. by Jacques - Alain Miller, trans. by A. R. Price, p. 134.

而是针对作为一种信号的焦虑。① 实际上，防御的对象也不是焦虑，而是缺乏。要回答所缺为何的问题，则需要追问：在作为分析师大他者的我们，与接受分析的人所缺乏的客体 a 之间，是怎样的关系呢？这里涉及移情的问题，即围绕客体 a 发生的移情。一个神经症患者，他幻想的东西出现在镜像一边，或者说，在某个人那里，有东西看起来是一个 a，只是看起来是，因为这个 a 没有镜像，如往常一样，a 只能出现在某个人身上。这个 a 只是真正缺乏的一个替代物。

拉康对此的进一步解释，是从玛格丽特·李特尔（Margaret Little）的一篇文章《分析师对他病人需求的全部反应》（"The Analyst's Total Response to His Patient's Needs"，1957）说起的。他认为，这篇文章中分析师对患者的解释不够准确。一位分析师的患者在广播电台刚刚做了一个节目，内容是分析师自己感兴趣的，两人见面后，分析师说："昨天你讲得非常好，但是我发现你今天非常沮丧，一定是你担心伤害到我，因为你闯进了我的领域。"② 两年后，在一个周年纪念日临近的情况下，主体意识到，他当时悲伤的原因是，广播让他想起了刚刚过世的母亲，想到母亲没能看见他在闪光灯下片刻的成功。玛格丽特从上一个分析师那里接手了这个患者，惊讶地发现，分析师仅仅分析了自己的无意识，他的确因为患者的成功而非常沮丧。但是，对患者的分析，仅仅谈论患者遭受丧亲之痛远远不够，还需要考虑丧失亲人本身的作用，重新审视弗洛伊德认为哀悼的发生是因为主体与失去客体认同这一看法。拉康认为，我们哀悼的那个人，他不知道我是他的缺乏，我也不知道自己填补了他的缺乏。就像在爱中，我们给予对方的，是我们没有得到的。我们彼此扮演着对方的缺乏，彼此需要对方，彼

---

① Jacques Lacan, *Seminar X: Anxiety* (1962 – 1963), ed. by Jacques – Alain Miller, trans. by A. R. Price, p. 138.

② Jacques Lacan, *Seminar X: Anxiety* (1962 – 1963), ed. by Jacques – Alain Miller, trans. by A. R. Price, p. 140.

此相互珍贵，不可或缺。

玛格丽特把患者分成精神病、神经症患者，此外，还有一种神经紊乱症患者。拉康认为，最后一个分类有问题，因为这里针对的不是某种主体，而是一种被拉康称为"表演"（acting out）的东西。在玛格丽特分析的病例中，有一个女患者，可以归类为"盗窃癖"（kleptomania）范畴，在整整一年的分析中，她丝毫没有提及这些盗窃行为。很长一段时间内，女患者发现自己不停接受对她移情问题的解析。分析师认为，移情一定是从某一个点开始懈怠下来，吸附在什么地方，在分析过程中，其本身并没有减弱。然而，这些解析，无论如何微妙、千差万别，都没有突破患者的防线。直到有一天，患者双眼通红地过来，她刚刚为她故国朋友的逝去痛哭过。这个朋友在她年幼时看顾过她，她与这个朋友的关系截然不同于她与父母的关系。分析师会如何回应患者这种激动的表现呢？与往常一样，玛格丽特对此进行解析，她尝试不同的解释，希望最终找到那个正确的理解。传统的解释，通常认为，患者的哀悼实际是报复对方的一种方式，借助逝去之人的掩饰，实际谴责的可能就是分析师本人。这些解释得不到患者的认可，直到分析师向她承认，她无法理解她的问题，但看见她如此悲伤，也让她悲伤不已。分析师本人立刻从这个事实中推断出这是一种感觉中积极、真实、活生生的一面，这种感受让分析活动回溯。分析师看见患者悲伤，自己也悲伤不已，这说明主体成功地转移了发生在自己身上的事情。但是，移情发生的关键在于这样的一个事实出现了，即主体发现，她对于某一个人来说，是一种缺乏。分析师的这一干预，让患者发现，她也怀有某种焦虑。拉康说，此时，我们已经开始触及分析中被标注为缺乏之地（the place of lack）的事物了。患者的这一发现，让她认识到，作为一个女性主体，毫无疑问，她是作为一种缺乏的存在，这就是她不能处理好与父母关系的原因所在。患者于是敞开怀抱，无意中透露，这种解释切中要害。拉康说，这是因为分析中最受质疑的部分，即打断的作用（the function of the cut），在不知不觉中，已经被带入了。"打断"患者的滔滔不绝，会让随后的分析方向发生变化，同时对分析来说也非常关键。例如，分析师第一次"打断"患者的话是在她听到患者反复讲述自己与母亲的财务问题之后，终于鼓起勇气，不管是以什么之名，一字一句地对患者说道："听着，已经够了，我不想再听一个字，你快让我睡着了。"① 第二次打断与分析师刚刚装修完她的诊疗室有关。整整一天，分析师都在倾听患者对诊疗室的评价，有的说"棒极了"，有的说"太糟糕了"，对于各种品头论足，分析师都是不动如山。直到傍晚，上面这个患者来了，她对诊疗室的评价比前面那些人还要尖刻一点，结果这一次，分析师没绷住："听着，我根本不在乎你怎么想。"② 与第一次一样，分析师的"打断"让患者目瞪口呆。拉康在这里强调"切断"是治疗过程中重要的一环。在第一次打断中，分析师实际上说的是："你像催眠师一样，对我有相同的效果，你让我昏昏欲睡。"在第二次打断中，分析师真正所想的是："你喜不喜欢我诊疗室的装修，根本不是我关心的。"这些都是移情发生的情景，其中一些东西被转移了。

分析师注意到，女患者从来没有感受到一点儿失去父亲的悲伤，当然，她对父亲无比热爱。不过，她讲述的那些和父亲有关的故事，却显示出，她无法呈现父亲可能缺乏的东西。有一个场景值得一提，在与父亲的一次短程漫步中，她拿着一个小木棍，患者强调，木棍是阴茎的象征。可是，父亲把木棍扔进了水里，什么也没说。至于她母亲，几乎是造成她偷窃成癖的罪魁祸首。儿时，她被母亲看作自己的延伸、一件家具，甚至一个工具、一个用来敲诈和勒索的工具，却永

---

① Jacques Lacan, *Seminar X: Anxiety* (1962 – 1963), ed. by Jacques – Alain Miller, trans. by A. R. Price, pp. 143 – 144.

② Jacques Lacan, *Seminar X: Anxiety* (1962 – 1963), ed. by Jacques – Alain Miller, trans. by A. R. Price, p. 144.

远都不是与主体欲望有关联的任何东西。这也恰好指出了这样一个事实，即主体从来不知道自己的欲望是什么。母亲的每一次亲近和诱导，都会促使主体实施一次偷窃，而这个偷窃与所有偷窃癖患者的偷窃一样，并不是某种特别的兴趣的表现，仅仅表示："我给你看一件我不择手段偷来的东西，然而，在别处，有另外一个东西，是我的，那个 *a*，值得考虑，值得被允许出现片刻。"① 把属于我的东西分离出来，挑出来，与焦虑有关。归根结底，拉康在这里谈论的是缺乏之所在哪里建立的问题。有人说，精神分析的最终目的，可以被定义为，患者开始科学地看待自己的行为，拉康不认为这个定义很科学。同样，那些自认为缺乏之地可以被填充的看法，在拉康看来，问题良多。

结　语

本章依次从"客体 *a* 的形成史""作为欲望成因的客体 *a*""由客体 *a* 引发的焦虑""那个弗洛伊德不能理解的客体 *a*""'客体 *a*'中能指与所指的悖论之处"这五个方面介绍分析拉康对于"客体 *a*"所做的阐述。"客体 *a*"作为"曾经存在，现在不知所踪，成为主体必须面对的缺乏和不在场"的这样所指的能指，是拉康对精神分析学的贡献。他在弗洛伊德止步不前的地方，向前探索，提出新的理论。这个理论有助于人们了解欲望、焦虑、精神病、神经症等生成的原因。当然，本章的探究并不全面。例如，笔者没有介绍分析，为什么凝视被拉康当作一种客体 *a*？读者如果想要深入了解拉康的这个原创理论，可以查阅本章开头处笔者提到的拉康的那两期研讨班讲义。

---

① Jacques Lacan, *Seminar X: Anxiety* (*1962 – 1963*), ed. by Jacques – Alain Miller, trans. by A. R. Price, p. 145.

第八章　拉康论焦虑

焦虑是一种情感，在人类历史长河中，我们为什么如此需要保留焦虑这一维度，其功能是什么？焦虑的结构如何？焦虑和大他者的欲望之间的关系如何？

《焦虑》是拉康第十期研讨班的题目，于 1962—1963 年进行。他的一个朋友认为，关于焦虑，没有太多内容可以讲述。拉康却认为，讲述焦虑，可以让他把前面那些年讲过的术语串联起来。于是，我们看到，在对焦虑的讲解分析中，拉康先后涉及了镜像与认同、客体 a 与神经症者的幻想、焦虑的居所、菲勒斯能指与阉割焦虑等。下面我们从五个方面分析拉康对焦虑的论述。

第一节　焦虑的原因

谈论焦虑，弗洛伊德的专题论文《抑制、症状与焦虑》是绕不过去的；拉康却说，弗洛伊德在此文中，什么都谈论了，就是没谈论焦虑。关于抑制，它涉及情感运动的停止、暂停；而当情感被阻止或受到阻碍，就会呈现出症状。对于一些人认为焦虑是对灾难性后果的反应（catastrophic reaction）的看法，拉康并不认同，因为这种对灾难性后果的反应也可以用来说明歇斯底里症的发作甚至用来说明愤怒。拉康认为，重要的是找到焦虑的存身之地。他在亚里士多德的《修辞》第二卷中看到，亚里士多德很好地谈论了强烈的情感，提出那些强烈的情感借由修辞得到充分的表达，或者可以说，情感陷入修辞网络。这让熟悉能指理论的拉康自然而然地想到，焦虑，作为一种强烈的情感，陷入能指的网络，这些能指包括抑制（inhibition）、阻碍（impediment）、窘迫（embarrassment）、激动（emotion）、焦躁（turmoil）等。①

我们在分析时，对于任何我们想要阐释和理解的事物，都会有一些东西先于这些事物存在了，拉康把这种存在称为"大他者的在场"（the presence of the Other）。② 即使一个人想象着可以有一种自给自足的分析，实际上，也是不可能的，因为大他者一直先于你要分析的事物存在了。那么，分析焦虑时，一定要以大他者作为参照，拉康认为，人们之所以会焦虑，是因为不知道大他者的欲望是什么。

关于大他者的欲望，拉康提出，主体的欲望是大他者的欲望，这是他在研读黑格尔的《精神现象学》之后得出的结论。我的欲望取决于大他者这个终极欲望者，我欲望着他的欲望，我想要的其实就是他想要的，我紧跟在大他者之后，如影随形，亦步亦趋；而大他者却犹如神祇，能洞见我的一切，却站在一侧袖手旁观，看着"我"在欲海中苦苦挣扎。作为精神分析师的拉康，他探询大他者缺乏什么，什么是大他者所欲望而又不自知的，这是拉康的欲望所在。拉康强调，这个大他者和小他者不同，小他者是与我们相似的人，而大他者是能指所在之地（the Other as locus of the signifier）。③

① Jacques Lacan, *Seminar X：Anxiety* (1962 – 1963), ed. by Jacques – Alain Miller, trans. by A. R. Price, p. 13.

② Jacques Lacan, *Seminar X：Anxiety* (1962 – 1963), ed. by Jacques – Alain Miller, trans. by A. R. Price, p. 22.

③ Jacques Lacan, *Seminar X：Anxiety* (1962 – 1963), ed. by Jacques – Alain Miller, trans. by A. R. Price, p. 23.

在大他者（A）的领地，主体被盖上了单一的能指印记（S），这个在无意识中生成的主体，逃不掉被大他者世界中的能指包围的命运。拉康说，主体与小他者的联系，和主体与大他者的联系，并不是不相融。①

因为无意识的存在，我们可能就是那个受到欲望影响的对象。甚至不仅如此，就我们是无意识主体而言，我们不可避免地被盖上有限性的印章，这个有限性源于我们的缺乏，因为缺乏，所以有欲望，因此，这个欲望也是有限的。主体与大他者的关系，就像一部分与整体的关系，主体只占大他者的一部分。也可以说，主体把大他者切分了。拉康用除法进一步解释，主体除大他者，那么，会有商，会有余数。重点是这个余数，这是那个最后的他者，一个不讲道理的存在，是证明大他者的他性的一个证据，且是唯一的保证，它就是那个客体 a。②

借助听众最在意的爱的体验，拉康来分析欲望关系中主体与大他者的辩证依存。黑格尔视角下的爱情是这样的：我爱你，即使你不想要。拉康不太认同黑格尔的这句话，因为，关于爱，他的认识是这样的：我欲望你，即使我不知道。我欲望着一个对象，但我不知道这个被我欲望的对象，他的缺乏是什么。我认同他，也认同他所缺乏的东西，那么他缺乏的东西，就是我缺乏的东西。我不辞劳苦得到我所欲望之物，那个让我大费周章、值得我爱的东西，既让我得偿所愿，也实现了对象的心愿。

第二节　焦虑的功能

首先，拉康提出焦虑是一种信号，一种预示，这当然也是弗洛伊德在他后来的研究中透露的，不过，弗洛伊德这个定义并不是如人们

① Jacques Lacan, *Seminar X: Anxiety* (1962 – 1963), ed. by Jacques – Alain Miller, trans. by A. R. Price, p. 31.

② Jacques Lacan, *Seminar X: Anxiety* (1962 – 1963), ed. by Jacques – Alain Miller, trans. by A. R. Price, p. 27.

认为的那样。当弗洛伊德说焦虑是一种信号的时候，并不是因为他放弃了初衷——认为焦虑是能量新陈代谢的结果，也不是因为有了新的认识，因为弗洛伊德早在把焦虑看作力比多的转变时就已经指出，焦虑可以作为一种信号在起作用。焦虑与那些让人害怕、让人恐惧、让人担心的事情有关联。然而，迄今为止，在精神分析领域，还没有什么人对"让人害怕的"（Unheimlich，德语）现象给予足够的关注，这也是没有一个令人满意的对焦虑的功能的解释的原因。

拉康认为，面对"令人害怕的"现象时，我们不再是能够自主自治的主体，而是表现为客体的状态。他以弗洛伊德曾经分析过的德国作家霍夫曼（E. T. A. Hoffmann）的《沙人》（*The Sandman*，1816）为例，主人公/主体受到诱惑，追逐一个遥不可及的爱人的形象，他透过巫师的窗户看到的那个美貌姑娘，有着他自己想象的参与塑造，实际上就是拉康所说的镜像，这个完美镜像就是通过主人公的眼睛被呈现出来的。小说令人惊恐之处在于，这双呈现美丽爱人的眼睛，也是有人想要掠夺、挖走的，这也是小说的情节主线。小说中原本自主的主体，最后缩变为一双眼睛，单纯的客体，拉康用《沙人》这个故事来说明主体在面对令人恐惧的事情时如何成为客体。

拉康认为，当弗洛伊德分析霍夫曼的小说时，并不局限于小说向读者传递的恐怖感受，毕竟，恐惧、害怕，都是稍纵即逝。在弗洛伊德看来，霍夫曼的小说更好地再现了幻想的功用，如他的《魔鬼的长生不老药》（*The Devil's Elixir*，1824）。该小说向读者清楚地表明，在一切存在的真实流变中，幻想始终不变。对幻想作用的了解，得益于弗洛伊德对神经症患者的研究，这些患者能够透露他们幻想的结构，因为是他们本人创造出的幻想，而与此同时，他们又用这些幻想进行欺骗隐瞒。拉康在这里着重指出的是，神经症患者的幻想都是围绕着大他者发生的。患者身上呈现的各种颠倒状态，是他们在幻想世界中找到的支撑。神经症患者和性倒错者的幻想不同，精神分析者最初对神经症患者的那些执拗的幻想绞尽脑汁也不知其意。拉康告诉大家，这些幻想被患者组织使用，最大限度地帮助患者抵制焦虑，他们用幻想给焦虑盖上盖子。①

这些患者在幻想中让自己变成客体 a（object a），这个客体 a 于他来说，就像护腿之于兔子，这也是神经症患者并不过多幻想的原因。幻想让患者得以远离焦虑，在一定程度上，是因为那是一个伪造出来的 a。拉康用屠夫美貌的妻子做的梦对此进行解释。这位妻子喜欢吃鱼子酱，但并不吃，她这样做会让她那粗俗的丈夫开心不已，因为他可以大快朵颐剩下的。让这位漂亮妻子感兴趣的，并不是喂她丈夫吃鱼子酱，而是她丈夫的幻想，这位丈夫一直怀疑他妻子留了一点点鱼子酱，那想象中的"一点点鱼子酱"，就是这个客体 a。客体 a 在幻想中所起的作用就是抵制焦虑，同时，它也是抓住大他者的诱饵。以安娜·欧为例，她对歇斯底里症患者的游戏操作略知一二。她把自己所有的小故事和所有的幻想都告诉了布洛伊尔（Josef Breuer）和弗洛伊德。弗洛伊德在他和布洛伊尔合著的《歇斯底里症研究》中惊叹于安娜丝毫没有表现出防御的这个事实。她全盘托出，没有丝毫保留。对于这样慷慨的坦露，布洛伊尔也愉快地接受了，与这个让人艳羡的诱饵一道被他接受的，还有一点点什么也不是的东西，而这个东西让他反复回味了许久，最后不了了之。这个让布洛伊尔没有想透的东西就是拉康命名的客体 a。拉康说，多亏了弗洛伊德本人有那么一点儿神经质，同时悟性又高，而且无畏，这使得他知道在面对自己的欲望时如何利用自己的焦虑，他的欲望都与那个被称为弗洛伊德夫人的女人有关。他欲望成为那个女人的欲望对象，对这一点的认知，让他能够毫不费力地识别出，安娜·欧的坦率告知，那是她抛出的诱饵，让她钓到了弗洛伊德这个大他者，一条真正的大鱼，当然，这条鱼比那条叫布洛

① Jacques Lacan, *Seminar X: Anxiety* (*1962 – 1963*), ed. by Jacques – Alain Miller, trans. by A. R. Price, p. 50.

伊尔的鱼难钓一些。

第三节 焦虑的居所

弗洛伊德在《抑制、症状和焦虑》中认为，焦虑是一个人在失去了一个对象时表现出的反应信号，这些逐渐失去的对象包括：人在出生的一刹那，就失去了子宫内的温暖环境；然后失去母亲，她也被视作一个对象；失去生殖器；失去对象之爱；最后是超我之爱的失去。

拉康却不认同，他说，焦虑不是缺乏的信号，而是在复制某些东西，因为缺乏提供的支持没有了。[①] 以婴儿沉迷于重复那个象征母亲在身旁（presence）与母亲不在身旁（absence）的那个游戏为例，"在"的安全性，意味着"不在"的可能性。对婴儿来说，最痛苦的时刻莫过于在缺乏（lack）变成欲望之时却被打断了，尤其是当缺乏也不存在的时候，如母亲一直在他身后给他擦背。焦虑与欲望对象的关系，不是对象的失去，而是它的存在，焦虑的原因是对象没有失去。

拉康说，焦虑的居所，分列三处，分别是：大他者的要求、大他者的享乐、以精神分析师的欲望为代表的大他者的欲望。[②] 也就是说，谈论焦虑，无论如何也离不开大他者的维度。拉康举例，巴甫洛夫的反射实验都是在有大他者在场的情况下进行的，换句话说，是在大他者的要求下进行的。拉康提及，精神分析师们很少涉足噩梦，但琼斯（Ernest Jones，1879—1958）的著作《论噩梦》填补了空白。拉康认为，对噩梦的焦虑是一种对大他者享乐的焦虑。

焦虑的结构如同镜子一般，是被框在一个架构里面的。就像幻想

---

① Jacques Lacan, *Seminar X：Anxiety*（*1962 - 1963*）, ed. by Jacques - Alain Miller, trans. by A. R. Price, p. 53.

② Jacques Lacan, *Seminar X：Anxiety*（*1962 - 1963*）, ed. by Jacques - Alain Miller, trans. by A. R. Price, p. 54.

一样，狼人不断在梦中看到的景象，就是通过一扇窗户向他展开的，梦中所想也是有框架限制的。弗洛伊德所用的引发焦虑的原词是 "Un-heimliche"，其含义是可怕的、黑暗可疑的、令人恐惧的东西，焦虑的领域就处于这些东西的框架之内。拉康用舞台与世界之间的关系对此做进一步的解释。当可怕的现象发生时，一般都是伴随着"突然""立刻"这样的时间副词。当三声敲门声"突然"响起之后，舞台的幕布徐徐升起时，观众必然怀着一丝焦虑的心情，虽然这焦虑之情转瞬即逝，但这焦虑之情与随后认定喜剧还是悲剧密不可分。拉康纠正，他这样说，并不是把焦虑缩减为期待、准备、警觉的状态，或者一种自我保护的回应。人在孤立无援的时候，的确有所期待，这期待虽然可以成为焦虑的框架，却不是不可或缺的。不需要期待，框架仍然存在，焦虑是另外的东西。① 焦虑原本就在引发焦虑的框架中，如同在自己家里一般，也可以说，焦虑是此框架的占有者。这个未知的占有者，以不可预料的方式出现，当然是同他在怪异恐怖处的遭遇有关。

焦虑现象是熟悉的事物在框架内的突然出现，这也是认为焦虑没有对象是错误的原因。只不过，焦虑的对象有所不同，很难辨别，但同时又是寻踪追迹的切入口。当关于焦虑的各个方面都被谈及了之后，拉康终于说到最重要的一点，那就是焦虑从不欺骗、从不作伪、从不迟疑。虽然焦虑与怀疑、犹豫有关联，但是焦虑不是疑惑，而是疑惑的原因。② 疑惑是与焦虑抗衡的努力，在一定程度上，疑惑尽力避免的就是焦虑确切无疑要牢牢抓住的。拉康提出，要想解决焦虑，就得投入行动，因为行动可以转移焦虑。

焦虑中的主体如陷深渊，无法自拔。于是，自我防御机制开始发

---

① Jacques Lacan, *Seminar X: Anxiety* (*1962 – 1963*), ed. by Jacques – Alain Miller, trans. by A. R. Price, p. 75.

② Jacques Lacan, *Seminar X: Anxiety* (*1962 – 1963*), ed. by Jacques – Alain Miller, trans. by A. R. Price, p. 76.

挥作用。焦虑及其引发的防御，都属于真实域，从不欺骗。拉康说，焦虑居于享乐与欲望的中间，而享乐对大他者一无所知，只知道客体 a，因此客体 a 相当于对追求享乐的主体的一个隐喻。[①] 这个 a 拒绝成为能指，这也是它可以用来象征失去的客体的原因。恰恰是这个被丢弃的客体，这个垃圾，这个抵制能指的废料，构成了欲望主体的底色，这时候的主体不是享乐的主体，而是追寻路上的主体，追寻也不是对享乐的追寻。如果这种追寻演变成在大他者的能指之地追寻享乐，那么主体就会加速成为欲望的主体，这会造成欲望与享乐之间存在间隙，而这个间隙就是焦虑所在之地。[②] 因此，焦虑是享乐和欲望的中间人，欲望生成的时候，焦虑从不缺席。

第四节　大他者的焦虑

"焦虑并非没有对象"，这是拉康的观点。弗洛伊德也说过，"焦虑前面有一些东西"。[③] 焦虑，通常与恐惧相伴而行，也是文学作品中常见的主题。通常情况下，焦虑和恐惧在作品中呈现为此消彼长的状况，然而，在最好的作家的作品中，这两者之间有着明确的区分，恐惧是有明确对象的。主体的恐惧是由一个客观存在的危险引发的，拉康以契诃夫（Chekhov）作品《惊恐》（*Panic Fears*）为例对此进行说明。契诃夫讲述的是自己的恐惧。他第一次经历恐惧，是在司机载他来到一个平原的时候发生的。时值黄昏，夕阳西下，远处的教堂钟楼清晰可见，契诃夫忽然看见钟楼高处一扇窗户后面有烛光摇曳，他非常清

---

① Jacques Lacan, *Seminar X：Anxiety*（*1962 - 1963*）, ed. by Jacques - Alain Miller, trans. by A. R. Price, p. 174.

② Jacques Lacan, *Seminar X：Anxiety*（*1962 - 1963*）, ed. by Jacques - Alain Miller, trans. by A. R. Price, p. 175.

③ Jacques Lacan, *Seminar X：Anxiety*（*1962 - 1963*）, ed. by Jacques - Alain Miller, trans. by A. R. Price, p. 157.

楚，那个高处无法到达，而这个神秘的光源也不是任何反射造成的。契诃夫思考着这个现象背后的原因，排除了所有可知的原因，突然，他感受到莫大的恐惧。拉康指出，契诃夫感受到的不是焦虑，而是害怕。他所害怕的，不是有什么事情对他造成威胁，而是不知道究竟什么东西让他害怕。契诃夫的第二次恐惧经历是在一辆货车闯进他视野的时候，那辆车让契诃夫感觉像一辆幽灵车，在他面前飞驰出去，沿着轨道快速离开。它从哪里来，又要到哪里去？在契诃夫的认知里，完全无法解释它的出现，这让他再一次陷入恐慌之中，在这个事件中，也没有什么威胁可言。契诃夫的第三次恐惧经历，发生在深林中，他偶遇到一只纯种狗，他无法解释这样一条狗为什么在那个时刻，在那个地方出现，他甚至都开始想到了浮士德的那条贵宾犬。他不知道魔鬼以何种方式接近他，让他害怕的是这种未知，不是那条狗，而是隐藏在狗背后的其他东西。

恐惧会让人逃跑，同时也会让人手足无措。契诃夫恐惧的对象不是拉康所谈论的焦虑对象。恐惧的对象，危险，让主体生成防御结构。焦虑的对象在哪里？弗洛伊德说焦虑是对某事的恐惧，是一种信号，那么，这一通风报信的特征，是否就是焦虑的功能所在？拉康指出，只有"真实域"（the real）这个概念可以为我们指明方向，然而，需要注意，"真实域"的功用与能指的功用截然不同。在面对一些小东西（etwas，德语）时，焦虑会以信号示人，而这些小东西，属于真实界域内不能消减的部分。在这个意义上，拉康提出他对焦虑的构想："焦虑，是所有信号中，最不欺骗的那个。"① 焦虑提醒注意的就是这些不能再继续分割的真实域中的小东西。

"真实域中的小东西"，是指主体在被语言能指浸染之后，仍然保留下来、无法能指化的东西。它们是个体主体化过程中的剩余物，是

① Jacques Lacan, *Seminar X: Anxiety* (1962 – 1963), ed. by Jacques – Alain Miller, trans. by A. R. Price, p. 160.

被丢弃的东西。它们是拉康所命名的客体 a，因为客体 a 不能再分的特性属于意象范畴，所以拉康通过列举意象，向听众讲解客体 a 如何引发主体的焦虑。第一个让拉康想到的是俄狄浦斯。俄狄浦斯在不知情的情况下，与自己的母亲生儿育女，成了同时拥有欲望对象和律法对象的那个人。在调查杀死他父王的罪魁祸首时，发现自己弑父娶母之后，他看见了自己的反应，看见了自己两只水汪汪的眼睛躺在地上。把眼睛从眼窝里挖出来，很明显已经失去了视力，然而，他不是没有看见它们，而是看见了，并且把它们当作引发淫欲的客体—原因（object－cause）。拉康追问，俄狄浦斯的焦虑发生在什么时刻？他焦虑什么？是他必须自戕的命运吗？不是的！是看见自己的眼睛躺在地上，这个不可能发生的意象让俄狄浦斯不知所措。拉康非常肯定，这是研究焦虑现象的必经之路。像俄狄浦斯看见自己的眼睛躺在地上的意象还有许多。例如，西班牙画家佛朗西斯科·德·朱巴然（Francisco de Zurbaran）的两幅油画，《叙拉古的圣露西》（*Saint Lucy of Syracuse*）呈现的是露西看着自己手中的托盘，托盘上放着她自己的一双眼睛，而《卡塔尼亚的圣阿加莎》（*Saint Agatha of Catania*）呈现的是阿加莎捧着一个大托盘，盘中盛放的是她的一双乳房，这两人都是殉道者，也意味着她们是见证自己遭遇的人。

人们很容易被误导，认为托盘中的东西是我们欲望的对象，而与焦虑无关。拉康从性受虐狂的处境着手厘清，到底那盘中的东西是欲望的对象，还是焦虑的对象。性受虐狂者把自己想象成大他者享乐的对象，那也是他的享乐，这样的状况掩盖了什么呢？拉康认为，追求大他者的享乐，实际上是一种异想天开，性受虐狂者实际上寻求的是大他者的回应，一种对他自身堕落的回应，而这个回应就是焦虑。大他者的焦虑也可以被称为"上帝的焦虑"，引发大他者的焦虑是性受虐狂看不见的目的，因为他的幻想掩盖了真相。相对而言，在性施虐狂那里，焦虑少一些掩饰，甚至没有掩饰，让受害者焦虑是得到享乐的最基本的条件。对他来说，大他者是绝对需要的，如萨德一般，质疑他者、提及他者，是他最重要的目的。萨德在其作品中非常清楚地说，折磨那些受害者，"是为了实现上帝的享乐"①。

为了应对那些进行精神分析的主体的焦虑，拉康提出了"反移情"（countertransference）的解决策略，这一术语主要是针对分析师的参与提出的。拉康说，谈论反移情，离不开谈论分析师的欲望，而这个欲望迄今为止还未涉及，甚至还没开始涉及，仅仅因为，直到现在，在任何精神分析理论中，都没有对这个欲望进行准确定位。这种状况的发生，无非探究分析师的欲望不是什么小事，就连拉康本人也逐步带着他的听众走向答案。他从欲望和需求（demand）的区别开始讲起，然后介绍在欲望与律法之间摇摆徘徊的身份。

律法最初出现是为了约束主体对母亲的欲望，防止乱伦的发生。恋母情结，在最具代表性的色情描写中，甚至在性虐待狂和性受虐狂的书写中，都呈现出强烈的欲望，而欲望是享乐（jouissance）的一种意志。欲望属于享乐，也是生命的本真，一直都在，生生不息，那么，对其进行限制，就变得刻不容缓。即使在性变态那里，欲望时时刻刻想要颠覆律法，但它实际上是对律法真正的支撑。只要对性变态者有所了解，就会得出类似结论，在外表无限制的满足之下，实际上是对律法的守护和实施，通过限制与拦截，令主体在追求享乐的路上停下脚步。追求享乐的意愿注定失败，它在随心所欲之时，会遭遇自己的限制，自己的瓶颈。拉康说："性变态者在实施自己的行动时，并不知道他所作所为是要满足谁的享乐。无论如何，都不是服务于他自己的享乐。"②而神经症患者为我们提供了发现欲望本质的堪称范本的路径，他们发

---

① Jacques Lacan, *Seminar X: Anxiety（1962 – 1963）*, ed. by Jacques – Alain Miller, trans. by A. R. Price, p. 165.

② Jacques Lacan, *Seminar X: Anxiety（1962 – 1963）*, ed. by Jacques – Alain Miller, trans. by A. R. Price, p. 150.

现，他们确实需要经由律法的建制才能够维持自身的欲望，只有在与律法统一的情况下，他们才能够有所欲望，而这些欲望被他们自身认为是没有得到满足的，或者是不可能实现的欲望。然而，拉康特别提出，神经症患者中的一个特殊类型仍然令我们困惑不解，那就是焦虑性神经症（anxiety neurosis）。弗洛伊德正是从这里开始科学探索的，如果问弗洛伊德的逝去让我们失去了什么，那就是，没给他留下足够的时间回到对这个问题的研究上。焦虑这个主题让拉康回到道德律法神话这个重要的层面。据说，任何道德律法建立的初衷都是寻求主体的自治。在伦理理论发展上，对自治的强调，涉及了主体的防御。然而，拉康说，关于伦理律法的第一个需要接受的真相就是："道德律法是他治的（heteronomous）。"①

若要理解这一真相，还需要了解拉康对主体在真实域（the real）阶段经历的叙述。拉康提出，真实发生的事件或真实的欲望，都会对主体进行干预、抑制，以此藐视主体，同时也决定主体。抑制就是抹去痕迹，然而，每个人都知道，痕迹是擦不掉的，这就是难点所在。所谓难点，是相对而言的，对于熟悉能指理论的拉康的听众，难点不存在。"这不是擦掉痕迹的问题，而是能指回到痕迹状态的问题。"②真实干预的时候，能指被遗漏了。没有能指，就无法谈论主体，因为主体只能在能指的环境下生成。以性受虐狂为例，他是所有性变态中最让人费解的。与其他性变态不知道自己的所作所为令谁快乐不同的是，性受虐狂似乎非常明确，他受虐是为了取悦大他者，这似乎也是他的真相。然而，性受虐者忽略了一个方面，这个忽略也让他与其他的性变态者相同，他相信，自己所求就是大他者的享乐，然而，只要

---

① Jacques Lacan, *Seminar X: Anxiety (1962 – 1963)*, ed. by Jacques - Alain Miller, trans. by A. R. Price, p. 151.

② Jacques Lacan, *Seminar X: Anxiety (1962 – 1963)*, ed. by Jacques - Alain Miller, trans. by A. R. Price, p. 151.

他如此坚信，就可以确定，这不是他所要追求的。他没有注意到那个触手可及的事实，即他所追求的不是大他者的享乐，而是大他者的焦虑。① 这个事实背后的真相是什么呢？为了走近真相，拉康需要回到对焦虑问题的探讨上。弗洛伊德认为，焦虑出现在自我之中，是内部出现危险的一个警示信号。拉康说，没有内部危险，因为神经系统没有内部，只有单一的表面，他一直强调，焦虑坐落于另一个维度，即以能指的身份出现在大他者之中，而且，焦虑是大他者欲望的特殊表现。② 如果焦虑的信号出现在自我之中，那也是针对外人而发，信号的发出不是为了提醒自我，也与我的存在无关。信号出现发生在我损失某物的时候，这样大他者就可以在自己那里找到我失去的东西。

大他者的欲望并不会像黑格尔期待的那样承认我，实际上，他既不承认，也不误认，而是对我进行审讯，把我当作欲望的原因，当成客体 a，就是不当成对象。我无法躲避大他者的拷问，作为精神分析师，我的欲望让我有所期待，只是，我们需要先弄清楚欲望是什么。黑格尔认为欲望取决于奴隶和主人的冲突，拉康却说，欲望可以在爱的层面上触及。③ 欲望在人们的爱恋中占据主要的成分，但被爱的对象与欲望无关，这是欲望的真相，也是爱的辩证法。

客体 a "落下—消失" 的特性，如雪泥鸿爪，能否被利用来探究阉割情结对应什么？欲望满足后，什么东西还在？说到阉割情结，拉康强调，阉割焦虑与阉割威胁不同，前者从内部感受，后者是对外界的回应。男性不必一直遭受阉割威胁，女性也不必一直怀有阴茎嫉羡，若要实现这一目标，需要了解，为什么精神分析通常以死局告终，人

---

① Jacques Lacan, *Seminar X: Anxiety* (1962 - 1963), ed. by Jacques - Alain Miller, trans. by A. R. Price, p. 152.

② Jacques Lacan, *Seminar X: Anxiety* (1962 - 1963), ed. by Jacques - Alain Miller, trans. by A. R. Price, p. 152.

③ Jacques Lacan, *Seminar X: Anxiety* (1962 - 1963), ed. by Jacques - Alain Miller, trans. by A. R. Price, p. 153.

类的生理性交合被贴上否定的标签，最后以不可减少的缺乏的形式存留下来。拉康还是从性受虐狂的运作结构入手，分析经验让拉康看到，性受虐狂在移情中的策略表明，大他者才是他们的最终目标，在此基础上，一些人提出，性受虐狂的目标是大他者的享乐，拉康却说，性受虐狂的目标是大他者的焦虑。[①] 同样的话可以用来评说性虐待狂，非常明显，性虐待狂寻求的是大他者的焦虑，而大他者的享乐被掩盖了。拉康已经说过，把大他者的焦虑作为目标，实际上寻找的却是那个"落下—消失"的客体 a。客体 a 最明显的特征就是作为脱落的身体附件的形象存在的，也可以延伸为应试人需要立刻上交的试卷或论文，对主体来说，试卷或论文也是客体 a 的一种形式。

拉康发现，女性能够比较轻松地处理反移情的问题，可以更好地理解分析师的欲望，对这一现象的深入挖掘，可以探析欲望与享乐之间存在的一些事情。欲望、享乐与爱密不可分，那些围绕着爱而形成的名言进入拉康的视野，第一句便是"只有爱才能让享乐沦为欲望"。也有人说"爱是欲望的升华"。对于拉康来说，客体 a 是他的敲门砖，不仅被应用于对焦虑的研究，还是研究享乐和欲望的必要手段，客体 a 敲开的不是享乐的大门，而是大他者的大门。当主体在大他者之地出现生成的时候，主体对大他者的欲望，实际是对客体 a 的欲望，沿着这条路追逐下去，主体实际上打开了通向享乐的大门。主体对客体 a 的欲望，会触发大他者的焦虑，当大他者焦虑的时候，他必然会转移这种焦虑到主体的身上。若说女性通过爱来克服焦虑，还远远不够。但是，从拉康的角度来说，若一位女子渴望他的享乐，渴望享受他，那么这位女子就会让他焦虑。没有欲望是不经由阉割实现的，在享乐参与的情况下，她只有对他进行阉割才能实现欲望。就欲望对象的功用而言，女性什么都不缺，弗洛伊德提出的阴茎嫉羡，对拉康来说，

① Jacques Lacan, *Seminar X*: *Anxiety* (*1962 - 1963*), ed. by Jacques - Alain Miller, trans. by A. R. Price, p. 177.

很值得商榷。弗洛伊德不能理解的女人，其真相到底如何，拉康会为我们逐步揭秘。[1]

第五节　割礼与阉割焦虑

精神分析通过对神经症患者的研究，发现了主体的结构构成和欲望的辩证法。弗洛伊德在研究神经症患者的经历时，到达了一个他无法绕过的点，那就是患者的阉割焦虑（castration anxiety）。可是，拉康认为，造成神经症患者僵局的，根本不是阉割焦虑。阉割的形式，即想象结构中的阉割，是在断裂的层面上产生的，是在相似的力比多形象接近的时候形成的。带来创伤的场面，在某一个想象的情境中发生。那个想象中的被阉割后留下的伤口，也以各种变体和反常事物呈现。

拉康提出，让神经症患者畏缩的，并不是阉割恐惧，而是把他的阉割恐惧转换成大他者缺乏的东西。[2] 他害怕把自己对阉割的恐惧变成某种确定的东西，因为那是保证大他者正常运转的事物。而这个大他者，在意义未定之时，就已经溜走。也是这个大他者，让主体深陷命运的旋涡而无处脱身。那么，如何保证主体的存在具有意义？拉康的回答是，只能借由一个能指来保证，并且这个能指必须是找不到的。主体被召唤到这个能指失踪的地方，他要以自己的阉割为符号，与那个不在场的能指进行一场交换。主体奉献出自己的阉割，来保证大他者的秩序井然，不过，在此之前，精神分析师发现神经症患者停滞不前了。拉康的解释是，这是精神分析的必然现象，患者来赴一场精神分析的约会，在一天结束的时候，阉割的问题也就仅仅是解释阉割的

---

① 拉康在第 20 期研讨班——《再讲爱与知识对于妇女的性的认知局限性，1972—1973：拉康讲义》（卷二十）——系统分析女性的真相，同时指出亚里士多德和弗洛伊德在女性真相方面的认知局限性。

② Jacques Lacan, *Seminar X：Anxiety（1962 – 1963）*, ed. by Jacques – Alain Miller, trans. by A. R. Price, p. 46.

事情了。但是，这种想象的阉割是如何作用，进而变成了阉割情结的呢？在拉康看来，对阉割情结重新评价，可以为探索焦虑找到办法，同时，对焦虑的现象学进行研究，不仅能够让我们知道如何做，而且能帮我们找到焦虑的原因。

在施虐狂和受虐狂那里，焦虑与客体的关系皆为失败。作为主体的残存物，这些客体的真实地位如何呢？以孩子出生时发生的两种切割为例，它们给孩子和母亲剩下的是截然不同的东西。对孩子来说，脐带的切割让他与包膜分离，这些包膜与他的外胚层、内胚层保持一致。对母亲来说，切割发生在胎盘上，胎盘随后也被娩出。娩出的胎盘如同子宫的蜕膜，客体 a 的这种蜕化特征决定了它的功能。"落下—消失"（falling－away）是 a 的标准戏码，然而，对主体来说，这个 a 比他的任何部分都重要。最能说明 a 功能的是阉割情结。结合前面的内容，拉康希望听众已经认识到，阉割焦虑的对象在别处，而不是可能发生的阉割威胁。他说，菲勒斯在享乐实现中可有可无的特性才是焦虑的根源，菲勒斯可能"落下—消失"，主体性据此生成。[①] 菲勒斯在欲望历史中占有一席之地，恰恰因为它的"落下—消失"，它的不在场，记住这一点非常重要，否则就无法区分大他者的欲望与享乐。阉割掉的菲勒斯就像子宫蜕膜，这些"落下—消失"的东西具有部分客体（partial object）的特征，它们可以不在场，但是它们一直都产生影响。

小汉斯曾经认定，所有的生物都有阳具，然而，后来他发现也有一些生物例外，如妈妈，她就没有阳具。那么，方便的做法就是坚持说，即使那些没有阳具的，无论如何，也应该有一个。既然是她们应该有一个菲勒斯，精神分析学家将其称为不真实的菲勒斯，仅仅是菲勒斯能指而已。这样就可以说明，小汉斯的认定完全正确。古典心理

---

① Jacques Lacan, *Seminar X: Anxiety* (1962 – 1963), ed. by Jacques – Alain Miller, trans. by A. R. Price, p. 168.

学认为，经验包括真实和不真实的东西，人们被真实世界中的不真实的事物折磨着。弗洛伊德的发现与此认识相反，他认为，人们被不真实的世界中的真实的事物所折磨。在拉康看来，这折磨人的真实的、确定的事物就是忧虑、焦虑。那么人们的忧虑、焦虑是什么呢？

拉康从《圣经》的《训道篇》（*Ecclesiastes*）说起，他同时也认为这本书是最亵渎神灵的。在这本书中，上帝要求我享乐，这是明确写出的。基督教历史认为，《圣经》是犹太人和上帝的谈话录，其中上帝所说的话，犹太人必须严格遵守。上帝是他的特定选民可以向其倾吐心事的上帝，上帝也是明确地告诉他的特定选民，他就是他们的那个上帝，上帝也对他的选民提出明确的要求，其中一个就是犹太人必须行割礼。上帝命令他的选民享乐，但同时明确要求他的选民必须行割礼，把那个能让选民享乐的对象分离出去。在上帝的这种既令人困惑，又让人无措的要求下，人们把割礼说成了阉割，也没什么奇怪的。毕竟，两者之间存在类比关系，且都与焦虑的对象有关。但是，若说阉割是阉割情结的原因就犯了基本性的错误，那样，一个行了割礼的主体，就无法区分割礼的痕迹和他因为阉割情结而引发的神经症状。拉康认为，割礼对客体完成了限定，并由此定义了切割的功能。上帝的这一要求使得割礼一旦完成，也就完成了对客体的分离。

上帝对割礼的要求，在拉康看来，反映的就是律法与欲望之间关系的问题。在俄狄浦斯神话中，欲望和律法似乎处于对立的关系之中，但实际上却是一回事，目的都是阻止我们接近原质、走进真相。无论我们愿不愿意，我们都得一边欲望着，一边沿着律法的道路走下去，这也是弗洛伊德把律法的起源和父亲那不能抓住的欲望之间关联起来的原因所在。别人如何看待我的对象其实与我无关，只要我有所欲望，我就对我的欲望一无所知。只是，时不时，一个东西总是在诸多事物中显现，而我真不知道它为什么在那里。一方面，有一个东西，它让我焦虑，让我恐惧，如果没人向我解释，我根本不知道它是什么；另一方面，我真的找不到任何理由来说服自己为什么这个东西就是我的欲望，而不是其他的东西。

结 语

当拉康的朋友认为，关于焦虑，可以谈论的东西太少了，没有研究的必要时，拉康却用一年的时间来讨论焦虑，讨论涉及焦虑的方方面面。本章只是选取其中的几个点，希望能够起到抛砖引玉的作用。第一节"焦虑的原因"分析主体之所以焦虑，是因为不知道大他者的欲望是什么。第二节"焦虑的功能"主要阐述拉康对焦虑功能的认识。拉康认为，迄今为止，在精神分析领域中，还没有人对于令人害怕的现象进行过充分的研究，这是造成我们对焦虑功能一无所知的原因。拉康提出，我们在面对令我们恐惧的事物时，我们就不再是独立自治的主体，而变成客体。也就是说，焦虑的功能是让我们变成客体。神经症患者利用幻想让自己成为客体 a，这个幻想出来的客体 a 是患者抵制焦虑的方式。第三节"焦虑的居所"指出焦虑的三个居所，它们分别是大他者的要求、大他者的享乐、以精神分析师的欲望为代表的大他者的欲望，即无论如何，焦虑都与大他者有关。第四节"大他者的焦虑"先分析了主体的焦虑，然后再分析与主体相对的大他者的焦虑，其中最重要的观点是：性受虐狂的欲望并非追求大他者的享乐，而是大他者的焦虑。如果有一个女性，她欲望着拉康的享乐，那么拉康必然焦虑，因为欲望只有通过阉割才能实现。第五节"割礼与阉割焦虑"通过解析欲望只有通过阉割才能实现，进而分析律法对主体欲望的规定。第七章"拉康论客体 a"中也有拉康关于焦虑的论述。

第九章　拉康论享乐

何为享乐（jouissance）[①]?

本章将对拉康的这个非常具有探询"知识"和"真理"特征[②]的概念进行分析。

《拉康文集》没有收录拉康关于享乐研究的文章。拉康关于享乐的研究散落在不同的研讨班讲义中，其中包括《无意识的形成，1957—1958：拉康讲义》（卷五）《精神分析的伦理，1959—1960：拉康讲义》（卷七）《焦虑，1962—1963：拉康讲义》（卷十）《精神分析的另一面，1969—1970：拉康讲义》（卷十七）《再讲爱与知识对于妇女的性的认知局限性，1972—1973：拉康讲义》（卷二十）等。由此可见，

[①]　该词为拉康使用的法语原词，很多英文译者并不把它译成英文，主要原因是认为英语里的"enjoyment"或"pleasure"与拉康的词并不完全对应，于是保留原词不进行翻译，如《拉康讲义第七卷》和《拉康讲义第二十卷》。国内学者根据自己的理解，对拉康的这个词给出了不同的翻译。例如，学者吴琼把"jouissance"译为"原乐"，同时也总结了该词在中文世界的各种翻译，如"快感""享乐""至乐""狂喜""原乐""愉悦""欢愉""执爽"等，参见吴琼《雅克·拉康——阅读你的症状（上、下）》（2011），第688页。译者李新雨把"jouissance"译为"享乐"，同时在注释中提及该词"隐含着性高潮的意味"，被翻译成"享受""快感""原乐""痛快""欢爽""痛苦的快乐"等，参见李新雨翻译的《拉康》（2013），第138、201页。译者王俊把"jouissance"也译为"享乐"，这是对齐泽克著作中出现的拉康用词的翻译，参见王俊翻译的《自由的深渊》（2013），第35页。笔者根据这些翻译，结合自己的查阅和理解，决定把"jouissance"译为"享乐"。

[②]　拉康在其第十七期研讨班上，明确地以"知识"和"真理"为题，对享乐进行探究。

对"享乐"的关注和探询，几乎贯穿了拉康一生。因此，对拉康的"享乐观"怎样研究都不为过。

国外学者，以齐泽克为代表，他于1994年发表了《快感大转移——妇女和因果性六论》（*The Metastases of Enjoyment：Six Essays on Women and Causality*），虽然标题中使用了英文词"enjoyment"，但是可以很确定地说，这个"enjoyment"就是拉康的那个"jouissance"。同时，齐泽克的这部著作基本可以看作拉康的《再讲爱与知识对于妇女的性的认知局限性，1972—1973：拉康讲义》（卷二十）的衍生文。但是，1997年，齐泽克在其另一部著作《幻想的瘟疫》（*The Plague of Fantasy*）的第二章"爱你的邻居？不，多谢！"中却使用拉康的原词"jouissance"，没有继续使用他在上部著作中使用的"enjoyment"。[1] 同样，齐泽克在《幻想的瘟疫》中呈现的内容，主要是对拉康的《精神分析的伦理，1959—1960：拉康讲义》（卷七）相关内容的演绎，所用一级和二级标题几乎一样。[2] 同样，1997年，齐泽克发表了另一本英语著作《自由的深渊》，也使用了拉康的法语原词"jouissance"，并用"真实"和"客体 *a*"这些拉康的术语，谈论"丑陋的享乐"。[3]

在国内对拉康的"享乐"理论进行研究的学者中，以吴琼的研究最为全面，他以"原乐的伦理学"为第十一章标题，再分"原乐的悖论""康德同萨德""他者的原乐""女人不存在"这四个小节，以100多页的篇幅，对拉康关于"原乐"的探究发现进行梳理再现和评判。[4]

从齐泽克到吴琼，学者们研究的核心都是拉康的"享乐"，大家参照的一手资料基本相同，参照的二手资料因为个人学术素养形成的不

---

① 参见 Slavoj Žižek, *The Plague of Fantasies*, London：Verso, 2008, pp. 55 – 107.

② 参见 Slavoj Žižek, *The Plague of Fantasies*, pp. 55 – 107; Jacques Lacan, *Seminar VII：The Ethics of Psychoanalysis*（*1959 - 1960*）, pp. 167 – 204.

③ 参见 Slavoj Žižek, *The Abyss of Freedom/Ages of the World：An essay by Slavoj Žižek with the text of Schelling's* Die Weltalter（*second draft*, 1813）*in English translation by Judith Norman*, Ann Arbor：The University of Michigan Press, 2004, pp. 21 – 29.

④ 参见吴琼《雅克·拉康——阅读你的症状（上、下）》，第686—790页。

同而有所差异。我在"前言"中说过,拉康的著作是富饶的宝藏,笔者想到一手资料中看看拉康自己对享乐说了什么。为了力图呈现拉康自己的理论,而不是经过演绎或被他人解读的理论,我把自己的研究范围限制在拉康自己的文本上,并做了取舍,选择拉康讲义第七卷和第二十卷,较少涉及第五卷、第十卷、第十七卷。读者如果对拉康所论的享乐感兴趣,还想了解更多,可以阅读上面提到的拉康原著,或齐泽克原著等。

本章一共六节,每一节对应拉康关于享乐所阐述的一个方面。

第一节　律法对享乐的抑制

拉康在其第 20 期研讨班《再讲爱与知识对于妇女的性的认知局限性》中分析了"享乐"这个比较抽象的概念。"床"是拉康分析"何为享乐"时,一开始就提及的物件。"首先我要假设你在床上,一张被你充分利用的床,你们两个人躺在上面。""我今天不会离开床(这个话题),而且我要提醒那些法学家,法律基本上谈论与我今天将要向你谈论的一样的话题——享乐。"①为什么谈论享乐,要先说床?这让人想起中国那句俗语,"好吃不如饺子,自在不如倒着",也有的说,"好吃不如饺子,舒服不过倒着"。大众的共识是,最好吃的食物是饺子,最享乐的事情是躺平。要实现躺平,自然需要一张床,所以床被当作享乐的终极表征。

拉康认为法律的制定涉及对享乐的限制,如"非法同居",其实就是对睡在一张床上两个非婚内人士的行为的界定。但是,拉康作为精神分析学家,他看到了法律在定义"非法同居"时所忽视的东西:当

---

① Jacques Lacan, *Semina XX*: *On Feminine Sexuality* (*The Limits of Love and Knowledge*, *1972 - 1973*), ed. by Jacques - Alain Miller, translated with notes by Bruce Fink, New York: W. W. Norton, 1999, p. 1.

两个人挤在床上，他们在做什么？法律与享乐究竟是什么关系？拉康使用了一个法律术语"Usufruct"，这个词的含义是"收益享用、收益权、使用权"等，它可以帮助听众区分"功用"（utility）和"享乐"（jouissance）。拉康认为，"收益权"意味着你可以享用你的财富，但前提是，你不能浪费。例如，你继承了一大笔财富，这笔财富的功用在于，你可以享用，但不能过度。当法律强调"不能浪费"和"不能过度"的时候，就涉及对"享乐"的限制了。拉康认为，法律就是对"享乐"的限制。享乐到底是什么？拉康只能以否定的方式来定义它："享乐就是不为任何目的服务。"①

1960 年 3 月，拉康在布鲁塞尔的天主教大学，给观众讲解弗洛伊德对"父亲的功能"的论述。他声称，自己无意弱化弗洛伊德的宗教立场。而他本人，对于所谓的宗教真相，无论是出于个人信仰，还是所谓的科学角度，都是从他以精神分析师的身份来进行探究的。例如，在他评论圣保罗写给罗马人书信中的一段话，其内容涉及"律法导致罪行"这个主题时，他顺理成章地用他当时热衷研究的术语"物"（Thing）② 替代了"罪行"（sin），以此说明律法和欲望的关联。

拉康提醒，作为精神分析师，我们不必相信那些宗教事实，尤其是在这样的信念被当作信仰的情况下。事实上，一些人热衷于用自由与恩典冲突的术语谈论宗教体验，可是，像"恩典"（grace）这样一个精确清楚的概念，在古典学术派心理学中找不到任何对等物。宗教教义，宗教发展史，甚至异端邪说，以及紧随其后的伦理学，都应该用它们自己的语域和表达方式进行探询。拉康认为，没有什么东西比信念更模糊不清，但有一点可以肯定，宗教信奉者相信自己知道。精

---

① Jacques Lacan, *Semina XX*: *On Feminine Sexuality* (*The Limits of Love and Knowledge, 1972 – 1973*), p. 3.

② 拉康著作的英文译者，在翻译拉康用的德语词 das Ding 时，有的选择不做翻译，保留德语原词，有的把它翻译成 Thing。

神分析师要做的事情，就是去调查他们所知道的事情，因为精神分析师相信，没有知识不是在一无所知的背景下出现的。因此，除了在科学基础上建立的知识，我们也接受其他形式的知识。

面对天主教大学中的听众，拉康谈论宗教体验，围绕"父亲的功能"这一核心的宗教经历，他提到弗洛伊德的《摩西与一神教》。在《图腾与禁忌》之后，能够让弗洛伊德心心念念大约十年之久的问题就是摩西和他祖辈们的宗教。在无神论者弗洛伊德看来，相对于其他宗教，一神教具有不可争议的优势。但是，一神教的优势并不意味着没有其他宗教，他提到了在异教氛围盛行中出现的"精灵教"（numen）。无论如何，一神教的时代，伴随着摩西的出现，终于到来了。根据弗洛伊德的叙述，伟大的埃及人摩西，那个后来娶了米甸女子为妻的摩西，经过诸多磨难，最终得以让一神教确立下来。

拉康想知道，摩西十诫是如何传递到我们这里的，摩西的宗教地位如何。

拉康发现，弗洛伊德避而不谈已经娶米甸人为妻的摩西，听到从燃烧的荆棘中传出"我是"（I am），而非真知们所阐释的"他是"（he who is），更不是后来折中的诠释"我是我所是"（I am what I am）。换句话说，这是一个基本上隐身的上帝在自我介绍。这个隐而不露的神，同时又是一个善妒的神，他向那些聚集在一定距离之外的民众宣布了那著名的十诫。这十诫，无论我们遵从与否，都不能改变我们时常听到它们的事实。但是，我们无法知道摩西在西奈山上看到了什么，因为他不能承受那个说出"我是"的神的脸上的光辉。

精神分析师拉康认为，"那个燃烧的荆棘就是摩西的物"[①]。

精神分析大师弗洛伊德认为，埃及人摩西被他的一小撮随众暗杀了，然后，这同样的一群人又全心全意地遵守各种让人无语的仪式，

---

① Jacques Lacan, *Seminar VII: The Ethics of Psychoanalysis* (1959 – 1960), ed. by Jacques – Alain Miller, trans. by Dennis Porter, p. 174.

且不断骚扰周边的民族，并一直怀有占领迦南的殖民抱负。弗洛伊德没有一刻怀疑过，犹太历史的主要价值在于作为一神教信史的身份。经过历史考证，弗洛伊德认为，一神教最初建立在对摩西谋杀的基础上，然后基督又被谋杀了，这些对伟人的谋杀，是一神教最终确立的有效途径。这些谋杀对应了原始部落中对父亲的谋杀，也可以说，基督教用这样牺牲的方式完成了自我救赎。

拉康说，在《摩西与一神教》中，弗洛伊德只是笼统地谈论过其他宗教，他把佛教、道教等模糊地定义为东方的宗教，并且大胆推断，它们都是关于一个伟人的宗教。拉康遗憾地指出，弗洛伊德点到为止，没有继续探究，也就没有得出这些宗教都是在对某个伟人进行了谋杀的这个结论。他非常奇怪于弗洛伊德在《摩西与一神教》中所表现出来的基督教中心主义，猜测这背后一定有什么不为人知的原因，才让弗洛伊德在不知不觉中犯此过错。

对高高在上、手握权力的伟人的谋杀，就像弗洛伊德在《图腾与禁忌》中描述的那些原始族群中的儿子们对拥有整个部族女人的父亲的谋杀。谋杀的后果是，最初的协约建立起来，这些协约成为当时律法的基础，弗洛伊德就是这样把律法的建立同父亲之死关联起来。父亲生前，儿子们恨他；父亲死后，儿子们又制定各种律法尊崇他。拉康认为，这些律法意在掩饰一些事情。对拉康来说，对父亲的谋杀并没有为儿子们打开通往享乐的大门，原本父亲的存在被认为是阻挠他们追求享乐的绊脚石，没想到，父亲之死却让限制愈发变强。虽然障碍因为谋杀被排除了，但是享乐仍然受到抑制，不仅受到抑制，而且相比以前程度更重。拉康指出，这就是问题所在，也是错误所在，但是，弗洛伊德用神话的方式既支撑又掩饰了这样的一个过错，因为学者们都认同，《图腾与禁忌》的主要特征就是神话，是弗洛伊德创造了这个神话。

可是，拉康说，重要的是弄清楚这个过错包含了什么。

凡是与过错有关的事情最终都会变成债务，每一个享乐的行为都会促成一些法律法规的出现，这种调整机制中的一些东西要么充满矛盾，要么充斥着不规则的事物。弗洛伊德在《文明及其不满》中曾经写到，每一件由享乐变身为抑制的事情都会让抑制变得越来越强。无论是谁，如果他想服从道德律法，只会发现，超我对他的要求越发一丝不苟，越发严苛。同时，我们又必须接受这样的事实，没有对律法的逾越，我们就没有办法接近享乐。就像圣保罗所说，犯罪需要律法，这样他才能成为一个罪人。享乐与抑制、犯罪与律法的辩证联系，实际反映了欲望和律法的密切关系。依据这一点，拉康认为，弗洛伊德的理想沾染上了父权制文明的痕迹，带着田园牧歌的意味，这使得他笔下的父亲形象，多愁善感，怀有人道主义情愫。这种父权制文明意在引导人们理性对待欲望。

根据《图腾与禁忌》中的叙述，律法起源的神话体现在弑父这件事上。父亲被谋杀后，一系列原型先后出现，最初是动物图腾，然后是一个或多或少强势又嫉妒的神，最后是唯一的神——天父上帝。弗洛伊德说，谋杀父亲的神话，实际上就是当时认为上帝死了的神话。如果上帝死了，那是因为上帝一直都是死的。摩西的死，基督的死，不过是上帝之死的再现，他只在儿子的神话中活过，在要求人们爱他的戒律中活过。弗洛伊德的研究到此止步，他没有进一步探究"邻人之爱"。拉康在弗洛伊德止步的地方，又强调一点，那就是基督教本身含有无神教的信息。例如，黑格尔就曾说过，基督教将造成诸神的毁灭。

第二节　享乐是邪恶的

拉康说，若要传播弗洛伊德的思想，赋予它应有的重要地位，需要认同，这个被他用神话的方式描述成"症状之神""图腾之神"或

"禁忌之神"，也是传播真相的神。真相是，神被谋杀，一旦这样的事情重演，原始部族中的谋杀就会得到救赎。这个真相由"他"传递，"他"在《圣经》中的另一个名字是"词"（Word），还叫"人子"（the Son of Man），而"人子"的这个称谓，赋予了父亲"人"的特征。弗洛伊德在《摩西与一神教》中谈论"父亲之名"，并且说，在人类历史上，对父亲功能的承认是一种升华现象，可以帮助人类到达一种新的精神高度，并对现实有进一步的理解。弗洛伊德也是第一个对父亲的功能去神秘化的人，但不能否认，他被公认为"精神分析之父"。然而，作为真实生活中的父亲，弗洛伊德并不完美，这可以从琼斯为他所作的传记中看出。拉康评论，弗洛伊德的具有人道主义情怀，却远非一个开明人士，并且指出，弗洛伊德的作品中包含一些不可原谅的内容。他认为，这是弗洛伊德的真相。

　　弗洛伊德，毕其一生，探究了很多真相。"上帝死了"是第一个真相。然后，"上帝死了"之后，"享乐"一如既往地受到抑制，这是第二个真相。在《文明及其不满》中，他说，"享乐是邪恶的"，这可以算作第三个真相。最后，弗洛伊德带领我们得到这样的认识，"享乐折磨人，原因是，为邻居受过"[1]。拉康说，这可能让人震惊，但别无他法，因为弗洛伊德就是这样写的，并且，它还有一个名字，叫"超越快乐原则"。喜欢童话的人，不愿意相信人们天生喜欢邪恶、攻击、破坏，甚至残暴，并且，为了满足个人的攻击需求，不惜以牺牲邻居为代价，剥削他，利用他，羞辱他，折磨他，甚至杀死他，可是，这就是弗洛伊德的认识。

　　传统的道学家，毫无例外，会对我们说，快乐是一种善，通往善的路上充满了快乐。弗洛伊德说了什么呢？在对快乐原则超越之前，在快乐原则最初形成的时候，它首先是一种不快乐原则，或者说，是

---

　　① Jacques Lacan, *Seminar VII*: *The Ethics of Psychoanalysis*（1959 - 1960）, ed. by Jacques - Alain Miller, trans. by Dennis Porter, p. 184.

痛苦最少原则，虽说也包含了一点"超越"，但总的来说，是为了让我们在原则之内，而非超越。拉康说，弗洛伊德所用的善的概念，可以概括为："它让我们远离我们的享乐。"① 精神分析的临床经验已经充分证明了这一点。在拉康看来，那种认为享乐主义主宰道德教育的看法失之偏颇，这并非因为他们强调快乐有益的那面，而是因为他们根本不提善的构成。

因此，弗洛伊德对基督教"爱你的邻居，如爱你自己"这一戒条深感恐惧。他用几点理由论述该戒条的过分之处。首先，邻人的本性是恶的，虽然这一面只是零星出现，但我的爱无比珍贵，我不会把它全部奉献给任何一个在我身旁的人。其次，一个真正的男人会认同亚里士多德那样善的概念，认为最值得分享的善就是我们的爱，但这样就会忽略一个事实，那就是，恰恰因为我们选择了善，我们就错失了享乐。最后，善的本质是利他，但这不等同于爱你的邻居。

拉康发现，弗洛伊德在探究到邻人之恶的时候，都会害怕地停下脚步，不再前进，因此，他认为有必要继续厘清这里面存在的问题。首先，每个人心中都有恶的存在，不仅邻居有，我也有。其次，分享的善并不等同于爱，如圣马丁把他的斗篷分给了无衣蔽体的乞丐，非常有可能，这个乞丐不仅仅索要衣物。最后，有用的东西的本质是被他人利用，而非善的本质。又如，如果我能够比邻居用更少时间、更少麻烦完成某事，那么很可能，我就会为他做成此事，这与善无关，与爱无关，并且，很可能我会感到无聊。我以己为镜，能够想象出邻居的困难和遭遇，所以我不缺想象，我只是缺乏温柔，或者说，缺乏对邻居的爱。不仅如此，那些关于利他主义的话语充满了矛盾的陷阱。如果有人对边沁说："我的善不同于他人的善，为最多的人谋求最大的善，与我的利益背道而驰。"拉康认为，这种说法不对，因为我的利己

---

① Jacques Lacan, *Seminar VII: The Ethics of Psychoanalysis* (1959–1960), ed. by Jacques-Alain Miller, trans. by Dennis Porter, p. 185.

主义与利他主义，在于人有用的层面上保持一致。这甚至被我和邻居用来当作避开谈论我们欲望的借口。我们就是如此这般消耗着彼此，因此现实中的每个人都是病态的，文明有着对其自身的不满，就不足为奇了。

在爱你的邻人之前，你最好想清楚，如何面对邻人的享乐，因为他那享乐都于人有害，充满恶意。在我追求享乐时，正如《文明及其不满》所示，无一例外，我会受到攻击，遭到阻止，不让我越过某个界限。对于超越这些界限的行为，我们该如何判断呢？如某个叫安吉拉（Angela de Folignio）的人，去舔舐她刚刚洗完麻风病患者的脚的水；或者，那个被祝福的玛丽（Marie Allacouqe），为了获得精神上的提升，吃掉一个患者的排泄物。拉康说，这些行为的背后，实际上隐藏着色情的一面。从色情这个角度出发，拉康声称我们站在窥见享乐的秘密的门口，若想了解享乐，他要带领我们先了解萨德说了什么。他强调，谈论萨德，并非把他当作一个色情狂来看。对拉康来说，萨德充其量只是一个低品位的色情狂，因为若想从女人那里获得享乐，没有必要通过虐待女人而获得。但另一方面，在对道德问题的表述上，萨德的一些说法令拉康印象深刻。

在谈论萨德之前，拉康联想到康德对实践理性的论述。康德用了两则小故事，来说明律法的影响。第一则故事中的男子，如果与那个不被法律允许的女子共度良宵，就会在出门时遭遇死亡。第二则故事中的男子，住在一个暴君的院子里，面临着两种选择：要么做假证反对某人，后者因此可能会丢掉性命；要么不做伪证，自己面对死亡。康德告诉我们，面对第一则故事中的情况，每个理性的人都会拒绝；而面对第二则故事中的情况，至少可以假设，故事的主角会停下来思考一会儿。甚至有人开始想象，故事的主角会为了无上命令（categorical imperative，范畴中必须执行的）而选择死亡。的确，如果攻击他人的利益、生命、荣誉是一条普遍规则，那么整个世界就是混乱邪恶的。

第一则故事的重要性在于，享受的快乐要与接受的惩罚进行对比，快乐大于惩罚，还是小于惩罚，这是主人公需要考虑的问题。拉康提到，康德在《论否定的伟大》（"Essay on Negative Greatness"）中还讲了另外一则故事，讨论一位斯巴达战士的母亲，在知道儿子战死沙场时的感受。康德强调战死沙场的荣耀所带来的快乐，当然，其中还要减去男孩死亡所带来的痛苦，但是，拉康认为这已经不是快乐的问题了，必须更换概念才能理解那位母亲的真实感受，于是，拉康想到了享乐，因为享乐恰好暗含了对死亡的接受。

拉康有足够的理由声称，享乐是邪恶的一种形式，因为它能够让整个事态改变性质，能够让道德律法本身改变含义。如果你认为道德律法能够起到一些作用，那恰好因为它支持了其中涉及的享乐。

第三节　享乐的悖论

拉康决定从享乐与法律的关系入手，来探讨享乐的悖论。

他当然要从弗洛伊德开始，因为一直以来，他都是以重返弗洛伊德作为自己的事业。在拉康眼中，弗洛伊德是第一个承认"上帝已死"这个神话具有现实意义的人。在基督教的叙事中，"上帝死亡"是无比自然的事件，"上帝之死"是通过具体的戏剧手法呈现的，并且与发生在律法上的事情密切关联。拉康指出，我们被告知，律法没被破坏，只是被替代、被概括，在被废除的运动中得到扬弃（Aufhebung，德语），一些遭到不同程度破坏的东西被保存了下来，于是，基督教那条"爱你的邻居如同爱你自己"的律法出现了。记载耶稣生平和教诲的《福音书》就是如此叙述的，"上帝已死"和"爱你的邻居"具有一定的历史渊源，这是一个不能忽视的事实，不适合用偶然性的概念对此进行解释。

但是，"爱你的邻居，如爱你自己"，这一戒律，让弗洛伊德感到畏惧，他认为这个戒条非常不人道。若把它作为人类理想，相对于已有的成就，就显得非常不现实。弗洛伊德自身多年的临床研究，让他深信不疑，人的内心深处住着一个叫"恶"的怪物。每个人都向往幸福，并因此不那么顺从，这些都是真相。对"爱你的邻居，如爱你自己"这一法则的抵制，与不让你走上享乐的康庄大道的阻碍，实际上是一回事。在精神分析实践中，拉康们经常看到，主体从他自己的享乐中抽身而出，从中他们注意到，享乐包含着无意识的进攻性，以及攻击本能中令人可怕的持续存在。拉康说，不管你认不认可这种观点，都不能否认弗洛伊德所教授的每一件事情的核心都是："所谓的超我的能量来自攻击本能，而主体对此置之不理。"① 不仅如此，弗洛伊德还增加了补充的观点，一旦攻击开始，只要律法不进行干预，攻击只会越来越强，不再受任何限制掣肘；而且，律法的保证者——上帝本尊，一直缺席。

拉康说，从"爱你的邻居，如爱你自己"这一律令中抽身而退的时候，就相当于给享乐之路设置了障碍，而非相反，因此，这也不是什么原创性的论点。从"爱我的邻居如爱我自己一般"中后退，是因为，你能看到，在远处的地平线上，有一些让人无法承受的残酷行为，也可以说，爱你的邻居，有可能是一个人做出的对自己最残酷的选择。

遵从本心，我们会做什么呢？精神分析实践让弗洛伊德及其追随者们，很久之前就学会了识别那种逾越之举所带来的享乐，但对于这种享乐的本质，它的构成，还所知甚少。难道把神圣的法律践踏在脚下，就是某种形式的享乐？蔑视法律是否会导致某种风险，具体是怎样的风险呢？享乐必须通过逾越的方式才能到达的目标又是什么呢？这些都是需要厘清的问题。

如果主体在享乐的路上折回，那么又是什么指引了这种折返呢？

---

① Jacques Lacan, *Seminar VII: The Ethics of Psychoanalysis* (*1959 – 1960*), ed. by Jacques - Alain Miller, trans. by Dennis Porter, p. 194.

在这个问题上，精神分析师们发现了一个有着明确目的的回答，那就是，主体在受到诱惑的时刻想到了他人，与他人的这种认同感，让他们在欲望面前急流勇退。在这里，我们能够看到利他主义的影子，看到某些关于平等的法律对人的影响，看到功利主义令人着迷的力量。分析师经常嘲讽地把这称为慈善之举，但不能否认，这里面其实包含了同情的天然基础，道德感就是由此诞生。拉康说，实际上，我们身上所有的东西都是依据他者形象建立起来的，在想象域中，我们的自我与他者是相似的，这或许是"爱你的邻居，如爱你自己"这个法则成立的基础。可是，这个依据他者建立的理想形象，矛盾重重：首先，《圣经》告诉我们，上帝根据自己的形象造人；然后，《圣经》又不让我们塑造上帝的形象，如果这样的禁止有意义，那只能说明，形象具有欺骗的功能。另一方面，我邻居的形象，其实是我的形象的诞生之地，我们的形象相同，我们内部的空虚也没有差异。我邻居心中那些弗洛伊德所说的邪恶，与我自己内心中的邪恶没有不同。

以萨德的作品为例，其中描述的逾越的享乐，说明萨德非常清楚他的作品与那些追求享乐的人之间的关系。从人们无视上帝的存在、追求享乐开始，他们就在公开场合承认，他们追求极端的享乐，这是萨德查阅历史资料发现的。拉康说，我们没有理由不相信，或者掩饰萨德作品中各种残酷之举的真实性，同样，以自我约束为名，认为不知道自己做什么，就不会逾越某些限制的看法也是错误的。就此而论，弗洛伊德在《文明及其不满》中毫不犹豫地指出，最原初的享乐带来的满足感，与文明化后升华了的享乐，没有一点是相同的；同时，他也不掩饰自己知道，传统道德禁止的享乐，一些富人不仅认可，并且能轻松获得，对我们来说困难重重的事情，对他们来说轻而易举。

萨德的作品被认为是不可超越的，这是在词语表述意义上而言的，他的那些用词越过人类道德底线，让人无法承受。萨德曾这样说："自然使我们孤独地诞生，一个人与另一个人没有任何关系。行为的唯一法则，就是我喜欢一切对我产生完美影响的东西，我把那些在我看来会对别人产生不利的东西视为乌有。别人的最大痛苦总是比不上我的欢乐。我会用数桩闻所未闻的罪行换取最小的享乐，这又有什么关系呢？因为享乐令我愉悦，让我感同身受，但是罪行的后果对我不起作用，它是身外之物。"①

　　也可以说，在其他的文学作品中，其他的历史时期，都不曾出现过这样可耻放荡的作品，这样对人类思想感情进行严重伤害的作品。然而，因为这样的作品，就认定萨德本人淫荡不堪，却失之偏颇。在拉康看来，萨德的作品属于实验文学范畴，探索主体在没有任何心理社会联系的时候的种种表现，也就是探索没有任何升华可能性的享乐。萨德作品的实验程度，拉康认为，可以与洛特雷阿蒙（Comte de Lautréamont，1846—1870，法国诗人）的《马尔多罗之歌》（"Les Chants de Maldoror"）相提并论，后者以"恶"为主题，被超现实主义流派所追捧。

　　萨德的作品并不脱离社会，他声称，享乐的法则是理想的乌托邦社会制度的基础。他在秘密流传的《于丽埃特的故事或恶德的繁盛》中如此表达："把你的部分身体借给我，那会让我得到片刻的满足，如果你愿意，把我任何让你感兴趣的部分身体拿走，供你享乐。"② 拉康在萨德的表述中，发现了被精神分析称为"部分客体"（partial object）的东西。这个"部分客体"，当然是相对于"整个客体"——我的邻居——而言的。拉康还发现，萨德作品中的受害者具有不被摧毁的特征，但是，他的作品又暗含了萨德的"永远惩罚"（eternal punishment）的理念，这与萨德本人的形象大相径庭。萨德侯爵，生前大部

---

　　① 转引自［法］乔治·巴塔耶《色情史》，刘晖译，商务印书馆2010年版，第149页。乔治·巴塔耶认为极端色情分为两种，分别是性虐狂或无节制的色情与神圣的爱。他在分析萨德作品时，提到莫里斯·布朗肖对萨德作品的研究成果——《洛特雷阿蒙与萨德》（1949）的出现，才让萨德作品走入大众视野。

　　② 转引自 Jacques Lacan, *Seminar VII：The Ethics of Psychoanalysis*（1959 - 1960），ed. by Jacques - Alain Miller, trans. by Dennis Porter, p. 202.

分时间都在巴士底狱和疯人院中以接受惩罚的方式度过，但从不知悔改，他甚至不想留一块供后人祭拜的墓地，只想让欧洲蕨长满自己的埋身处，拉康说，似乎他早已把自己最亲密的部分安置在他所幻想的、被我们称作"邻居"的世界里了。

第四节　彼物之地

拉康分析了萨德作品中包含的逾越的享乐。对逾越的探究，关涉他对精神分析伦理维度中欲望意义的问询。

古典哲学家，像笛卡儿、康德、黑格尔、马克思，他们用理性和需求这两个术语解释人的自我实现。弗洛伊德则从欲望的视角切入，这得到拉康的欣赏。就人的经验而言，在他出生之前，理性、话语、各种能指已经存在，对他来说，这些都是未知的事物，有待他的掌握，他只能在这样的结构中安置他的需求。所以，人在无意识中的困局是注定无法逃脱的，并且这个领域包含的那个分裂（Spaltung，德语）会影响全部后续的发展，因为欲望的运作同这个分裂密切相关。这个欲望显示了某个问题的症结所在，由此可见，要实现完整的自我并非易事。

这个问题指向享乐，因为享乐的表现就是深埋在某个领域的中心，具有不可接近、晦涩不明的特征，而且这个领域的四周还竖满了层层藩篱，使得主体走进中心变得难上加难，不仅如此，主体的享乐不是单纯地满足需求而是要满足驱力。拉康提醒，驱力与本能不同，驱力更复杂，且具有历史维度，因为它不断指向被它记住的某物。记住曾经发生过的事情，就是人类心理世界的真实演绎，同样被记住的，还有各种破坏。说到破坏，拉康的关注点集中在死亡驱力上。

拉康认为，只有把死亡驱力放到历史的语境中，才可能真正理解其含义。同时，只能在作为表意链的一个功能的层面上谈论它，也就是说，把它当作一个参照点，一种顺序的参照点，当作自然的一个功能。死亡驱力是一种意在破坏的驱力，它必须超越本能，才能返回没有生命存在时的平衡状态。这种力（will），想要摧毁，想要重新开始，想要一个他物（Other‐thing），从能指功能的角度来看，这个力认为，万物皆可挑战。如果每一件嵌在自然事件链中的事情，被认为都要服从这个所谓的死亡驱力，拉康说，那也仅仅因为存在一个能指链。① 弗洛伊德提出死亡驱力这个概念时就是考虑到，它可以挑战每一个存在世上的事物，当然，它也是一种能从零中开始创造的力，一种可以重新开始的力。相对于能指链的清晰，在自然界之外的世界中，在能指链不能到达的地方，还有那个诞生了世界的虚无（ex nihilo）。

死亡驱力这个概念，拉康认为，非常令人怀疑；但对于弗洛伊德来说，足够了，也是必需的，这个概念带领他到达那个深不可测的地方，那里有无数的疑问有待解决。这个地方，对拉康来说，无法通过，被他命名为"彼物之地"（the site of the Thing）。② 弗洛伊德认为，这个地方跟死亡驱力有关，是升华发生的地方。拉康指出，弗洛伊德的升华概念属于创造论的范畴，与进化论有所不同，这需要从下面两点进行解释。第一，创造始于虚无，从创造伊始，驱力就被赋予了历史意义。《圣经》上说，太初有词（word），"词"也就是意义符号。如果没有意义符号，就无法表述驱力的历史性。拉康说，这就是把"从虚无中创造"③ 这个概念引进分析结构中的原因。第二，创造论是唯一能够让人

---

① Jacques Lacan, *Seminar VII：The Ethics of Psychoanalysis*（1959-1960）, ed. by Jacques-Alain Miller, trans. by Dennis Porter, p. 212.

② Jacques Lacan, *Seminar VII：The Ethics of Psychoanalysis*（1959-1960）, ed. by Jacques-Alain Miller, trans. by Dennis Porter, p. 213.

③ "从虚无中创造"是拉康对老子思想的改造。《拉康传》中记载了拉康跟随汉学家程抱一学习道家思想，他们一起研读老子的"道生一，一生二，二生三，三生万物，万物负阴而抱阳，冲气以为和"。其中的"道""是一种绝对的空——一种无法表达的无名之物——但它能够产生最初的生机，也就是一"。参见［法］伊丽莎白·卢迪内斯库《拉康传》，王晨阳译，北京联合出版公司2020年版，第392页。

瞥见除掉上帝可能性的观点。

被拉康称为"彼物之地"的地方，也是弗洛伊德认为升华发生的地方，存在一些不能用语言符号表达的东西。这也是"无名之爱"产生的地方，男人们奇怪地开始追逐（court）女人。拉康说，这也是他选择宫廷爱情（courtly love）作为例子的理由。他还说，把女人这样的一个生物，安置在这个地方，是一个真正让人难以置信的想法。实际上，女人只是作为欲望的客体，与女人自身没什么关系。拉康对宫廷爱情诗歌的分析结论是，这些诗歌专门献给某人，这个人有名有姓，但她不具备肉体的、历史的内涵，只是作为一种理性，一个符号而存在。① 除了分析宫廷爱情诗歌能够让拉康到达"彼物之地"外，拉康说，还有另外一条路，那就是萨德所说的"邪恶中的超级存在"（Supreme‐Being‐in‐Evil）。实际上，一些宗教，如明暗教（Manicheism）和清洁教（Cathars），以及一些反宗教的思想中，都认为超级生命中存在基本的恶的维度。对恶的探究，也是到达"彼物之地"的途径，但拉康的探询没有到此为止，他想知道，当涉及欲望的时候，这个领地具体会发生何种情况，当一个人的梦想没有升华的时候又会怎样。

要想知道这些问题的答案，却非轻而易举，因为拉康说，还有至少两道障碍需要跨越，而这将是他后面要重点分析的话题。第一道障碍在于人们对善这个领域的传统认识，它与整个快乐（pleasure）传统有关。就善从快乐之路中演绎而来这个事实而言，可以说，弗洛伊德的到来，并没有给这个古老的认识带来任何激进的变革。弗洛伊德所处的时代，正是功利主义盛行的时期，人们的行为奉行功利主义的原则，弗洛伊德本人并不否认功利主义的道德维度，然而，他允许自己超越它。他说过，功利主义基本上是有效的，但

① Jacques Lacan, *Seminar VII: The Ethics of Psychoanalysis* (1959–1960), ed. by Jacques‐Alain Miller, trans. by Dennis Porter, pp. 214–215.

同时有局限性。拉康认为，弗洛伊德关于快乐原则和现实原则的观点，为伦理领域输入了崭新的视角，能够让他更好地梳理从古到今人们关于善的那些认识，尤其是可以解密柏拉图和亚里士多德在这方面的认识。第二道障碍，拉康说，弗洛伊德对此缄默不语，这让他感到非常奇怪，实在想不明白，为什么弗洛伊德没有指明这一点。在拉康看来，真正能够把主体从不能言说的欲望面前拉走的，正确地说，是一种审美现象，一种对美的体验。美，闪耀着真相的光辉，比真相漂亮百倍。

总的来说，要想到达"彼物之地"，也是"欲望之地"，更是"死亡驱力控制之地"，就得先跨越"善"这道障碍，再跨越"美"那道障碍。在一定意义上，"美"比"善"距离"死亡驱力控制之地"的"恶"更近一些。①

第五节　享乐路上的第一道路障：善

人们在随心所欲的时候，总会遇到"善"这个拦路虎，拉康想知道，精神分析会如何评说这种状况。

善的问题，与我们的行为密不可分。人们之间所有的交换行为，尤其是精神分析师们从事的干预行为，都要遵循善的指导。可是，精神分析中经历的每一件事情都表明，善的观念及其结局问题多多。就你的热情而言，你正在追逐的是哪种善，这是我们一直面对的问题。每时每刻，我们都需要知道，面对行善的欲望，治愈的欲望，我们应该如何建立起与患者的有效关系。为了避免那种"想为患者做到最好"的空洞说辞，我们需要追问：我们要治愈主体什么？当然，根据我们的经验，我们可以知道，是要把主体从他欲望的幻象中解救出来。但

---

① Jacques Lacan, *Seminar VII: The Ethics of Psychoanalysis* (1959 - 1960), ed. by Jacques - Alain Miller, trans. by Dennis Porter, p. 217.

是，沿着这条路，我们又能走多远？毕竟，尽管有些幻象令人尊重，但是主体仍然不得不放弃它们。

在精神分析中，人们追问，不同的善与欲望的关系如何？要回答这个问题，必须了解欲望路上的那些假象。拉康说，打破这些假象，只需专业知识，也就是对人性中善与恶的确切了解，它们就存在于那个中央区域，不能缩减，也无法根除，与对欲望的禁止和保留密切相关。就我们而言，善的问题，首先要从它与律法的关系上切入。然而，我们的日常经验证实了在我们称为主体的防御之下，追求善的道路不断显示为它们最原初的形态，或者用一些借口对此进行掩饰。整个分析经验不过就是邀请主体披露自己的欲望，因此也改变了主体与善之间关系的原始特性。拉康提醒，你一定要仔细分辨，因为乍一看，似乎没什么变化，而且弗洛伊德也是把问题指向快乐这个领域。从道德哲学诞生之日起，从伦理这个术语获得"人们对自己状况的反思并考虑以后如何行事"这样的含义之时起，所有关于人类善行的思考都与快乐挂钩，是把它作为后者的一个功能来看的。从柏拉图、亚里士多德，到斯多葛学派、伊壁鸠鲁学派，甚至圣托马斯·阿奎纳的基督教思想，皆是如此。不过，他们注意区分快乐指向的到底是真善还是假善。与这些古典伦理哲学家相比，拉康认为，弗洛伊德对快乐原则的阐释，可以让我们对快乐和善的关系有着更清晰的认识。

毫无疑问，快乐原则决定着人类心理的最后反应，它以满意（satisfaction）为前提，由缺乏驱动，与现实原则并肩前行。弗洛伊德思想的核心，在拉康看来是对记忆（memory）功能的强调，记得（remembering），至少是作为满意的一个劲敌存在的，它有自己的维度，远远超出满意的边界。拉康指出，这些是弗洛伊德思想的创新之处，帮助我们重新认识人类的行为。人类前意识阶段的思想活动没有任何自然规律可言，反复无常，支离破碎，但这个阶段是我们自己最真实的部分。另一方面，作为语言的承载者，我们主体在历史上占有一席之地。主体生成的最初表现就是，"他会忘记"（he can forget），这个"他"因此占据了第一的位置，这样的生成过程决定了无意识在我们经历中的中心地位。主体作为讲话的个体，负责意义的生成，这可以从人们遵从的仪式中获得解释。

主体生成时，善在哪里？拉康说，在主体与能指融洽共处时，在主体没有任由欲望行事时，在主体开始进行象征创作时，当这些条件都具备的时候，善就出现了。但是，善的本质，实际上表里不一，这源于它本身不是纯粹天然的善，不是对需求的回应，而更是一种权利，一种去满足他人的权利。因此，一个人与各种善的关系，就是这个人与他人权利的关系。

根据弗洛伊德的看法，善与快乐原则和现实原则背道而驰。不能否认，善必然与行动有关，与生产有关，与从无中创造有关。我们也能立刻看出，在伦理秩序下，每一件事情都需要遵守社会规约，而这样的社会规约从来不致力于寻找能够满足个体欲望的最合适的办法。说到人与他的生产对象的关系，拉康用人类生产的"布"举例说明，认为"布"的使用价值能够说明人与他的生产对象的基本关系的看法是错误的，因为这是从缺乏的角度来假设人的生存状况，根本不能够令人信服。精神分析人士会认为"布"具有各种象征意义，背后的含义可以指向菲勒斯，明面的含义可以象征丢失的毛发。这些对无意识的揭示，在拉康看来，有喜剧的一面，但也不是完全荒诞的，因为这种说法就像一则短小的寓言，毕竟，在亚当和夏娃的故事中，就有亚当从夏娃那里取一根头发的叙述，然后，第二天，夏娃回来时，肩上披着一件貂皮外套。这里涉及布的本质，与符号有关。布的出现，当然是源于某个发明者的巧思，他开始织造一些不是只为覆盖自己身体的东西，这个东西最后以符号"布"的形式出现在这个世界上，并开始流通起来。拉康认为，"布"与自然生产的区别在于其时间价值，在于其作为符号的存在，在于如何分配。他还说，除了用于满足最多人的需求之外，除了被人用于表达富有和贫穷的财产之外，作为成品的"布"，从一开始就具有不同于使用价值的用途，即它的享乐用途（jouissance use）。[①] 也就是说，"布"还可以被人任意处置。

善也可以催生权利，这是弗洛伊德致力于揭开的善行的实质，对他人的利益有所作为，其实也是剥夺了他人行为的可能性。拉康的精神分析经验让他对弗洛伊德的这个认识表示认同，他也发现，在分析中，维护他人利益，与禁止自己享受他人利益，是完全相同的一件事。在拉康看来，要想顺利地走在欲望的大路上，首先需要跨域善在自己领地四周树立起的藩篱。

第六节　享乐路上的第二道路障：美

藩篱之外，就是被我们称为无意识的未知之地，也可以说，是主体已经忘记的那些事情的汇集之地。很多人认为，既然是主体忘记的事情，而且，连思考他们也是被禁止的，那么，实际上没有办法让主体跨越这道藩篱看清无意识之地的景象。拉康却说，没有什么是不可能的，在他看来，萨德的作品就为他提供了足够的证据支撑。阅读萨德的作品，用不了很长时间，你就会产生难以置信和恶心欲吐的感觉，同时转瞬即逝的还有伴随那些场景出现在我们身上的怪异的欲望。

结果，对这个怪异欲望所做的任何研究都指向一个结论，那就是，自然欲望很无能。在欲望的道路上，这个任性古怪的欲望，是第一个放弃追求的。现代人热衷于探索，这个不讲情理的欲望，踏上不同的道路，始于何时？对这个问题的迷恋，反映在文学创作和科学研究中。

①　Jacques Lacan, *Seminar VII*: *The Ethics of Psychoanalysis* (1959 – 1960), ed. by Jacques – Alain Miller, trans. by Dennis Porter, p. 229.

在文学著作中，萨德作品首当其冲，它们显示的对这种变态欲望的方
方面面的阐述，尚无人能够超越。可是，萨德作品中罗列的那些让人
无比畏惧的恐怖节目，与大规模灾难给我们造成的恐惧相比，其实算
不上什么。拉康认为，这两者之间唯一的差异在于，后者不像前者那
般，为了快乐而破坏。在科学探究层面，拉康提及，一些人文学科经
过调查发现，史前社会中的人们，为了维护人与人之间的关系，发明
了一种活动，他们先选定某个日子，然后以一种仪式的方式，摧毁大
量的物品。这是一种从欲望面前撤退的表现，也可以说，是以退为进，
人们用破坏物品的方式，来保持和维系着欲望，从而保证欲望的生生
不息。同样，12 世纪初，在今日法国的纳博那地区，也有类似的行为
出现：一些男爵在节日上破坏大量可以吃的东西，还有动物、马具等。
这样的行为，似乎在说，欲望最突出的问题与浮夸的破坏需求密切相
关，因为那些拥有封建特权最多的贵族，想要破坏得更多。这些是在
清醒、可控的情形下进行的破坏，不同于两次世界大战的破坏。大规
模战争实际上都是由官僚发动的，一切战事都是按照命令、规定机械
地进展下去，人的意志在这里没有立足之地，而战争的任务似乎只是
清除垃圾，毕竟，人的最后维度就是垃圾。

　　战争的野蛮，让人无法理解，即使是黑格尔也对此语焉不详。黑
格尔在《精神现象学》中，用话语冲突的术语解释人类历史问题，他
以安提戈涅为例，说明家庭话语和国家话语间的对立冲突。但是，拉
康认为，问题远没有那么清楚。他从能指的角度分析这个问题，当然，
能指也是一种话语，如算术中的那些小字母也是话语，但在拉康看来，
能指与话语又有所不同：能指不会忘记任何事情，而话语以"他不知
道"甩手了事。拉康所说的这个话语，是指在我们不知道的情形下，
主要记忆过程中发生的话语，以及主体无意识中的记忆话语。而无论
是能指，还是话语，都是先于主体存在的，然后主体在某个时刻，学
会了在自己的无意识中和外部世界里运用这些能指。拉康指出，能指

链的形成，就源于没有事情被忘记。① 这样的事实让欲望的问题变得复杂起来，虽然这只是欲望生成的一个阶段。就与你讲话的那个人而言，你在他那里就能发现，欲望就坐落在人与能指的关系之中。欲望的运动就是不断越界，正如弗洛伊德所说的死亡驱力那般，这是精神分析师们见证的无意识真相。善良人的欲望是做好事，做对的事，这样做，是为了感觉良好，为了与自己的认识保持一致，与某些规范保持一致。但是，在他的无意识中，他从不示人的欲望，一直没有得到满足。分析过程中，主体会持续地提及他人，拉康认为德语词"生活嫉羡"（Lebensneid，德语），就是对这种情形的描述。这不是一种普通的嫉妒、羡慕，这是在与他人相处时产生的嫉妒，在主体认为他人拥有某种他无法理解的享乐的情况下产生的羡慕。拉康问：难道不是很奇怪吗，一个人承认他嫉妒某人的东西，会上升到仇恨，最后发展到必须摧毁的程度，可是，他嫉妒的东西又是他无法理解的。

阻止欲望实现享乐的，除了善，还有美。关于美在这个方面的功用，拉康说，弗洛伊德是非常审慎的。对于在美中体现的创造的本质，分析师们无话可说，弗洛伊德也是如此，他对艺术创作中升华的定义，只是从驱力的层面来看，当那些美的作者的作品流入市场时，升华所带来的反应和反响。当然，对美进行的表述有很多，但美的创作者们有一个共识，那就是：在美和欲望之间存在某种联系。这种联系看起来既奇怪又矛盾，因为，一方面，欲望似乎应该从美的界域中排除；另一方面，美又对欲望具有制止、震慑的作用，它能够暂停、降低、解除欲望。② 这并不是说，美不能与欲望结合起来，而是说，美以一种神秘的方式，让人无法愤怒，不仅如此，似乎美在本质里就对愤怒没

---

① Jacques Lacan, *Seminar VII: The Ethics of Psychoanalysis (1959 – 1960)*, ed. by Jacques – Alain Miller, trans. by Dennis Porter, p. 236.

② Jacques Lacan, *Seminar VII: The Ethics of Psychoanalysis (1959 – 1960)*, ed. by Jacques – Alain Miller, trans. by Dennis Porter, p. 238.

有感觉。拉康指出，在精神分析中，接受分析者经常在自己断断续续的独白中，提到一些属于审美领域的东西，要么以引用的方式，要么是他学生时代的记忆。可以确定的是，这些指涉越零散，越不容分辩，就越能说明它们与当时感受到的东西密切相关，而这个东西属于破坏驱力的范畴。就在一个想法即将清晰出现在主体的脑海中时，比如说，在他叙述一个梦的时候，一个具有进攻性的念头出现了，这个时候，主体就会提及一些他熟悉的属于审美领域范畴中的事情，可能是《圣经》中的一段话，也可能是一个作家，或一段音乐。美与欲望的这种奇怪的关系，可以让我们保持清醒，或许也能帮助我们调整欲望。

在这个充满未解之谜的领域，似乎可以幻想，"那个美，不可触碰"①。在这个领域中，拉康说，我们确切知道，存在痛苦的一面。我们会追问，到底是什么构成的这个领域。弗洛伊德的回答是，死亡驱力，那个主要的受虐倾向。受虐倾向只是一种边缘现象，多少有些讽刺的是，19世纪末的道德探询对此却进行了大量的揭示。受虐对痛苦的追求，与善良的人对各种善举的追求，如出一辙。一个人想要分享痛苦，就像他想要分享他多出来的财富。拉康说，实际上，受虐狂，那种变态受虐狂，他的整个行为都指向一个事实，这只是他行为结构特征的问题。阅读奥地利作家马索克的作品，你就会发现，变态受虐狂的欲望就是把自己缩变成不好的东西，一个被当作物体对待的东西，一个人们可以来回交易的奴隶，一个被人分享的物体，而这些事物具有与善一样的特征。

美与善和欲望的关系，依然错综复杂，拉康后来通过分析《安提戈涅》来说明，一个人到底要什么；当他守卫自己的时候，他反对什么；绝对选择，那个不受任何善驱使的选择的含义是什么。这些问题的答案，我们将在拉康的《论悲剧的本质：对索福克勒斯的〈安提戈

---

① Jacques Lacan, *Seminar VII: The Ethics of Psychoanalysis* (1959–1960), ed. by Jacques-Alain Miller, trans. by Dennis Porter, p. 239.

涅〉的评论》中找到。

结　语

　　拉康对"享乐"的探究属于"知识探询"和"真理（真相）探询"范畴，本章选取了六点，对应六节，对此论述。第一节"律法对享乐的抑制"介绍拉康通过阅读弗洛伊德的《摩西与一神教》《图腾与禁忌》《文明及其不满》，寻找律法，比如"摩西十诫"，如何实现对个体享乐的抑制。第二节"享乐是邪恶的"，这个说法，不是拉康提出的，是弗洛伊德在《文明及其不满》中提出的。拉康认为这是弗洛伊德发现的一个真相。弗洛伊德认为享乐是邪恶的，或者说，享乐是邪恶的一个形式，其实都与"邻居"有关，因此，对待"爱你的邻居，如爱你自己"这一基督教教义的时候，首先应该思考的问题是：邻居的享乐是什么？第三节"享乐的悖论"阐述拉康的这个观点：当人们不再遵循"爱你的邻居如爱你自己"这一教条的时候，看似走在了追求享乐的路上，殊不知，前路上早已设置了障碍。但是，在分析具体是什么障碍之前，拉康以萨德的作品为例，讲解何为逾越的享乐。同时，在萨德的文字中，拉康发现了精神分析中"部分客体"的佐证。第四节"彼物之地"这一称谓是拉康的命名，也是弗洛伊德所谓的"死亡驱力"存在的地方，更是升华发生的地方。拉康指出有两条路可以到达"彼物之地"，其一是分析宫廷爱情诗歌，其二是分析"恶"。不过，在这通往"彼物之地"的路上，还有两道路障需要跨越。第五节"享乐路上的第一道路障：善"中的"善"在经典伦理著作中，都与快乐有关，人们认为行善可以获得快乐。然而，弗洛伊德关于"快乐原则"的理论，让人们重新认识了善与快乐的关系。善，实际是主体对他人的一种权利，当主体对他人的利益有所行为，其实也剥夺了他人行为的可能性。维护他人的利益，与不让自己享乐，其实是一回事。因此，要想随心所欲、畅通无阻地到达"彼物之地"，首先需要除掉"善"这道障碍。第六节以"享乐路上的第二道路障：美"为题。拉康在论述"美"对享乐具有的抑制和阻止作用之前，提出可以通过阅读萨德的作品和分析节日上摧毁大量物品的行为动机中，看清"彼物之地"——无意识欲望之地——的景象。无意识欲望以能指的形式一直存在，但是，"美"会让这个欲望暂停、降低，甚至解除，这是精神分析的发现。

第十章　拉康论升华

　　拉康提到，在《性学三论》中，弗洛伊德使用了两个密切相关的术语，这两个术语都用来描述个体力比多大胆闯荡所引发的后果，其一是"固恋"（Fixierarbeit，德语），其二是"韧性"（Haftbarkeit，德语），后者的德语原词还有"责任""奉献"的含义。拉康说，这个词，简直可以用来描述精神分析师的集体历史。弗洛伊德没有一笔画完他构想的路径，又因他的迂回，使得拉康这样的精神分析师在追随他的脚步时，不可避免地会陷于前者思想发展的某一时刻，并且无法意识到其中的偶然性。于是，拉康决定使用"退两步、进三步"的方法，来获得前进一步的效果。

　　先退一步。拉康说，精神分析最初可能看起来是寻求一种伦理秩序，寻求一种自然的伦理，并且通过一系列运作和教条，简化一些外在困难，倾向于重建一种规范性的平衡。对此，拉康表示了深深的怀疑，因为，很多与之相对的东西呈现出来。无论如何，分析把拉康引向了田园（pastoral）的范畴。拉康看到，在文明进程中，田园范畴从未缺席，也会改头换面，以更加严峻和迂腐的、绝对正确的形态出现，或者以某种涉及希望的、神秘概念的形式出现。可是，无论怎么变化，怎么辩论，它们也都是相同的田园旧思想。他说，或许我们应该重返田园，重新审视田园的古老形态，看看祖先们用他们的智慧为我们指引的方向是否有所教益。

拉康指出，当把弗洛伊德思想作为一个整体来看的时候，你就立刻会发现，从一开始，就有某些东西拒绝被吸收进精神分析这个领域。而拉康，正是以此为切入点，对精神分析的伦理问题进行提问。实际上，弗洛伊德允许我们衡量某些东西的矛盾或绝境：它的状况无法改进，天然具有邪恶的一面，从而拥有坏的影响。他逐步地把它隔离开来，一直到他撰写《文明及其不满》的时候，才开始充分地谈论它。

"它"指的是一个人的道德良知，其悖论之处在于，它一面高雅严苛、残酷挑剔，另一面又无比亲密地搜寻着我们的冲动或欲望。道德良知的这种不知满足的特点及其荒唐的残酷，使它成为被满意喂养的寄生虫。拉康说，精神分析发现，在人类的内心深处，存在"自我憎恨"的情感，这可以从冠名为《自我折磨者》（*The Self - Tormentor*）的经典喜剧的标题中看出一点儿端倪。他还说，喜剧的功能只有在不涉及深刻性的情况下才能显现，通过分析能指，我们可以看到在简单的描写之下所暗藏的内容，喜剧让我们重新看到弗洛伊德在胡言乱语中的发现。

被弗洛伊德掀开面纱的是"驱力"（Trieb，德语）①，拉康特别指出，是"驱力"，不是"本能"（Instinkt，德语）。关于驱力的本质，弗洛伊德说过非常深奥的东西。拉康认为，如果对此了解，就容易理解弗洛伊德的升华（sublimation）理论。拉康发现，弗洛伊德的这个理论，几乎未被学者触及，少数几个敢于涉足的人，最后都是带着遗憾、不甘地放弃了。实际上，若想讲清楚升华理论，拉康需要查阅以下著作：从《性学三论》到《论自恋》，还要包括《精神分析五讲》《精神分析导论》《文明及其不满》。下面我们将看到，拉康如何在弗洛伊德的升华理论的基础上对升华进行阐释的。

---

① Trieb 在德语中有"本能""欲望""天性"的意思，英文译者把这个词译成"drive"，中文译者把这个词译成"驱力"。

第一节　升华理论的提出

《精神分析导论》中有一段涉及升华理论，其中，弗洛伊德是这样说的："我们不得不考虑如下事实，那就是，驱力，那些如脉搏一样跳动的性冲动，是非常灵活可塑的。它们可以互换位置，一个可以积累另一个的强度，而当一个的满足被现实否定时，另一个的满足能够提供全部补偿。它们像网络一般彼此关联合作，像装满了水的连通器。"①这些性冲动就是如此行事，虽然最后它们都要奉第一生殖器（Genital-primat，德语）为霸主，但是，后者也不能简单地被归为单一的呈现（Vorstellung，德语），不能简单地把它看作统一的呈现，认为它解决了所有的冲突。弗洛伊德认为，这些性冲动可以移位，可以相互置换，这种可塑性，让性欲升华为其他的东西成为可能。对个体而言，升华涉及内部性情和外部行为，并且，有一些东西无法升华，因为性欲的要求一直都在，如果不满足，就会产生严重后果。

拉康在这里看重的是性欲在整个网络中流动的特征，如符号那般移动的特征。拉康认为，对升华问题的说明，还需要假定另一个条件。很明显，性欲，又叫力比多，具有自相矛盾、早已过时、生殖器发育前的特征，最终呈现为多态性，表现为各种形象，这些与从口腔期到肛门期和生殖器期不同阶段的驱力集合有关。弗洛伊德的发现聚焦于个体心理这个微观世界，与宏观世界无关，其革命性在于，他提出这些学说的时期，人们仍然认为恶魔（Diabolus）统治着这个世界，无论是科学思想，还是神学思想，都没有得到解放。弗洛伊德关于性欲和性欲区的阐述，可以说石破天惊。对于驱力，弗洛伊德强调，它具有不可减少的特征，是性欲最早形态的残余。这些性欲不会因为得到满

---

① 转引自 Jacques Lacan, *Seminar VII: The Ethics of Psychoanalysis* (1959 – 1960), ed. by Jacques – Alain Miller, trans. by Dennis Porter, p. 91.

足而改变，作为孩童最古老的抱负，无论最后这个孩子发展出的是一种主要性别，还是雌雄同体，它们都不能得到解决。既然无法解决，人们就把目光转向其他对象上，以此替代无处释放的性欲。这是弗洛伊德阐述升华理论的开始。

最初是在《性学三论》中，弗洛伊德清楚地说明，升华是以对象的改变为特征，或在力比多中，通过直接满足的方式发生的一次改变。性欲通过这些对象得到了满足，那么如何区别这些对象呢？当然，这里不乏复杂性，但这些对象一定要得到社会认可，能够为公众所用。只有满足这些条件，升华才有可能。我们似乎陷入一个圈套之中，一方面，个体通过对象替代得到满足，另一方面，对象还需要具有集体社会价值，以至个体和集体之间处于不断对立、和解之中。需要记住的是，力比多的满足实际上有很多问题，而且与驱力有关的每一件事情都会提出可塑性和有限性的问题。不仅如此，弗洛伊德在《性学三论》中，为升华的社会效果和被他称为反应生成（Reaktionsbildung，德语）的东西之间建立起联系。"反应生成"的特殊性在于，只能经由社会规约获得，它远远不是力比多的直接结果，并需要创建防御体系。拉康得出结论，弗洛伊德就这样在本能升华的建设中引进了对立的观念。

除了《性学三论》，弗洛伊德还在《论自恋》中探讨了与升华有关的第二个话题。

在该文中，弗洛伊德指出，升华的过程涉及对象的力比多，而自我力比多（Ichlibido，德语）与对象力比多（Objektlibido，德语）处于对立的状态。[①] 这是他在阐述我与我的力比多满足之间冲突的基础上提出的，为了更清楚地表达自己的看法，弗洛伊德引进了一个概念，"物"（das Ding）。只要你依照快乐原则行事，你就必然会围着"物"

---

① Jacques Lacan, *Seminar VII: The Ethics of Psychoanalysis* (1959–1960), ed. by Jacques-Alain Miller, trans. by Dennis Porter, p. 95.

转。在追求快乐的道路上，如圣保罗所说，支配我们的不是至善，似乎是"物"，但我们与"物"的关系非常令人困惑，因为在我们的快乐与快乐原则之间没有可以充当调停者的伦理规则。在圣保罗之后，还有基督的教诲。根据圣马修福音，当基督被问及："我们必须做什么善事才能获得永生？"他答："你为什么要与我谈论善？谁知道什么是善？只有他，他在一切之外，我们的父亲，知道什么是善。他告诉你，做这个，做那个，别做那个。"重点是，基督最后说："你要爱你的邻居，如同爱自己那般。"拉康看到，这个戒律是《文明及其不满》最终要到达的地方，弗洛伊德把它当作理想的目标。

"善"，是伦理学范畴内，哲学探索的永恒问题，是所有道德学家的问学基石，却遭到弗洛伊德激进的否定。在他最初思考快乐原则理论的时候，在他把快乐原则认定为最深的本能的时候，他就拒绝了"善"。这一点，已经被弗洛伊德无数次证实了，并且与他对"天父"的质疑保持一致。想要了解弗洛伊德在"天父"这个问题上的立场，拉康说，首先需要了解路德（Luther）对伊拉斯谟（Erasmus，1466？—1536，荷兰学者）发表《论自由意志》（De Libero Arbitrio，1524）的看法。伊拉斯谟发表《论自由意志》的初衷，就是告诉路德，权威性的基督教传统，从基督之言，到圣保罗、圣奥古斯丁等诸圣之语，都足以让人相信，那些著作并非一无是处，而且可以肯定的是，关于至善主题的哲学传统也不应该弃之不顾。作为回应，路德发表了《论意志的捆绑》（De Servo Arbitrio，1525），主要强调人与人之间本质上非常糟糕，并且认为一个人的命运主要由"物"决定，即"物"是个体基本情感发展的原因。路德认为上帝对人类永恒的仇恨在创世之前就已存在，这实际同律法和罪恶的关系有关。而律法与罪恶的关系，也是弗洛伊德需要处理的问题，他发现，"父亲"作为原始部落的暴君，既诱发了最原初的罪行，又因此引进了律法秩序和律法基础。

　　回到弗洛伊德的《论自恋》上。拉康发现，弗洛伊德避而不谈"物"（das Ding），相反，却开始讨论对象关系（object relation）。对象关系其实是一种自恋关系，一种想象的关系。客体需要能够随时替换主体对自己形象的爱，这是它存在的条件。弗洛伊德提出"自我力比多"和"对象力比多"这组对立的概念，是为了说明"自我的理想"和"理想的自我"之间、自我的幻象和理想的形成之间存在差异。理想独自开疆扩土，在主体之内，它赋形于被它挑选的某物，然后服从此物。通过这种想象关系，对象的概念被引入，但这个对象并不是本能欲望所迷恋的那个。由自恋关系构造出来的对象，与在本能地平线上徜徉的"物"之间存在差异，拉康说："恰恰就在这个差异的斜坡上，坐落着我们要探究的升华的问题。"①

　　弗洛伊德在《性学三论》中比较了古代和现代的爱欲生活，认为其差别在于，古代把重点放在本能上，现代把重点放在对象上。古代人款待本能，再通过本能的调节，尊崇一个价值平平的对象；而我们现代人，降低本能的价值，寻求获得占有优先地位的对象的支持。拉康很疑惑，弗洛伊德是如何知道古代人看重本能而现代人强调对象的呢？难道仅凭我们不能在任何一部古希腊悲剧中找到对理想的歌颂，就下此断言吗？拉康看到，在法国古典悲剧中，在古代拉丁文学中，我们能够找到理想对象应该具有的全部元素，这些元素对于某种关系实现升华起到决定作用。因此，他认为，弗洛伊德上面的表述过于仓促，甚至与事实背道而驰，弗洛伊德实际面对的是一种退化现象，古希腊悲剧看重本能是因为与对象失去关联，或者与对象的关系发生危机，而与爱情生活的关系不大。② 现代人重新寻找本能是因为弄丢了对

---

　　① Jacques Lacan, *Seminar VII：The Ethics of Psychoanalysis*（1959–1960）, ed. by Jacques - Alain Miller, trans. by Dennis Porter, p. 98.

　　② Jacques Lacan, *Seminar VII：The Ethics of Psychoanalysis*（1959–1960）, ed. by Jacques - Alain Miller, trans. by Dennis Porter, p. 99.

象，但就对象而言，在本能的层面上，我们尚不知道需要做什么。在升华的层面上，对象与想象加工，尤其是文化加工，密不可分。升华不仅体现为集体认为某些对象有用，还在于其为自己找到了一个放松的空间，从而居于此处。对于"物"，它可以自欺欺人，并且通过想象筹谋占领"物"的领地。拉康说，被集体、社会接受的升华，就是如此运作的。社会乐见道学家、艺术家、设计师等创造的各种幻景，然而升华的力量不仅在于获得社会的认可，更在于其想象的功用，因为主体的欲望依赖于幻想的象征作用。拉康说，在"物"这个点上，这些想象的元素，以特别的历史和社会形态，淹没主体，欺骗主体。① 于是，弗洛伊德提出升华理论，让它承担所发生的一切。不过，拉康发现，弗洛伊德没有探究宗教人士和神秘主义者口中的"物"为何，他留下了这个缺口，等着后人填补。

第二节　拉康对升华的定义

拉康说，探究精神分析的伦理之维，他需要以"物"（that Ding）为轴。"物"，作为弗洛伊德的理论遗产，难免造成困惑，原因无他，弗洛伊德在此留下缺口，没有对此进行详细的论述。紧随其后的拉康宣布，他为"物"所具有的确切含义负完全责任。

在拉康看来，这个"物"，对于理解弗洛伊德的思想至关重要。弗洛伊德最早是在论文《一个构想》（"Entwurf"，德语）中使用该词的，当时他说，这个"物"是在内部被排除在外的东西。那么，是什么东西的内部呢？弗洛伊德彼时清晰表述的是"真我"（Real - Ich，"Ich"是德语中的"我"）的内部，其含义在于心理组织最后的真实，这是一种被假设的真实，在一定程度上，它预设了"欲望

---

① Jacques Lacan, *Seminar VII: The Ethics of Psychoanalysis (1959 - 1960)*, ed. by Jacques - Alain Miller, trans. by Dennis Porter, p. 99.

的我"（Lust‑Ich）。在"欲望的我"中，心理机制主要呈现为各种感觉、知觉、想法、概念等的再现，这实际上与弗洛伊德之前的原子论（automism，借助各个组成部分来分析整体）的认识是一致的。这些心理再现，犹如凝絮一般组成意指链条，思维依此活动，逻辑由此生出。若要把情感考虑进来，拉康指出，只会令研究陷入僵局。当然，这不是否认情感的重要性，而是不要混淆了情感与我们要在"真我"中寻觅的东西，就是那些超越意指表达，只有精神分析大师才能处理的东西。

　　弗洛伊德在涉及情感的心理时，总是要设法顺便提供一些重要的暗示。他总是坚持情感具有传统性和人为性，坚持情感不能作为能指，只能作为信号。但是，从精神分析角度来看，情感并不能提供任何实质性的帮助，因为情感过于模糊，这也是拉康认为情感不能被定性分析的理由。弗洛伊德把情感看作一种信号，而拉康寻找心理的表意元素，他说，这样做，至少在操作上，方便他界定"物"的范畴，只有这样，才有可能在伦理学领域获得进展。弗洛伊德学说的出发点是以治疗为目的，因此，拉康认为，我们对主体的界定，不仅要考虑到主体间性，还要考虑到能指的调节。

　　在"物"的场域内，一些东西流动着，它们模糊不清，缺乏组织，极其原始。与那些可以表征的想法或念头相反，它们不仅是叔本华所谓的意愿（Wille，德语），更是生命的实质。在这个场域中，既有好的意愿，也有坏的意愿。在这个既好又坏的意愿的层面上，在消极治疗层面上，对坏的意愿的偏爱，终于让弗洛伊德在他思想末期再一次发现了"物"的场域（the field of das Ding），并且为我们指出，"物"的场域在快乐原则之外。① 拉康评论，这是伦理思想发展中自相矛盾之处，弗洛伊德最后重新发现了"物"的场域，而就在那个场域

---

① Jacques Lacan, *Seminar VII: The Ethics of Psychoanalysis* (1959–1960), ed. by Jacques‑Alain Miller, trans. by Dennis Porter, p. 104.

中，死亡更受偏爱。沿着这条路走下去，弗洛伊德比任何其他人都更靠近邪恶，或者更确切地说，靠近邪恶的筹谋。① 快乐原则支配的领域也受到那个场域的吸引，可以说，快乐原则的领域超越了快乐原则。弗洛伊德在他的理论末期，终于承认，快乐和性本能都不是心理活动的中心。

拉康进行上述分析，就是为了得出结论，"物"才是心理活动的中心。当然，他也说了，是出于操作方便的考虑，才使用"物"（das Ding）这个概念，其含义还没有得到完整的阐述。他说，当整个人类面临存在问题的时候，一个人或一群人能够做的事情，就会让你看到，在你的内心深处，"物"与主体比邻而居。

拉康接下来要分析"物"的实质，以及在伦理学领域，会以何种方式涉及它。

他说，这将不仅要靠近那"物"，更要了解它的影响，了解它在欲望丛林中危险的存在。欲望与社会的对立，被弗洛伊德用一种特殊的方法轻松完成超越，他把个体认定为混乱之所。原因也简单，因为在黑格尔向我们揭示了国家的现代功能，以及精神现象学与律法系统的关联之后，再抽象地谈论社会，是不可想象的，无论从历史的角度，还是哲学的角度，都无法想象。整个律法哲学，起源于国家，包括规定人的存在，再到规定一夫一妻制，这是黑格尔哲学中涉及的伦理范畴。拉康要探究的是精神分析中的伦理道德，他很肯定地说，它们是两种不同的伦理。黑格尔在《精神现象学》的最后，明确地对比了个体与城市、个体与国家。柏拉图也是如此，在他那里，个体灵魂的混乱恰好对应了城市的混乱。可是，这些国家的紊乱和阶层的骚动，根本不是弗洛伊德关注的点。在弗洛伊德那里，患病的个体，如精神病患者、神经症患者，才是他探究的对象，在这些患者身上，弗洛伊德

① Jacques Lacan, *Seminar VII: The Ethics of Psychoanalysis* (1959 – 1960), ed. by Jacques – Alain Miller, trans. by Dennis Porter, p. 104.

直面生命的力量、死亡的力量，直面善良的力量、邪恶的力量。

　　"我们与'物'相伴而行，尝试与其交好。"① 这是拉康对当时精神分析组织内部关于"物"的研究状况的描述。精神分析师们如此专注于对"物"进行研究，认为"物"能够很好地回应他们的经历，以至分析理论的发展完全被所谓的克莱恩学派（Kleinian school）② 控制。拉康继续解释，克莱恩学派之所以具有如此大的影响力，在于他们把"母亲的神秘身体"置于"物"的中心地带。克莱恩们认为，最具进攻性、最具逾越性、最原始的本能，都与那个神秘的身体有关。另外，他们也充分讨论了弗洛伊德的升华理论。但是，那种把升华问题简化成主体对母亲受伤身体的一种补偿性努力的看法，并没有得到拉康的完全认同。不过，拉康同意，主体与最原初对象之间的关系，属于"物"的范畴。以此为框架，可以想象克莱恩神话的成因，可以对其定位，就升华而言，可以扩展其功能。拉康提及，那些接受克莱恩学说的临床医生们践行"一次心理治疗"（atherapy）的模式，认为通过一些艺术创作、健身运动、舞蹈和其他练习，可以帮助主体解决问题，获得一种平静。不过，在拉康看来，这个方法涉及的艺术生产，完全没有考虑社会承认这个因素，要知道，就是弗洛伊德本人，也从没有忽略过它。同时，对艺术升华的评价，也不能脱离历史文化背景。总之，升华能够创造社会承认的价值，而正因为升华是伦理问题的一个功能，拉康才不得不对其评价。

　　重新回到对伦理的讨论上，拉康需要参照康德的看法。

　　对伦理的探究，拉康聚焦于"物"，而康德谈论责任、理性。

---

　　① Jacques Lacan, *Seminar VII: The Ethics of Psychoanalysis* (*1959 – 1960*), ed. by Jacques - Alain Miller, trans. by Dennis Porter, p. 106. 拉康在此处没有提及黑格尔在《精神现象学》中讲述"绝对知识"的时候，对"物我"关系的论述。黑格尔说："物是我。实际上，物在这个无限判断里已经被扬弃了。自在地看来，物什么都不是。物只有在一个关系之中，只有通过我，通过我与物的关联，才具有意义。"参见［德］黑格尔《精神现象学》，先刚译，人民出版社2013年版，第491页。

　　② 由奥地利精神分析学家梅兰妮·克莱恩（Melanie Klein, 1882—1960）创立。

在《实践理性批判》中，为了说明理性的影响力和伦理原则的分量，康德杜撰了两个故事，并对其进行比较。第一个故事的主角是一个好色之徒，有人告诉他，卧室里有他梦寐以求的女人，他可以自由进入房间满足自己的欲望，但是事后，当他离开房间时，需要接受绞刑。就康德而言，他没有说绞刑架起到充分的震慑作用，而是说那个主角即使知道死刑等着他，也会满足自己的欲望。第二个故事中的男人一样要在欲望满足后接受绞刑，但他也可以选择作伪证来反对自己的朋友。在第二个故事中，你能够想象得到，那个人如何在自己的生命和朋友的利益之间做出抉择，尤其是假证不会对朋友造成致命后果的情况下。拉康说，这两个故事的说服力在于突出个体真实的行为，通过真实的行为，康德让我们审视现实和责任的影响。①

不过，当追随康德到达这个地方的时候，就会发现，康德忽视了一些事情，毕竟，在第一个故事中，不是不可能，主角不是那么情愿地等待绞刑。康德似乎没有考虑那种被弗洛伊德称为"高估（Überschätzung，德语）对象"、被拉康称为"对象升华"（object sublimation）的情况。当"对象升华"发生时，心爱的对象必然呈现出一定的重要性，当女性对象出现升华的情况时，当力比多的目标是对象而非本能时，不是不可能，康德第一个故事的主角，即使知道要接受绞刑的后果，也会选择与心爱的女人在一起。另外，还有一种可能，这个男人冷漠地接受后果，但在此之前，他走进房间，把女人切成碎片。

这两种情形是康德没有预见到的。这两种逾越行为，与快乐原则密不可分，与现实原则背道而驰，它们都涉及对象的过度升华，通常被称为变态行为（perversion）。升华和变态，都与欲望有关，这让拉康考虑构想另外一种标准不同、与现实原则相反的道德的可能性。这样

---

① Jacques Lacan, *Seminar VII: The Ethics of Psychoanalysis* (1959 – 1960), ed. by Jacques – Alain Miller, trans. by Dennis Porter, p. 108.

的构想与他对"物"的探究密不可分，无论是升华还是变态，"物"都是欲望之地。

在"物"那里，只能看到不知节制的驱动力（Triebe），可是，弗洛伊德把升华和驱力联系起来，这让精神分析学家很难对其进行理论概述。弗洛伊德说，升华是驱力满足的一种潜在模式。升华（sublimation）与替代（substitution）不同，在后者那里，压抑的驱动力总是能够得到满足。一个症状，其实就是驱力最后凭借表意替代，以目标的形式回归。当然，替代需要借助能指的功能，才能实现它与升华的区分。不过，矛盾的地方在于，驱力总是在他处，而不是在应该的地方找到它的目标。拉康问，这样的目标转换意味着什么？严格来说，这不是对象的转换，弗洛伊德很早以前就指出，目标和对象是不同的两个概念。在《论自恋》中，弗洛伊德强调升华与理想化（idealization）的不同，其中，理想化涉及主体和对象的认同，而升华是完全不同的事情。

驱力的满足是前后矛盾的，因为最后的实现与最初的目的相背离。弗洛伊德的解释是，驱力的目标开始是性，最后不是。拉康问，难道这样就足以解释升华现象的发生吗？或者同意克莱恩的观点，认为升华是对替代需求的一种想象上的解决，想要修复与母亲身体的关系呢？

拉康认为这些不足以解释升华的问题。在他看来，升华为驱力提供的满意不同于驱力的目的，而升华恰如其分地反映了驱力的本质，那就是，驱力不是简单的本能，而是与"物"密切关联，与"那物"关联，重点是，"此物"不是对象。① 对象让主体着迷的原因在于，对象多多少少是主体自身的影像、映像，而不是主体心中力比多围绕的"物"。对于升华，拉康说，他能给出的最笼统的说法是："它提升一个

---

① Jacques Lacan, *Seminar VII*: *The Ethics of Psychoanalysis* (1959-1960), ed. by Jacques-Alain Miller, trans. by Dennis Porter, p. 111.

对象……到达物的尊贵高度。"① 拉康顺便提及，这一认识对于探究女性对象升华问题至关重要，对探究中世纪宫廷之恋的影响至关重要，因为整个涉及骑士对贵妇爱恋的文学，时至今日，仍然对恋爱中的男女产生影响。在骑士文学中，妇女这个对象，被提升到物的高度，要知道，这些中世纪文学，已化身为精神印记，代代相传，影响着我们的爱情观。

拉康说，他对升华的定义，对对象与物之间关系的界定，不仅要解释历史上发生的事件，更要对发生在我们身上的、与物有关的事件，如艺术教育对我们的影响，提供一种更好的理解，以及我们如何在升华的层面上行事。他不认为，他的定义可以结束学者们对升华的争议，但是，他一定要表明自己的观点，并且声称，如果对象以升华的方式出现，那么在对象与欲望的关系之间一定有事情发生，若想对此进行解释，还要参照主体的欲望及其行为。

最后，拉康以一个小故事作结，阐释升华时发生了什么。他从对象和物的层面分析：出于想要获得社会认可这样一个特殊目的而发明创造的对象，究竟意味着什么？拉康回忆，在贝当政府时期，在勒紧裤腰带生活的日子里，他去圣保罗拜访他的朋友雅克·普列维（Jacques Prevert，诗人），在朋友处，他看到了一个火柴盒的收藏。这是那时候能够实现的收藏，或许也是唯一可能实现的收藏，只不过，对火柴盒的展示需要说明：一模一样的火柴盒紧密排列在一个抽屉里，略微零乱，它们被一根线穿起来，如彩虹一般披在壁炉上，再沿着墙壁向上延伸到线脚处，之后再向下伸展到门边。从装饰的角度来说，这样做，令人非常满意。但是，拉康认为这个收藏的创新之处在于，它揭示了一件我们不太可能注意的事情，即火柴盒不是简单的一个对象，它以众多火柴盒集合排列的现象形式告诉我们，很可能它

---

① Jacques Lacan, *Seminar VII*: *The Ethics of Psychoanalysis* (*1959 – 1960*), ed. by Jacques – Alain Miller, trans. by Dennis Porter, p. 112.

就是一个物。① 这样的设计，充分表明了火柴盒不是单纯具有某种用途的东西，甚至不是柏拉图所认为的抽象概念，而是一个可以连贯一致存在的物。拉康认为，对火柴盒"物性"（thingness）的强调，而非强调火柴盒这个对象，才使艺术创作成为可能，让社会满意成为可能。

第三节　物的功能

拉康以一个故事为例，讨论物（the Thing）在升华定义中的作用。

这个故事是克莱恩（Melanie Klein）在她 1929 年发表的论文《艺术作品和创作冲动所反映的婴儿焦虑情境》中讲述的。在此文的第一部分，通过对拉威尔（Ravel，法国作曲家）音乐作品的分析，克莱恩认为艺术创作与孩子对母亲身体的幻想密不可分，这与克莱恩在儿童分析中发现的心理结构的原始内容惊人地相似。该论文的第二部分更有趣，在这里，克莱恩参照了一位名为卡琳·麦凯利斯（Karin Mikailis）的分析师所撰写的一篇文章，后者在冠名为《空白的地方》（"Empty Space"）的文章中讲述了一个病例，其中不乏辛辣。病例涉及的患者，名为露丝·基亚，她从来都不是一位画家，但在她罹患抑郁疾病期间，她会一直抱怨自己心中有一处空白之地，一个她永远无法填充的地方。无论如何，在精神分析师的帮助下，她结婚了，在婚姻之初，一切都很正常。不久之后，她再一次受到抑郁的折磨，然后，令人惊讶的状况出现了，或者说，精神分析见证奇迹的时刻到了。

出于某种不明的缘由，年轻夫妇家中的墙上都挂满了他们妹夫的画作，后者是一名极具天赋的画家。然后，这个妹夫在某个时刻，从

---

① Jacques Lacan, *Seminar VII: The Ethics of Psychoanalysis* (*1959 - 1960*), ed. by Jacques - Alain Miller, trans. by Dennis Porter, p. 114.

墙上取下一幅画并卖掉，这就造成墙上有一处空白之地。这处空白让患者的抑郁情况更加严重。她通过下面的方式让自己走出阴霾。有一天，她决定胡乱画点东西来填充那块让她疯魔的地方。她尝试模仿她的妹夫，尽量使用相同颜色的颜料，并完成了一幅画作。接下来就是整个故事的高潮所在。当她忐忑不安地等待那位妹夫对画作的评判时，没想到，这位妹夫在看到画作之后，立刻愤怒地谴责她说谎，说那个画作不可能出自这个女人之手，因为只有成熟的艺术家才能完成这样的作品。

克莱恩认为这个病例进一步肯定了她发现的心理结构，她把母亲的身体置于那个结构中，认为升华的所有阶段都发生在那里。拉康却说，这个结构正好对应他致力于揭示的由物引发的拓扑图表。这个忧郁症患者从新手开始，一蹴而就，达到专业画家的水平，在那个空白处，画出了一系列主题：先是一个黑人女子，再是一个年迈的老妇人，最后是她母亲最美时候的形象，并以再生的形式结束。克莱恩认为这就是升华现象，拉康却不这样看。

就主体真实构成而言，拉康认为"物"占据中心位置，认为升华的发生源于把一个对象转变成物的高度，就像前面他说过的那个火柴盒收藏那般，他的朋友，通过设计，把火柴盒提升到以前不曾具有的一种尊贵的层面。但是，拉康说，那样的艺术的确创造了一个物，却不是原来的"物"。①

拉康指出，此物始终是一个蒙着面纱的独立存在物，如果此物没有蒙着面纱，我们也不必围着它，绕着它，想象它。如果此物在弗洛伊德依据快乐原则所定义的心灵构造中占据一席之地，那是因为，此

---

① Jacques Lacan, *Seminar VII*: *The Ethics of Psychoanalysis* (1959 – 1960), ed. by Jacques - Alain Miller, trans. by Dennis Porter, p. 118.

物在最原初的真实里"饱受能指之苦"①。实际上，主体在心理形成的第一个关系中就已经涉及心思如何凝絮，如何结晶成表意单位，然后，表意组织支配着患者的心理机制，这是心理分析已经得出的结论。因此，在拉康看来，在表意网络组织与"物"栖居的真实域之间没有关联。拉康说，就是在真实域中，我们才应该定位那个被弗洛伊德呈现为"重新找到的对象"（Wiedergefundene or refound object）。②当弗洛伊德说"重新找到"的时候，他并非在说，这个对象真的丢过。这个对象天生就是重新找到的一个，因此"丢过"只是重新找到的结果。在我们不知情的时候，它被重新找到；如果不是重新找到，那么就不会知道它曾经丢过。

除了蒙着面纱之外，"原物"还有第二个特征，那就是借由"他物"（the Other thing）表现。就本质而言，重新发现的对象，就是"他物"。寻觅"原物"或"他物"，都要沿着能指之路前行。拉康说，这种寻觅在某种程度上，具有违背心理、超越快乐的原则。

人与能指的关系是拉康接下来要探究的内容，这就涉及语言应用。在艺术领域，当人们谈论升华问题的时候，一定会谈论创造。拉康认为，我们应当充分了解创造的含义，因为这有助于我们了解升华的动机，以及广泛意义上伦理道德的动机。他首先做以下假设：一个被创造出来的对象，可能具有这样的功能，不是要避开作为能指的物（the Thing），而是要再现它。拉康从最原始的陶工创造那些花瓶说起。他提起海德格尔在对"物"进行哲学创作的时候，也曾认真思考过创造这个主题，也以花瓶为例，展开他的辩证论述。物与存在之间的关系，不是拉康要关注的对象，他只想区分花瓶这个物的用途和表意功能，

---

① Jacques Lacan, *Seminar VII*: *The Ethics of Psychoanalysis* (1959–1960), ed. by Jacques–Alain Miller, trans. by Dennis Porter, p. 118.

② Jacques Lacan, *Seminar VII*: *The Ethics of Psychoanalysis* (1959–1960), ed. by Jacques–Alain Miller, trans. by Dennis Porter, p. 118.

也就是区分花瓶的所指和能指。花瓶的能指只代表花瓶，而非其他。花瓶的所指，在海德格尔那里，可以连接天地，瓶口向天用于祭祀，瓶口向地用于培植，这是花瓶的用途。可是拉康认为，花瓶的本质是空的，于是引发填满的可能。也就是说，海德格尔的花瓶连接天地，拉康的花瓶让"空"和"满"在此处相交。拉康也曾在法国若约芒（Royaumont）举行的一次会议上坚持认为一个芥末罐的本质是一个空的罐子。花瓶和芥末罐这种"空"的本质，被拉康用来说明"物"的核心问题，同时，也可以说明伦理道德的核心问题。

可以想象，花瓶是用某种物质，陶土或黏土，由陶匠围绕一处虚空制作而成。

花瓶的这个中空之处，被拉康用来再现"物"的中心处的空无状态，而这个"物"又被拉康当作真实的范畴。拉康又列举了通心粉和大炮来类比中心地带空无一物的真实域。花瓶、通心粉、大炮，这些能指符号包含了"从无中创造"（creation ex nihilo），与"物"的情况相似。拉康说，数个世纪以来，道德问题的表述或平衡，实际上都与此相关。[1]

从上帝创世开始，当进行完六天的造物之后，他审视着自己的工作，认为它很好。可是到马丁·路德的时候，他认为没有什么工作是有价值的。在这期间漫长的历史中，无数的宗教派别避而不谈罪恶的问题。于是，一个与众不同的，名为清洁派（the Cathars）的教派引起了拉康的注意。通过阅读相关书籍可以知道，在欧洲历史上的某个时期，这些清洁派教徒开始质询：创造有什么过错？这种异端想法，必然会受到审判，可是拉康找不到任何宗教裁判所在这方面的审判记录，只有一点间接的证据可以用来了解这个教派的思想。例如，一位多明我会的教父曾说过，清洁派教徒是一群善良的人，他们严格遵守基督

---

① Jacques Lacan, *Seminar VII*: *The Ethics of Psychoanalysis* (1959 – 1960), ed. by Jacques – Alain Miller, trans. by Dennis Porter, p. 122.

教，并且在道德上非常纯洁。拉康认同这种看法，因为清洁派教徒基本终止了有助于世界永恒的行为，在他们那里，不朽的世界被认为是糟糕的、不好的。完美的行为基本等于以最超然的态度寻求死亡，因为这被看作能够重返伊甸乐园的迹象。人们想要回到那个上帝最初创造的、到处都是纯净与光的世界，可是坏的造物主要革命，谋求转化，于是就把生殖繁衍、腐化堕落引进了伊甸园。

一种物质转化为另一种物质，物质以这种形式生成，这是亚里士多德的观点。拉康认为，从这个观点开始，"物质的不朽（perpetuity）就成为邪恶之所"①。解决方法也简单，既然邪恶在物质之中，那么远离物质，破坏物质，就可以远离邪恶。邪恶存在于物质之中，这是历史上曾经存在过的道德思想，并且引发了随后的各种尝试摆脱邪恶的苦行。与此对应，拉康提出了邪恶可能存在于原物之中，也可能存在于真实域中。原因无他，只因在造物的神话中一直有人的因素存在，人们的确用创世论的术语谈论邪恶。

研读弗洛伊德的思想，拉康不禁认为，在快乐原则运作的中心，那个超越快乐原则的东西，很可能就是最基本的善的意志或恶的意志。人的存在无处不受能指的侵袭，那么如何用能指表达这个善的意志或恶的意志呢？一般情况下，人们通过塑造物的形象来表达概念，但是在真实域，原物的形象无法想象，于是，升华就出现了。

拉康以中世纪骑士对贵妇的爱情为例，认为他们的道德规范非常特殊。中世纪，欧洲的封建社会刚刚开始，欧洲大部分土地上匪盗横行，在这样的历史环境下，那些规定了男人和女人关系的行为准则具有令人震惊的矛盾之处。有一点可以肯定，那些道德守则涉及如何对待女性对象的问题。不能否认的事实是，这些被赞扬、被追求、被关爱的女性对象似乎是相同的一个人。那么，这些女性对象在宫廷爱情

---

① Jacques Lacan, *Seminar VII*：*The Ethics of Psychoanalysis* （1959 - 1960）, ed. by Jacques - Alain Miller, trans. by Dennis Porter, p. 124.

中到底扮演什么样的角色？拉康认为，骑士们遵循的行为规范把贵妇人升华到原物的高度，在他看来，宫廷之恋就是了解弗洛伊德升华理论的最好例子。虽然骑士时代已成过去，但其伦理影响依然可以在今日的男女关系中看到。

第四节 贵妇在诗歌中升华为"物"

拉康说，把"物"置于升华现象的中心，可以解释史前艺术选址之谜。

一般来说，史前艺术会出现在一个地下洞穴的墙壁上。那些创作者，似乎把这面墙奉为神圣的地方，前赴后继地在同一块墙上留下他们见证的事物。这些图像再现了原始猎人的生存状况，同时以一种超越神圣的特征吸引了我们的注意。拉康认为，这一超越神圣的特性，可以从"物"的视角进行识别。

他从17世纪开始的艺术家乐于践行的变形（anamorphosis）开始，认为这种变形的起源就在史前艺术中。史前壁画在空白处构图，然后绘画逐渐演变成如何在空白处表现空白，到后来，绘画发展开始致力于用幻象空间的形式来固定空白。到17世纪，对变形的兴趣，让艺术家完全颠覆了幻象空间的用途，把它们转变成潜在现实的支撑。与"潜在现实"的联系，让拉康得出结论，艺术作品都是以"物"为中心进行创作的。以"物"的视角来看艺术创作，在拉康看来，至少可以窥见一点儿艺术的目的。对于艺术的目的是模仿，或者不是模仿的争执，拉康认为最终都是步入僵局。拉康同样认为柏拉图关于艺术的看法失之偏颇：柏拉图认为只有理念（idea）是真实的，现实中的万物皆是超真实的，那么模仿万物的艺术就只能是最不真实、最低级的作品。的确，艺术作品模仿他们要再现的对象，但是其目的当然不是再现，在模仿中，他们完成了与对象不同的东西。于是，对象和"物"

联系起来，围绕着"物"进行创造，作品中既有物的在场，又有物的缺席。以塞尚作画为例，当塞尚画苹果时，除模仿外，他更在意的是表现技巧。越模仿，越有可能破坏幻象，以至目标变成其他。塞尚画法的神秘之处，在于通过艺术手法重现与真实的关系，使对象看起来更纯粹，从而恢复了应有的尊严。拉康认为，让对象升华为物，才是艺术的目的。

拉康对艺术升华的论述，始终是从恢复"物"的尊严的视角进行的，这与他论述的精神分析伦理主题密不可分。拉康认为，弗洛伊德的精神分析伦理学建立在他对俄狄浦斯神话的认识基础上。他不无感叹地发现，弗洛伊德在神经症患者那里经历到的事情，竟然可以让他跨界到诗歌艺术创作的层面，也跨界到俄狄浦斯戏剧的层面。只要是文化史上出现的东西，尤其是与犹太人经历、希腊人经历有关的材料，都会被弗洛伊德搜查一遍，这一点从《摩西与一神教》中就可以看出来。同样令拉康惊讶的是，弗洛伊德没有停止思考道德的起源，这让他开始审视摩西的行为。

在《摩西与一神教》中，弗洛伊德使用"父亲之名"，是出于升华结构上的考虑。毕竟，谋杀父亲的原始创伤一直都在，似乎只有通过肯定父亲权利这一升华的方式才能解决。但是，这样的跳跃如何能够实现？弗洛伊德推测，只能凭借那个关于上帝之死的神话故事，对父亲的谋杀是上帝之死的现代版本。"父亲之死"的故事具有神话的全部元素，也符合列维-斯特劳斯提出的"神话总是一种表意系统"的定义。如果你愿意，也可以说，神话被创造出来，是为了解释个体和集体的某些矛盾的心理关系。

在《文明及其不满》中，弗洛伊德追溯道德起源时，认为主体的超我及其运转失常，与"文明及其不满"相对应。拉康问：在超我出现故障的时候，本能如何找到正确的升华形式？通过对宫廷爱情的分析研究，拉康认为，只有在得到社会承认的情况下，本能才有升华的可能。就像中世纪的宫廷爱情，它发生在特定时期，在一个高度限制性的社交圈之内，有社会认可的一整套行为规范，骑士们依照榜样行事。拉康指出，我们之所以对此感兴趣，是因为宫廷爱情的核心还是情欲，或者可以说，是情欲的升华。

那些描述宫廷爱情的文学，其让人惊讶的地方，在于它们所出现的历史时期，没有任何事情可以表明妇女的地位取得进步或获得解放。拉康通过一个故事来说明当时的妇女状况。那时候，有一个叫阿拉贡的彼得的人，他是阿拉贡的国王，野心勃勃，想要把自己的势力扩张到比利牛斯山脉的北部。最简单的方法是与蒙彼利埃的女继承人结婚，然而后者已经婚嫁，并且人品高尚，不可能参与任何龌龊的阴谋。于是，经过政治施压，彼得迫使她离开了自己的丈夫。教皇敦促她的丈夫把她接回去，可是，在她父亲死后，万事皆变，她丈夫抛弃了她。不得已，她嫁给了阿拉贡的彼得，却没有得到善待。于是，她逃走了，辗转寻求教皇的庇护。这个故事反映了封建社会中妇女的真实地位，女主角的作用仅仅体现为社会交换，因为她代表了土地财富和世俗权利。除了宗教权利之外，她被等同于她所代表的社会功用，没有属于自己的空间或自由。

这就是当时妇女的真实状况。然而，弘扬宫廷爱情的诗人，在其诗歌中，却赋予妇女尊贵的地位。这种偏离的发生，拉康认为，按照弗洛伊德的解释，涉及对权利的满意。这些吟游诗人，有的出身贵族，有的是仆役之子，当时的地位不比国王或王子逊色多少。他们的诗歌创造的确能够对当时人们的行为礼仪产生影响，但是，作为精神分析师的拉康们，该如何定位这些诗人以及这些诗歌呢？如何从结构的角度来看这些升华式的创作呢？宫廷爱情中涉及的对象和那些女性对象，都是不可接近、不可触及，这是此种诗歌的出发点。这些女性对象，被用男性化的术语称呼，被去掉了个性化的特征，其结果就是，所有的诗人看起来都在称颂同一个女士。在宫廷爱情诗歌中，女性所有真实的构成都被清空了，这也使得后面的玄学诗人，比如但丁，轻而易举地把女人当作哲学乃至科学的对应物。这样的女人，已经近似于寓言中的人物，并且具有象征的功能，所以，诗人们能够用最粗鲁的、最具情色的语言谈论她。

在精神分析师拉康看来，宫廷爱情诗歌中描述的女性，反映了男性最真实的需求，他们所要的是被剥夺了某些真实特征的女性。拉康认为，这些歌唱宫廷爱情的诗歌，实际上倾向于把某些文化上的不满放在物的位置上。诗歌创作发生在历史见证了严酷的现实和某些基本需求之间存在差异的时期。通过艺术独有的升华形式，诗歌创造了一个假想的对象。拉康认为，这个对象不具备人的特征，是非常恐怖的一个伙伴。①

结　语

拉康认为，升华就是将对象提升到物的尊贵高度。因此，谈论升华，不可能不谈论物。

关于升华，拉康还有几点需要说明。

首先，压抑与升华不同，只有当升华被感知到的时候，压抑才会出现。

其次，如果不承认性在儿童早期就开始发挥作用，就是不承认弗洛伊德的整个事业和发现。升华可以追溯到前生殖器（pregenital）阶段，远在意识能够清晰地区别"力比多的目的"（the aims of the libido）和"自我的目的"（the aims of the ego）之前，升华就存在了。

再次，拉康用于阐述升华问题的概念"物"（das Ding, the Thing），指涉之处，在我们出生之前就已存在，也因此，在"我的目

---

① Jacques Lacan, *Seminar VII*：*The Ethics of Psychoanalysis*（1959 – 1960），ed. by Jacques - Alain Miller, trans. by Dennis Porter, p. 150.

的"（Ichziele）出现之前就已存在。

再次，谈论升华，需要参照弗洛伊德提出的"理想的自我"（the ideal ego），需要考虑与他者的联系。

最后，在升华现象中，对象的改变，并不意味着性对象必然消失。最粗俗的性游戏可以是诗歌的对象，而诗歌并不会因此失去升华的目标。

第十一章　拉康论移情

1960—1961 年，拉康研讨班的主题是"移情"。在上课伊始，拉康就宣布，他将从"主体差异性、被假定的情况以及在技术王国的涉猎"① 这几个方面来讨论移情。对于"差异性"（disparity）一词，拉康指出，不是他随便挑选的，他使用这个词，是因为该词基本突显了以下事实，即移情所涉及的、远非主体之间不对称这一简单的概念，这个词暗含了他拒绝同意单凭主体间性（intersubjectivity）一个概念就可以框定移情现象的想法。"被假定的情况"这一说法，已经表明拉康并不同意已有的对移情发生条件的研究。拉康提出这一点，至少表明，他想对此进行修正。至于分析移情的"技术"，拉康指出，至少要遵循原则，因此需要一个正确的拓扑结构来修正我们在日常生活中使用移情这一理论概念时暗示的内容。拉康的目的是把"移情"的概念与他的精神分析经历结合起来，这是他个人的深刻感悟。他说，自己用了很久的时间，才触及精神分析经验的症结，这也是为什么他在开始研讨班的第八个年头，才开始讨论移情的话题。

拉康提出的观点是，精神分析之所以能够萌芽，是因为"爱"。而那历史性的时刻，在《歇斯底里研究》（*Studies on Hysteria*）中提到的

---

① Jacques Lacan, *Seminar VIII*：*Transference*（*1960 - 1961*），ed. by Jacques - Alain Miller, trans. by Bruce Fink，p. 3.

第一个案例中被记录下来，那是发生在一个男人和一个女人之间的故事。在约瑟夫·布洛伊尔（Josef Breuer）治疗安娜·欧（Anna O.）时，精神分析最初的形式逐渐成形，安娜本人把她经历的治疗过程命名为"谈话疗法"。拉康认为，谈论移情，需要知道精神分析最初诞生的原因是什么，但是，在此之前，他需要让那些没参加他前一年的"精神分析中的伦理"那个研讨班的学生，了解几个必要的术语。拉康提到"道德思想"（ethos）、"从无中生"（ex nihilo），是因为这两个术语涉及创世论者认为人类的道德思想从虚无中诞生的观点。这意味着，"从无中生"是道德思想存在之核，而拉康想要说明的是，我们无论如何都没有办法深入这个核心。

他从批评柏拉图的幻想（Schwärmerei，德语）开始论述这个观点。在德语中，"Schwärmerei"的意思是"白日做梦""带着热情幻想"，尤其与迷信有关，暗含了负面的意义。拉康认为，"柏拉图的幻想"在于把"至高无上的善"（the Sovereign Good）投射不能穿越的虚无之境。拉康探询的是，倘若拒绝"柏拉图的幻想"，拒绝认为那至高无上的善占据着我们的存在之核，我们又会得出什么结论呢？因为要与精神分析实践联系起来，拉康本着批评的目的，以柏拉图的学生——亚里士多德的转变为基础开始探讨。就伦理学而言，亚里士多德的思想，毫无疑问已经过时，但是，若要谈论从柏拉图开始的伦理概念的历史命运演变，就一定要提及亚里士多德。拉康在追溯亚里士多德的《尼各马可伦理学》（Nicomachean Ethics）对伦理思想发展做出的关键性贡献的时候，发现亚里士多德虽然延续了柏拉图的"至高无上的善"这一概念，但其含义却发生了很大的变化。亚里士多德从"至高无上的善"出发，开始反思星空，因为那是绝对的、未经创造的、不会腐败的存在。若要了解古代"至高无上的善"这一概念，拉康认为，亚里士多德是重要的参照点。但是，追随亚里士多德，我们就会发现自己走进了死胡同，因为我们不得不承认，没有美德或快乐不是建立在善的基础之上，我们的任务就是寻找正确行事的原则，并要知晓，或许不只是关于善行的原则。

拉康提到，弗洛伊德曾经指出这种善行背后的矛盾之处，认为善行背后潜伏着的进攻性，偷走了实施善行之人本身应有的享乐（jouissance），同时，他的不端行为也会给他的同伙带来无穷无尽的影响，而这就是弗洛伊德在《文明及其不满》中阐述的内容。我们必须追问的是，在实施善行时，我们如何面对我们的欲望，如何平衡欲望与行为之间的关系，如何让两者之间保持单纯健康的关系。当拉康使用"健康的"（salubrious）一词的时候，他是想表达精神分析研究追求真相，拒绝模棱两可，不应该受到某些社会学研究模式的影响。例如，有人建议对无意识的研究，可以简化为二到四种社会学研究模式，这令拉康非常愤慨。随后，拉康回顾了自己前一年对萨德伦理观的探究，通过审视萨德对道德伦理的抨击，审视萨德式主人公追求享乐时，实施的种种施虐羞辱行为，认为自己为听众指出了一条了解弗洛伊德后期思想中那让人难以理解的"死亡驱力"（death drive）这一概念的道路。在拉康看来，弗洛伊德理论高地的核心，即他的一些研讨班听众所调侃的"两种死亡之间"（between – two – deaths），就像索福克勒斯在其剧作中描绘的那般，不限于俄狄浦斯王的经历。在探究人们行善的目的与动机时，拉康提出了把"美"作为标杆来打破理解弗洛伊德"死亡驱力"那个概念的最后屏障。① 在论述《精神分析中的伦理》时，拉康止步于"美的功能"，但是他说，"美"将是他谈论"移情"的起跳板。虽然他不是很想提及"美"在被他称为"柏拉图的幻想"中的构成是什么，但考虑到的确有一些人没有参加他前一年的研讨班，于是，他进一步指出，"美"在柏拉图那里，是哀悼的一种形式，具有不朽的特征。拉康认为，"柏拉图的幻想"，在于他想借由"美"这个概

---

① Jacques Lacan, *Seminar VIII: Transference* (1960 – 1961), ed. by Jacques – Alain Miller, trans. by Bruce Fink, p. 7.

念，赞扬自己的老师——苏格拉底所代表的哲学真理的不朽性。在拉康看来，苏格拉底就这样居于漫长的移情之路的起点，对苏格拉底所言的秘密的探究，将成为他分析移情专题的切入点。

第一节　苏格拉底的秘密

那么，苏格拉底说了什么秘密呢？

拉康说，苏格拉底的秘密，实际是他本人亲自承认的。根据柏拉图的记载（Lysis，204c），苏格拉底声称他可以一眼识别出爱情，当他见到一对情侣，他能轻易识别谁是爱人之人，谁是被爱之人。苏格拉底每每谈论爱情，拉康也说，精神分析能够诞生，是源于爱，因为在拉康看来，那个说出"谈话疗法"的安娜，与她的医生布洛伊尔之间，无论如何遮掩，甚至布洛伊尔最后放弃了他这个引发轰动的实验，也处处说明两个人之间产生了爱情，并且绝对不是单方面的爱恋。弗洛伊德的传记作者，欧内斯特·琼斯，用"反移情"（countertransference）一词来描述布洛伊尔停止对安娜治疗后的行为：重新回归到热情的夫妻生活，突然出游威尼斯，其间妻子还生了一个女儿。拉康认为，"反移情"一词，远远不能充分解释发生在布洛伊尔身上的事情。在终止对安娜的"谈话疗法"之后，布洛伊尔回归家庭，拉康说，这是资产阶级处理婚外爱情的典型方式。但是，这样的理解并没有触碰问题的本质，因为，布洛伊尔抵制或不抵制这份爱情，其实都没有区别，不过我们应该欢呼的是，布洛伊尔这样的处理方式，预示了十年后，他与弗洛伊德的分道扬镳。布洛伊尔是在1882年对安娜实施"谈话疗法"的，然后弗洛伊德花费了十年的光阴，与布洛伊尔合作了《癔症研究》（*Studies on Hysteria*，1895），最后两个人渐行渐远。

拉康敏锐地发现，问题的症结就出现在这里：爱神厄洛斯原本选中了布洛伊尔，不料他仓皇出逃，而弗洛伊德没有转身，选择直面问题。这也是为什么在琼斯为弗洛伊德所著的传记中，我们能够看到，在弗洛伊德经手的每一个案例中，都有教授夫人——弗洛伊德妻子的出现，她的在场，成为弗洛伊德欲望画卷的永恒元素。弗洛伊德用不同于布洛伊尔的治疗方法，使自己成为爱神厄洛斯的主人。弗洛伊德选择效力于爱神，目的是利用他。从"利用爱神"开始，问题就出现了："利用爱神"的目的是什么？对这个问题的思考，被拉康当作探究由移情造成的问题的切入点。

拉康认为，苏格拉底也是以退为进，先服从爱神，然后利用他。苏格拉底因为藐视传统宗教、腐化青年思想的罪名被判处死刑，从而维护雅典秩序之名，这一判处得到了大多数人的同意。苏格拉底接受了自己的命运，拒绝了朋友的救赎提议，饮鸩而死。后世的作者们并不能确定这一处决到底公正与否，在拉康看来，苏格拉底选择赴死不可避免，那么，这一命运将把这位伟人带往何方？弗洛伊德没有像苏格拉底那样，需要付出生命的代价，但他提出的"死亡驱力"一说，在拉康看来，与苏格拉底选择死亡有相似之处。拉康提及，他在讲解《精神分析中的伦理》时，曾谈论萨德的理想。萨德渴望"永恒的死亡"（eternal death），这一概念与肉身的死亡截然不同，它使得存在本身成为一种迂回。肉身毫无例外地受到厄洛斯的支配，根据柏拉图的说法，厄洛斯让两个身体结合成一个灵魂；根据弗洛伊德的说法，身体的结合与灵魂无关。但是，不管怎么说，厄洛斯是联系和统一的纽带。拉康非常肯定的是，单纯地使用"主体间性"的概念，并不能令人信服地解释移情问题，但弗洛伊德从厄洛斯的视角切入后进行的探究，是让人惊叹的。

在拉康看来，弗洛伊德关于移情的研究方法，与"主体间性"这个视角，犹如彼岸花的花与叶，只有在叶子没出现的情况下，花才盛开。如果从"主体间性"这个视角出发，作为一位分析师，拉康首先在意的是，不让自己陷入那种情境，就是患者不得不向他吐露自己的所思所想，那么，分析师应该采取的态度就是不给患者谴责他的机会。但是，即使分析师已经尽力，还是会有一些东西在无意中流露，导致患者采取某一种态度。在这种情况下，分析师只能假定患者并不知道自己在做什么，并且要万分小心，避免发生误解。所以，拉康说，在精神分析中，"主体间性"是被抑制的，也是被无限期推迟的。这得以让另一个可以掌握的东西出现，根据它的基本特征可以确定，就是移情本身。患者自己知晓移情，而且他需要移情。对于一些人认为移情是主体间性的一个方面的观点，拉康并不反对，并且调侃，是他的引导才让人们有了这样的认识。拉康提出，主体在精神分析过程中具有他性（alterity）的特征，这与约翰·里克曼（John Rickman）贡献的"双体心理学"（two - body psychology）有重合之处。拉康说，"双体心理学"这个术语，在人们假定的分析情境中，至少应该唤起人们对身体的关注，但奇怪的是，人们使用这个术语时，恰恰省略了身体的吸引力。

说到身体的意义，拉康转向苏格拉底。苏格拉底在与弟子的对话中，不断提及身体之美。这让拉康回到他前面提出的问题上，苏格拉底如何区分"爱人之人"和"被爱之人"。他说，如果在苏格拉底对话的开端，充满了激情的问答是与身体有关的，那么，在我们的分析中，一定要强调，那些凸显与身体有关的特征，其价值源于其特别负面的影响。拉康以苏格拉底长相丑陋为例，说明分析师们不是因为外表俊朗而为人知晓。但是，丑陋也绝不会成为爱的障碍。毕竟，在精神分析中，分析是唯一的做事方法，漂亮迷人的外表反而是一种缺陷，它会让咒语失效，所以我们几乎听不到有人谈论哪个"英俊的分析师"。拉康并不认为这些是题外话，他还指出，同样值得注意的是，在分析师指导患者的时候，与患者身体的接触，原本是医疗检查所必需的，却被放弃了，而且形成一种需要遵循的规则。真正的原因无法探明，但若说是为了避免过度的移情效应发生，并不能够让人信服。因为人们无法解释，为什么身体接触会造成更多的移情。的确，在一些偏远落后地区，在穆斯林的闺房中，在葡萄牙那里，医生只能隔着衣服给患者听诊。然而，听诊这一行为，在拉康看来，已经构成了对规则的破坏。因为听诊，通过听取患者片刻的身体状况来判断病情，然后把听到的内容转换成标记术语，这种行为本身不乏情色的成分，并且听诊所需的距离在医生那里，既代表嫌恶，也代表兴趣。

追求身体的中立化状态，曾经是文明的第一目标。但是，在精神分析中，这一目标被毫不犹豫地要求着，甚至所有的小心翼翼都假定了身体可以被抛弃。分析师们必须知道，从一开始，在集体关系的层面，精神分析就需要高度的力比多升华。很多精神分析案例都保持了足够的体面和庄重，这让拉康认为，如果两个人待在一个不被打扰的封闭空间中，却很少发生一个人对另一个人实施身体上的强迫行为，只能说明这个封闭空间产生的诱惑远远逊于其他场合。进行精神分析的小房间，舒适温馨，在拉康看来，不过就是一个谈情说爱的场所，其努力营造的氛围，最具人工的痕迹。但是，在社会环境中，自然真实的爱情发生时，绝对不是这样的。弗洛伊德也不止一次论及，现实社会里的真实爱情充满了隐秘和危险。医生的办公室过于安全，反而让爱情可能发生的条件前后矛盾。

拉康问：为了告诉患者他缺乏什么东西，需要医生和患者保持距离，这样做的前提是什么？更加可怕的情况是，根据移情的本质推测，只要患者可以爱，他就会发现自己缺乏什么。精神分析的目的，不是追求患者的利益，而是让他可以爱。关于爱，我们还需厘清两个不同的概念：去爱是什么意思？到底什么是爱？要想说清楚爱，拉康说，他需要像苏格拉底那样有这方面的知识，而翻阅精神分析文献，却发现精神分析是在利用爱，但关于爱的谈论，是最少的。实际上，关于爱的讨论由来已久，最早可以追溯到柏拉图的《会饮篇》。这部关于爱的论著，充满了未解之谜，有待证明。拉康认为，精神分析的经历，可以为柏拉图的幻想（Schwarmerei）提供充分的证据。拉康将从第一次精神分析移情开始，从那些具有里程碑意义的事件中逐步推进，向研讨班成员展示他的发现和推论。

第二节 《会饮篇》

拉康说过，移情与身体有关，并且，美有可能在其中起到作用。分析师英俊的外表会引发移情，对此，他可以从柏拉图的《会饮篇》中找到证据。在寻找证据前，拉康需要对《会饮篇》稍加评论。在他看来，无论是谁，初读《会饮篇》都会感到大吃一惊，在僧侣和没有知识的人并行的时代，《会饮篇》却得以传承下来。可是，这个文本，在今天的我们看来，与那些被纳入警察调查范围之内的特殊文类没什么不同。例如，发生在阿西比亚德（Alcibiades）与苏格拉底之间的对话，当人们读到其中第二部分的时候，一定会被其中的内容震惊到。拉康认为，对话透露的内容，已经超过了酒宴论说（symposium）的界限。

所谓的酒宴论说，是一种仪式，有一定的规则，人们边饮边说，通常发生在精英人物或知己好友之间。这种风俗习惯，不只为柏拉图的对话提供了契机。实际上，在希腊各地的文化阶层中，都有这样的传统，规定参加酒宴论说的人，必须就一个专门的话题发表短暂的演讲；为了体现酒宴论说的重要性，还规定，每一个参加者都不能过量饮酒。可是，在《会饮篇》中的那些与会者们，已经喝得醉醺醺了，当轮到阿里斯托芬讲话的时候，又有一群不速之客走进了宴会厅。就是在这种背景下，阿西比亚德开始主持仪式的进行，并且开始谈论起某件事令人不堪的本质。拉康说，这其实也是他想谈论的。

那么，阿西比亚德和苏格拉底当时的社会地位如何呢？因为，只有知道他们的身份，我们才可能更好地理解他们说的话。一般来说，通过阅读普鲁塔克的《希腊罗马名人传》，可以了解阿西比亚德的大致性格。不过，因为普鲁塔克笔下人物的塑造，意在为后面的道德传统提供范式，所以，拉康认为，普鲁塔克的描述不足为信。我们只能根据普鲁塔克的概述，想象阿西比亚德出现在苏格拉底之前的经历。阿西比亚德在政治上的进取毋庸置疑，他具有藐视一切的勇气，可以逆转败局，无往不胜，但是因为自己的不端行为，遭到所有人的驱逐和排斥。当雅典在伯罗奔尼撒战争中失败的时候，雅典人把阿西比亚德召了回来，让他对某些不明事情如所谓的赫耳墨伊（hermai）肢体残毁进行解释，他们怀疑阿西比亚德践行过崇拜撒旦的黑弥撒（black mass）。需要说明的是，阿西比亚德所处的时代，希腊起义纷起，志在推翻城邦法律。可以说，这个时代的人们已经谋求与传统分离，对城邦律法和固有形式已经表达轻视，更不用说宗教本身了。

阿西比亚德本人极富魅力，无论走到哪里，都有人被他深深地吸引。当雅典人对他发起诉讼后，他转而投入斯巴达的怀抱。他本人实际上在两个城市的对抗中起着推波助澜的作用。在此之前，他尽自己所能，让两城间的和平会谈屡屡以失败而告终。在他站队斯巴达之后，立刻发现，没有什么事情比让王后怀孕并且让所有的人都看到、认识到这一点更配得上他的名望了。众所周知，国王与王后有十个月之久没在一起，于是，不出意外，王后怀上了阿西比亚德的孩子。阿西比亚德声称，他这样做并非为了享乐，而是为了确保他的后代可以袭承王位，以自己的血脉为斯巴达的王位增加荣光。就这样，阿西比亚德馈赠了他的血脉，与此同时，他还提出了几点关于战争策略的好建议，之后，他就着手在第三阵营——波斯那里，创建自己的总部。他去拜访了波斯国王的全权代表，该代表非常憎恨希腊人，却对阿西比亚德无比着迷。此后，阿西比亚德致力于恢复雅典的荣光。他用自己的身份，为雅典人提供信息和情报，凭一己之力扭转了雅典的败局。总之，当他回到雅典的时候，是以胜利者的姿态示人的。对于这样的一个人，人们很难没有看法。他的死亡也让人感到奇怪，在经历了跌宕起伏的一生之后，他被仇恨他的人用标枪和弓箭射杀了。

拉康说，这样具有传奇色彩的人物，除了他无与伦比的才能之外，有一个特征尤其突出，那就是他俊美无俦的外表。他从儿童时期开始，就拥有让人艳羡的好容貌，长大以后，仍然保持了这种惊人的美貌，这让他轻而易举地取得他人的信任。这样的一个人，出现在酒会宴饮中，担当满座高知论坛的主持人。当时希腊人对爱的认识，已经让他们不乏情色地谈论爱这个话题。作为主持的阿西比亚德，在宴饮中向每一个人传递的信息，概括起来就是，他年轻时，苏格拉底爱他，他想让苏格拉底与他有肉体上的交往，但失败了。他用粗俗的语言，详细地讲述这件事情，目的是让苏格拉底失控，引发后者情感上的波澜，最后能同他发生真正的身体上的接触。阿西比亚德喝醉了，当着众人的面，叙述自己的情史和欲望。但是，毫无疑问，柏拉图丝毫不觉得他的话与他的身份不符，或者认为在公开场合说这些话不合适，因为，他严谨地记录下他们说过的每一句话。

与柏拉图毫不避讳的记录同样让拉康感到惊叹的是，后世译者，如亨利·埃蒂安纳（Henri Estienne）组织的对柏拉图作品的翻译，严格忠实于原文，不像有些译者，认为阿西比亚德所说的话是后世附加上去的，于是，轮到阿西比亚德出场的时候，他们就停止了翻译。同样，一些讲授柏拉图思想课程的人，如维克多·勃罗查德（Victor Brochard），在分析柏拉图作品中涉及的与爱有关的理论的时候，一定会提及《吕西斯篇》（*Lysis*）、《斐德若篇》（*Phaedrus*）、《会饮篇》（*Symposium*），但当他谈到阿西比亚德的时候，他就转到了《斐德若篇》，并不对阿西比亚德的故事做进一步的解释。拉康说，他的这种保留态度值得尊敬，因为这至少证明了他感觉到这里有问题。[①] 也有学者，如

---

① Jacques Lacan, *Seminar VIII: Transference* (1960 – 1961), ed. by Jacques – Alain Miller, trans. by Bruce Fink, p. 25.

利昂·拉宾，认为柏拉图之所以详细记录阿西比亚德对苏格拉底表白心意的这部分内容，意在证明苏格拉底无罪，他的道德观念没有问题，世人应该归还公道于他的老师。拉康不认同这种看法，在他看来，下面两件事情中，至少有一件是真实的：寻找柏拉图没有提及的一系列原因，或者，这个场景实际上另有目的。拉康问：为什么阿西比亚德闯进来？为什么他坐在苏格拉底的旁边？据此推测，苏格拉底可能与他有某种关系，这才让他这个远道而来的人，成为苏格拉底最难舍难分的那个人。

拉康认为，阿西比亚德的出现，实际上与爱的问题密切相关，这是《会饮篇》中一切悬而未决的问题的答案。而篇中呈现的爱与移情关系的问题，是拉康要重点分析的。

读者自然会问：《会饮篇》叙述了什么内容？柏拉图想要告诉我们什么？它是虚构的作品，还是根据某些原则进行的创作？为什么用对话这种文类？在对话过程中，与会者参与其中，一个接一个地表达自己的观点，直到最后，阿西比亚德令人意外的一番话被记录下来。在拉康看来，这番话另有深意。他特别指出，我们今天看到的《会饮篇》中的对话，最初是没有纸质记录的。柏拉图自己也曾提及，当时的人们用口口相传的方式传播这些对话。对于记录者是否真正忠实于对话原文，拉康表示怀疑，但有一点却毋庸置疑，那就是：在谈论爱这个问题的时候，苏格拉底的行为，被挑选出来作为参照。

《会饮篇》的主题是在问：在爱这个问题上，知识渊博的意义是什么？

苏格拉底声称，他不了解其他方面，但关于爱，他还是了解一些。同样让人惊讶的是，苏格拉底几乎从来没有以自己之名说过什么。他并没有把爱上升到神的高度，只是谈论他爱的东西。他是在悲剧家阿伽通（Agathon）后面开始演讲的，参加会饮的还有修辞学家斐德若、戏剧家阿里斯托芬等。

拉康特别指出，在《会饮篇》中，众人讨论的爱的话题，仅限于对俊美少年的爱慕。并且，可以肯定的是，这是一种升华的形式。[1] 同样，这种爱与社会层面的退化无关，更谈不上社会关系纽带的解体。它只是当时希腊文化的一个事实，在当时的富裕阶层——奴隶主们中间得到高度的发展，是人们谈论人际关系的核心范畴。[2] 但是，这些都不能否认，无论如何升华，希腊式爱恋都是一种反常行为。倘若你坚持这样的看法，那就是避而不谈核心问题，这种同性间的爱慕属于当时文化的一部分，理应得到我们最高的敬意。希腊式爱恋与当代同性恋之间的差别只在于，他们的对象得到充分的尊敬，今天的对象见不得天日。

当希腊人谈论同性之间的爱情的时候，他们声称，并非对女性没有敬意，而拉康也相信女性在古希腊社会中拥有重要地位。根据阿里斯托芬的记载，当时的女性经常攻击男人，在拉康看来，这应该是男人在其他地方寻找爱情的原因。古希腊社会中盛行的这种成年男性对少年学生的爱恋，不像男人对女人的爱情那般复杂。在这一点上，这种爱恋，其实为每一个人提供了爱的教育。拉康说，这并不意味着这种希腊式爱恋可以重新建立，其原因在于，当下社会里，"爱情，及其现象、文化和维度，已经与美分离很久了"[3]。只有与美关联起来，今天的我们才能理解柏拉图关于爱所讲述的内容。

此外，拉康还指出"爱"的两个特征：其一，爱是一种滑稽的感觉，具有喜剧的特质；其二，爱能带给你不曾拥有的东西。为了说明两个人恋爱时到底发生了什么，拉康将逐步审视苏格拉底说的话，并

---

[1] Jacques Lacan, *Seminar VIII：Transference（1960 – 1961）*, ed. by Jacques – Alain Miller, trans. by Bruce Fink, p. 30.

[2] Jacques Lacan, *Seminar VIII：Transference（1960 – 1961）*, ed. by Jacques – Alain Miller, trans. by Bruce Fink, p. 31.

[3] Jacques Lacan, *Seminar VIII：Transference（1960 – 1961）*, ed. by Jacques – Alain Miller, trans. by Bruce Fink, p. 33.

且假定，发生在古希腊两个男性之间的爱情是纯洁的，"爱人之人"和"被爱之人"实际上都是中性的。他将用精神分析的方法，以他讲授过的《与客体的关系》（*The Relation to the Object*）和《欲望及其阐释》（*Desire and Its Interpretation*）中涉及的理论为工具，把"爱人之人"看作"欲望的主体"，而"被爱之人"作为恋人间唯一拥有某些东西的那个人。分析师需要确定的是，"被爱之人"拥有的那个东西，是否就是"欲望主体"缺乏的东西。对于欲望及其对象的关系，拉康通过对主体语言的分析，发现原初的"欲望变身为对其他东西的欲望"①。拉康说，认识不到欲望转变的人，不了解象征、想象、真实界域中暗含条件的人，就无法掌握移情发生时的具体情形，也无法比较移情和恋爱，或者判断两者中幻想和真实所占的份额。

第三节　被爱之人：阿喀琉斯

在《会饮篇》中，苏格拉底声称，他有能力在一对恋人中，轻松地识别出谁是"爱人之人"，谁是"被爱之人"。拉康之所以对"爱"这个问题感兴趣，是因为它能够让他解释"移情"现象发生时的情况。于是，他把苏格拉底的这个讲述，作为他讨论移情专题的出发点。从自身经验出发，拉康问，作为精神分析师，他们与患者间的关系如何，因为这对于分析来说至关重要。我们接近患者的方式是否是爱的方式？这种方式与我们了解的爱的本质有关吗？

为了探究发生在精神分析对象和分析师之间的移情现象，一方面，拉康打算借用《会饮篇》中提到的隐喻，其中，阿西比亚德把苏格拉底比作各种珍贵的东西/客体，拉康的追问是，这些隐喻，一定、可能或被认为包含了什么内容；另一方面，拉康认为，最好的方法就是调

---

① Jacques Lacan, *Seminar VIII: Transference* (1960–1961), ed. by Jacques–Alain Miller, trans. by Bruce Fink, p. 34.

查人们认为移情在多大程度上模仿了爱情，甚至达到难以区分的地步。弗洛伊德也写过《对移情—爱情的观察》（*Observation on Transference – Love*），将移情置于相关的情境中进行分析。但是，在爱这个问题上，一直存在一丝不确定性、分歧和欺骗性，这些可以通过参照精神分析时发生的一些模棱两可的事情来理解。走进诊疗室的患者，通常认为自己不知道自己有什么，而在分析结束的时候，弗洛伊德告诉我们，他的确没有什么，他唯有缺乏。无论你称呼这个缺乏为"阉割"，还是"阴茎嫉羡"，都没有关系，这只是一个符号，或者一个比喻。在拉康看来，整个精神分析过程，严格来说，就是对"无意识大他者"的（the unconscious Other）彻底深入揭露。① 拉康提及这些，是为了收集必要的理论术语，也是为了勾画出他要采取的方法，为理解移情和爱情的相似之处做准备。

对于爱情，拉康说，据他所知，还从没有被置于"爱人之人"和"被爱之人"的情境中讨论过。"爱人之人"不知道自己缺乏什么，"被爱之人"不知道自己有什么。可以说，爱这个现象，迷雾重重，那么，如何探究其背后的真相呢？拉康提出用能指和隐喻这些术语解决问题，对他来说，"爱"这个能指，其实是一个"隐喻"，而"隐喻"都是一种替代。② 他建议听众接受他的这个观点，把它看成一个代数公式：只要"爱人之人"作为"缺乏的主体"，取代了"被爱之人"——那个"被爱的客体"，爱的意义就得以呈现。

拉康已经介绍了《会饮篇》中的背景和人物，并且认为，篇中反映的对爱的认识比较简单，然而，人物却高度复杂。为了说明这一点，他从阿西比亚德这个人物切入。在此之前，他提到，颇为滑稽的是，

① Jacques Lacan, *Seminar VIII: Transference*（1960 – 1961）, ed. by Jacques – Alain Miller, trans. by Bruce Fink, p. 39.

② Jacques Lacan, *Seminar VIII: Transference*（1960 – 1961）, ed. by Jacques – Alain Miller, trans. by Bruce Fink, p. 40.

近 24 个世纪以来，无论是自由思想家，还是宗教人士，在谈论爱这个问题的时候，无一不提这篇肇始之作。

发生在公元前 416 年的会饮，在场的苏格拉底 53 岁，仍然英俊的阿西比亚德 35 岁，刚刚获得最佳悲剧奖的阿伽通 30 岁，会饮在后者的家里进行。拉康认为《会饮篇》中最好的部分在文末，而文章的开头，意在营造一种虚幻的真实。他将略过开头，略过其中提到的规则，直奔主题。事件的发展，是通过一个接一个的演讲推进的。斐德若是第一个演讲的人，接下来是包萨尼亚（Pausanias）、鄂吕克锡马柯（Eryximachus）、阿里斯托芬（Aristophanes）、阿伽通、苏格拉底，这原本是会饮正常的流程，直到意外出现，阿西比亚德醉醺醺地走了进来。

在拉康看来，柏拉图如此大费周章地设计《会饮篇》的内容和结构是在表明，在爱这个问题上，存在一个基本的拓扑结构，它阻碍了我们合情合理地谈论爱情。柏拉图的表达方式不够大胆，而且迄今为止，也无人对此进行过揭示。

斐德若说话的时候，提到了诸神。拉康问：在古代，诸神代表了何种含义？他们属于象征、想象和真实中的哪一个域？拉康不认为这是没有意义的问题。毕竟，在《会饮篇》中，被从头到尾追问的问题是：爱是不是一位神仙？直到对话结束的时候，我们才知道，爱不是一位神仙。拉康直言，爱属于"真实的"范畴，诸神只是"真实"得以揭示的一个模式。在拉康看来，哲学和基督教的发展倾向于消除诸神，基本是从多神教演变为无神教，把上帝替换成"道"（Word），或"逻各斯"（Logos），人们在"逻各斯"中，在表意的层面上，寻找"真实"，替换基督教上帝的揭示。任何一个调查研究都认为自己是一门科学，柏拉图也是如此看待苏格拉底的探询。苏格拉底提出，我们不应该满足于自己同观点的关系，而应该追问，为什么我们只对确定的真相感到满意。柏拉图告诉我们，这就是苏格拉底的哲学问道。

　　拉康再一次提到，柏拉图的幻想就是建立一门科学。然而，在《会饮篇》的开头，读者就能看出，柏拉图的叙述已经背离了这样的初衷。斐德若在介绍话题时说，爱是伟大又古老的神。很明显，这是从神学视角出发的，并且在当时的希腊，谈论爱就等于谈论神学。斐德若在引出话题之后，没有停止，而是继续谈论神圣的爱及其效果。

　　真正相爱的两个人，不会被任何外界力量拆散，不会屈服于权威，不会让爱蒙羞，他们代表了最高的道德权威，这样的爱意，也会让他们毫不迟疑地为对方做出任何牺牲。斐德若以欧里庇得斯笔下的阿尔刻提斯为例，她自愿代替丈夫赴死，这是她丈夫年迈的父母、朋友、孩子们都不可能选择的。拉康在这里顺便提起他在前一年研讨班上对悲剧范围的限定，在他看来，悲剧一定涉及"两种死亡之间"（the be-tween‒two‒deaths）。斐德若继续列举的两个例子，按照他自己的话说，也是涉及"两种死亡之间"的范畴。第一个例子是俄耳甫斯设法到地狱中寻找妻子欧律狄刻，结果空手而归，因为他回头看了一眼，导致第二次失去妻子。第二个例子是阿喀琉斯和帕特洛克罗斯的爱情。于是，我们看到，斐德若在比较阿尔刻提斯、俄耳甫斯和阿喀琉斯三人对待爱情的方式。他认为诸神不喜俄耳甫斯，认为他过于软弱，以至诸神只让他看到妻子的鬼魂，而不是一个真正的女人。于是，斐德若先排除了俄耳甫斯。阿尔刻提斯通过死亡真正替代了她的丈夫，这种为爱赴死的行为，是斐德若欣赏的。那么阿尔刻提斯和阿喀琉斯相比，谁的爱又更胜一筹呢？

　　斐德若认为，发生在阿喀琉斯身上的事情，与发生在阿尔刻提斯身上的事情，完全不同。因为青梅竹马的恋人帕特洛克罗斯先他而去，阿喀琉斯无意独活，欲用死亡的方式追随他。他的母亲忒提斯（The-tis）告诉他，如果不杀赫克托耳（Hector），他就能平安归来；如果杀了赫克托耳，他也必死。阿喀琉斯果断地选择牺牲。根据这样的叙述，人们很自然地认为，在这对恋人中，阿喀琉斯是爱人的那个，帕特洛克罗斯是被爱的那个。可是，在《会饮篇》中，斐德若说，不要弄错了，被爱的那个人只能是阿喀琉斯，因为阿喀琉斯更年轻，胡须还没有长出来，而帕特洛克罗斯比阿喀琉斯年长十岁，一定是爱人的那个。

然而，这不是拉康感兴趣的地方。不过，的的确确，"诸神会感到宏伟和神奇的，是在看到被爱之人的行为方式有如爱人之人的时候。在这一点上，阿尔刻提斯与阿喀琉斯截然不同"①。阿尔刻提斯是爱人之人，阿喀琉斯是被爱之人，也因此，后者的牺牲更让人敬仰，这才是诸神偏爱阿喀琉斯的原因。

"爱人之人"与"被爱之人"这两个称谓与"主体间性"这个理论术语似乎存在关联。当人们提及"主体间性"的时候，已经假定，他者是一个与我们一样的主体。但是，拉康说，还可以从另一个方向对此进行探究：从欲望功能的视角来理解一对恋人中，他者的存在状态。这个他者，在欲望之中，绝非一个主体，而是一个深受喜爱的客体。

前面，拉康曾经说过，《会饮篇》中诸神是"真实的"表现形式，那么，向象征秩序的转移，意味着与"对真实的披露"拉开距离。斐德若说，"爱神"在巴门尼德（Parmenides）的《诗篇》中，是地位最高的神。吉恩·波弗埃（Jean Beaufret）在自己的著作中，认为爱神就是真理。拉康在讲授《弗洛伊德的物》（*The Freudian Thing*）中认为爱是真理的第一个想象或发明，她无父无母，没有谱系。可是，在海西奥德（Hesiod，公元前8世纪希腊诗人）的著作中，诸神之间的关系是以亲属关系、象征形式进行呈现的。基督教的上帝，在拉康看来，他的三位一体，其实是父亲、儿子和爱的三位一体。因此，爱是一位神祇，也就是一种存在现实，她在真实中展示、显露自己。这样的爱，可以通过神话言说，也可以经由一个隐喻。爱是我们伸手去摘的苹果

①　Jacques Lacan, *Seminar VIII*：*Transference*（1960－1961），ed. by Jacques－Alain Miller, trans. by Bruce Fink，p. 48.

或玫瑰，这是隐喻。如果是神话，就应该是这样的，当我们伸手去摘玫瑰的时候，另一只手从玫瑰中探出来，两手相握，爱意诞生。最先把手伸出去的人，是主动的爱人之人；后面伸手的人，是那个被爱之人。拉康问：在什么情况下，被爱之人会变成爱人之人？当被爱的对象变身为欲望的主体时，究竟发生了什么？

回到斐德若对阿喀琉斯和阿尔刻提斯的比较上。诸神认为阿喀琉斯的爱更崇高，原因如下：阿尔刻提斯代替丈夫去死，丈夫就可以活着；阿喀琉斯为帕特洛克罗斯去死，可是帕特洛克罗斯在他之前已经死去。更加不同寻常的是，阿喀琉斯在知道后果的情况下，如果他为帕特洛克罗斯报仇，他就必然死亡，但他仍然义无反顾地选择为恋人复仇。阿喀琉斯是被追求的那个人，帕特洛克罗斯的去世，让他处于亏欠帕特洛克罗斯的状态，于是，他选择与他亏欠的东西和解。阿喀琉斯选择复仇和死亡，他这样做，博得了诸神的欣赏，且让他们震惊，作为冷漠且永生的神祇们，根本无法想象人类可以如此展示他们对爱的理解。

第四节　包萨尼亚论爱

斐德若讲完，轮到包萨尼亚，他讲的男人对少年的爱的那些观点，被认为就是柏拉图本人的看法。拉康却认为，包萨尼亚不是宴饮里的重要人物。

包萨尼亚的演讲以阿芙洛狄忒为题，认为作为宙斯和狄俄涅女儿的阿芙洛狄忒，无法和那个在克洛诺斯阉割乌拉诺斯时喷射到大地的雨中诞生的阿芙洛狄忒媲美，后者没有母亲，更加具有天神的特征。拉康认为，包萨尼亚的演讲是典型的社会学家的话语，因为他的话，是围绕着希腊社会中阶层地位的差异来展开的，目的是谈论那些最强壮、最有活力、最有智慧的男人们对少年的爱。从包萨尼亚的话中，我们得知，这种爱，在雅典和斯巴达等地得到允许，并可以像婚姻一般存续着。这些地方甚至举行竞赛，只有最优秀的男子才能得到爱人的地位。男人们追求这种爱，当然是为了从中获益，即从少年身上获得他们自己没有的东西。作为交换，男人们会贡献自己的才智、美德、优点给少年，让少年得到教育，获得知识。包萨尼亚认为，这是爱的最高形态，也是后世所谓的"柏拉图式的爱情"。拉康发现，包萨尼亚的演讲都是用价值的术语进行的，他的主要观点就是要正确地进行精神投资，不要把精力浪费在不值得的少年身上；同时，也要规定一些规则，防止不配少年的人有机会接触到那个被欲望的对象。

拉康说，这其实是"富人的心理"[1]。在拉康看来，富人的第一职责就是购买奢侈品，并且他们根据价值的考量，决定是否与他人建立联系。在包萨尼亚所讲的希腊社会中，被追求的少年就是富人们争相占有的财产。包萨尼亚本人，在这次会饮结束后，又过了几年，与同样参加宴饮的阿伽通私奔到一个遥远的小岛之上。阿伽通在会饮发生时，三十岁，刚刚获得最佳悲剧奖第一名的成绩。拉康认为，包萨尼亚的爱情理想其实是隐蔽的投资，目的就是囤积属于自己的东西，他对阿伽通的爱，表现为他对美好事物的追求，目的就是获得最好的事物。

然而，拉康说，这些远远不是柏拉图本人的观点。他提起，自己去拜访科耶夫，向他讨教《会饮篇》中柏拉图的观点。科耶夫给拉康的提示是，如果你不知道阿里斯托芬为什么打嗝，你就无法解释《会饮篇》。[2] 得到提示的拉康，回去之后，重读了相关部分，终于认识到，在包萨尼亚演讲过程中，阿里斯托芬不断打嗝，是因为他一直在捧腹

---

① Jacques Lacan, *Seminar VIII: Transference* (1960–1961), ed. by Jacques–Alain Miller, trans. by Bruce Fink, p. 56.

② Jacques Lacan, *Seminar VIII: Transference* (1960–1961), ed. by Jacques–Alain Miller, trans. by Bruce Fink, p. 61.

大笑，并且发现，其实捧腹大笑的还有柏拉图。倘若柏拉图大笑，那说明，这也一定不是苏格拉底的观点。拉康认为，苏格拉底在《会饮篇》中的贡献，就是以他自己之名进行的演讲。当苏格拉底问"爱？爱什么？"的时候，问题的焦点已经从"爱"转移到"欲望"之上。就欲望的本质而言，厄洛斯欲望的是，它所缺乏的"美"。

从"爱"到"欲望"，这让拉康回到他当年研讨班的主题——"移情"上。在精神分析中，接受分析的主体们最后发现的是他用缺乏的形式表达他的欲望。在精神分析中，随着时间的流淌，移情中的爱终于开花结果，那对占有的寻觅，变身为其欲望的实现。拉康指出，当他说"欲望的实现"的时候，其关注点并不在于占有某个对象，而在于这样的欲望在现实中出现。当他寻觅一个合适的文本，能够帮助他言说他对于移情的认识的时候，《会饮篇》出现在他的视野之内，拉康认为爱和欲望这样的问题在这个文本中得到了充分的讨论，尤其是在那个把阿西比亚德的出场作为会饮结束的时刻。

阿西比亚德的出现，让会饮原本的流程和气氛都发生了变化，他所说的话，也反映了他的格格不入。他说他自己的感受，说他因为苏格拉底的态度而受到伤害，这伤害至今也未痊愈，他仍然被这个伤害折磨着。在拉康看来，阿西比亚德在众人面前的倾吐，其后苏格拉底对此的解读，以及解读之后马上回到对秩序的谈论上，这些奇怪的场景，实际上与移情中发生的各种情形存在相同之处。要想真正理解发生在阿西比亚德和苏格拉底之间的场景代表的真实含义，还需要了解柏拉图对作品的总设计，如果不知道柏拉图展示这个场景的原因，就不可能知道其真实含义。

第五节　阿里斯托芬论爱

阿里斯托芬，这个造成苏格拉底被判死刑的人，在《会饮篇》中，像一个喜剧演员一般地出席。拉康的疑问是，柏拉图这样安排，其用意何在？

　　他从柏拉图的话语切入。为了尽可能正确地理解柏拉图在《会饮篇》中说的话，拉康说，他不得不提及篇中随意散乱的话语背景，不得不考虑话语和历史的关系。但是，这个思考与话语在历史中处于何种地位无关，而是考虑，历史自身如何在话语进入现实的方式中诞生。《会饮篇》的背景，恰逢人们对宇宙的谈论开始之时，然而，这些话语很有东拉西扯之嫌。科学诞生之初，宇宙是作为话语中的宇宙出现的，现实中的宇宙把自己交付给语言秩序，当时的哲学家们期待通过话语这个工具达到掌握现实的目的。拉康提醒，对那个时代现实的掌握和理解，与他从柏拉图那里借来的一个术语密切关联。这个术语，是柏拉图在《第七封信》中，对人们从辩证运作中寻觅事物的命名。拉康在讲授《精神分析中的伦理》时，使用了这个术语——"物"（the Thing）①。对这个术语的理解，拉康强调，它不代表一件事，却可以看作一个人的主要关注或最终的实在。思考是"物"依赖并得以呈现的媒介，也就是说，思考是把"物"付诸实践的一个方式。同样，"理论"一词，最初的含义并非对实践的抽象概括，而是"实践"（praxis）本身。

　　在这个时代，苏格拉底提出，一个人最需要的就是知识，并且在他称为"知识"（episteme）的领域中，他发现，话语可以让真相的维度显现。这是通过话语自身的特性实现的，也就是说，话语只有通过实践，即经过言说，才可以成为话语，因此，话语的真相与其实践密不可分。苏格拉底会说，并不是他反驳与他对话的人，而是真相本身在言说，就像父亲不是母亲，凡人不是神仙一样。对于死亡，他说，

---

　　①　拉康在他的研讨课上使用法语讲解精神分析学中的重要概念，但他在讲解"das Ding"时，保留了弗洛伊德使用的德语词"das Ding"。英文译者在翻译拉康著作时，有的译者把"das Ding"翻译成"the Thing"，有的英文译者不做翻译，保留德语原词。

我们一无所知，所以无须害怕，而且，我们也无法知道死亡不是一件好事。根据《申辩篇》的描述，苏格拉底拒绝了他的追随者提出的各种解救他的提议，坦然面对死亡。拉康说，这是他第一次接近理解那种追求死亡的欲望中包含的神秘特性。

在拉康看来，苏格拉底真诚地相信神的存在，认为自己的所作所为皆是为神服务。神，在苏格拉底的认知中，是真实，是现实。他依据神的旨意行事，在他看来，就是哲学探索，科学探索。因此，在这个层面上，诸神属于现实范畴，是真实存在的，不属于象征领域。于苏格拉底来说，对神谕的遵奉，就是对真理的追求。

苏格拉底说过的话，都是柏拉图从别人那里听来的。因此，在柏拉图记载苏格拉底对话的书中，处处显现柏拉图本人的质疑和提问。无论如何，拉康认为，"柏拉图想要的，都是物（the Thing）"[1]。柏拉图想要建立的学院，是一座城，其间收留世间最聪明的智者，这是他在前往西西里的途中，于梦中显现的。那是一个他梦想的乌托邦，而他是这个乌托邦的国王。拉康认为，柏拉图的这个幻想，涉及移情的问题：柏拉图因为对老师苏格拉底的爱，才会梦想建立一个学院，收留世间最聪明的智者。柏拉图身上出现移情的现象，始于苏格拉底这个他者。苏格拉底曾经说过，他了解爱，对于他的这个声称，我们只能找到一条证据。根据他的学生色诺芬（Xenophon）的讲述，苏格拉底经常被英俊的年轻人迷得神魂颠倒，有一次用自己的肩膀触碰克利托布洛（Critobulus）裸露的肩膀，结果，苏格拉底只感受到了疼痛。这反映了苏格拉底诙谐的一面，但也显示了，爱对苏格拉底只具有瞬间作用。柏拉图认为，这样的风流韵事是十足的愚蠢之举。

在《会饮篇》中，柏拉图让阿里斯托芬，那个诽谤苏格拉底的喜剧诗人，说出人们对于爱情的最高认识。拉康问：柏拉图这样安排的

---

① Jacques Lacan, *Seminar VIII: Transference* (1960 – 1961), ed. by Jacques – Alain Miller, trans. by Bruce Fink, p. 84.

用意是什么？阿里斯托芬说的那些话，已经非常接近现代人对爱的认识了。他说，没有人认为爱情只是分享性的快乐，爱情中还有关切、挂念、渴望、严肃等情感。阿里斯托芬假借火与锻冶之神赫斐斯塔斯之口，表达人类真正的欲望：恋爱中两个人追求永远在一起，从此同生同死，除此之外，别无所求。这是柏拉图让阿里斯托芬说出的一种对爱情的看法，并且，其他参与宴饮演讲的人，都没有像阿里斯托芬那般严肃，那般具有悲剧特征。拉康说，这种爱的认知，已经超越了宫廷爱情中那种浪漫的升华，即自恋的主体总是自视甚高，同时认为自己占据着被爱的客体。① 根据阿里斯托芬讲述的神话，从一个整体中分开的两个人，将永远追逐寻觅自己的另一半，不死不休。拉康问：这样的爱情观到底有什么可笑之处呢？为什么让一个在柏拉图看来，如同小丑一般的人讲述这些呢？

通过阅读《会饮篇》，拉康发现，阿里斯托芬发明的神话中的人，都具有球形特征，他的结论是，柏拉图嘲笑的，实际是球形本身。拉康知道，这样的结论，不会让那些参加他研讨班的听众大笑，因为球形的事物对于他们来说，什么都不是。可是，在柏拉图的时代，情形是完全不同的。那个时代，人们认为圆形是最完美的形态，具有自我实现和永恒的特性，即使到伽利略时代，开普勒已经证实天体运行的轨迹是椭圆形的，这种观点依旧没有改变。人们对圆形或球形的偏爱固守，在柏拉图身上也有体现，他在《蒂迈欧》（*Timaeus*）中曾对球体长篇大论过。阿里斯托芬想象的三种球形人类包括纯男性、纯女性、双性同体，他们分别对应于太阳、地球、月亮。人们对圆形和球形的执着想象，在拉康看来，是对阉割的拒绝，因为，如果他们是圆球形的，那么生殖器就在圆球表面，而不是在身体内部。拉康认为，鉴于他所总结的，喜剧的主要成分在于其最后都要回到菲勒斯这个能指之

---

① Jacques Lacan, *Seminar VIII*: *Transference*（1960 – 1961）, ed. by Jacques – Alain Miller, trans. by Bruce Fink, p. 87.

上，那么，在《会饮篇》中，这些和生殖器官有关的谈论，由喜剧家阿里斯托芬讲出，就不足为奇了。

第六节　苏格拉底的欲望：阿伽通

阿伽通谈论欲望与爱的关系，谈论人们如何在"两种死亡之间"挣扎。拉康指出，所谓"两种死亡之间"，是说与两种死亡关联的界域丝毫不会重合。第一种死亡是指生物学意义上的生命终止，可能是自然衰老，也可能是事故导致。第二种死亡是指有些人渴望毁灭自我，为了能够史上留名，他们在摧毁自我生命的行为中获得永生。例如，悲剧中的英雄，总是处于死亡即将临近的危险境地，但英雄会坦然面对死亡，目的是让后代的人们记住他。

在拉康看来，悲剧的主要特征，就是营造了两种死亡之间的张力感。他以拉辛的戏剧为例，认为拉辛为了让他的悲剧具有悲剧的特征，总是尽一切可能地展现两种死亡的不同。"两种死亡"是古希腊悲剧发展的基本框架，并且，第二种死亡是主人公必须遵守的戒条。通常，悲剧中的主人公在不知情的状况下，用自己的生命偿还不是自己造成的债务。悲剧之所以成为悲剧，就在于主人公毫不知情。同样，弗洛伊德用"俄狄浦斯"来命名"恋母情结"，背后的原因就是俄狄浦斯在"他不知道"的情况下弑父娶母。弗洛伊德认为，"他不知道"，是无意识的存在理由。"他不知道"，这一无意识状况也是《会饮篇》中悲剧诗人阿伽通本人的真正情形，这也是拉康认为他关于爱情的演讲有趣的原因。

对阿伽通的演讲进行深入分析之前，拉康需要说出苏格拉底的秘密是什么。毕竟，他是从这个问题开始他的移情专题的。拉康建议他的听众阅读柏拉图的《斐多篇》作为对《会饮篇》的补充，这样，读者就能了解苏格拉底的方法，并且知道，"苏格拉底的秘密"其实就是建立他心目中的"科学"知识体系（episteme）。① "科学"一词在苏格拉底时代，并不具有今天我们赋予这个词的那些含义。苏格拉底所谓的"科学"，是他对每一次对话提出的要求，即对话必须保持内部的连贯性。苏格拉底的坚持，他的存在，他的命运，他的死亡，以及他临死前说的话，让"科学"这个能指被提升到"绝对高贵的地位"。除了"科学"一词，苏格拉底无惧无畏地接受自己死亡的到来，他用自己的行为，把"第二种死亡"这个能指也提高到"绝对高贵的地位"。苏格拉底本人真诚地相信自己会在第二种死亡中找到永生。他的一生就像一个可怕的转喻，他用生命表达他对永生的确信，实际上是他"对无限话语的欲望"②。

这个欲望，被苏格拉底同时代的人认为是无法归类的，它与其他欲望完全不同。拉康认为，这个欲望对应了两种死亡之间的那个纯净的空间，也就是说，欲望不再是其他的事物，而仅仅作为一个地方、一个空间而存在。对苏格拉底来说，那是他对话语的渴望，他一直渴望得到的，是那种可以揭示万物真相的话语。很显然，他所欲望的纯净之地，没有任何人先于他到达过那里。

对苏格拉底欲望的探究，是拉康分析发生在患者和分析师之间移情的切入点，拉康的目的是发现分析师的欲望。分析师的欲望应该在哪里，应该包含什么，欲望之地的坐标如何构成？分析师如何让出这个地方，让它以空地之姿接纳患者的欲望，以便于患者借大他者的欲望之名，实现自己的欲望？要完成对这些问题的回答，拉康把目光转到《会饮篇》上，因为苏格拉底的言说在该篇中占据显赫地位。同时，苏格拉底与爱这个问题的较量，也在该篇中悉数呈现。

---

① Jacques Lacan, *Seminar VIII: Transference* (1960–1961), ed. by Jacques–Alain Miller, trans. by Bruce Fink, p. 100.

② Jacques Lacan, *Seminar VIII: Transference* (1960–1961), ed. by Jacques–Alain Miller, trans. by Bruce Fink, p. 102.

拉康说，根据《会饮篇》提供的信息，可以确定，阿伽通是苏格拉底的最爱，他是被苏格拉底爱着的那个人。

第七节　苏格拉底论爱

苏格拉底曾经说过，如果他知道一些事情，如果有一些事情不是他不知道的，那就是跟爱有关的事情。

在《会饮篇》中，在苏格拉底前面演讲的是阿伽通。在阿伽通混合了两种语言的演讲中，有嘲笑戏弄的成分在内，并且内容空洞。所以拉康的问题来了，为什么柏拉图让他在苏格拉底前面进行演讲，而且众所周知，在发生会饮的那个时期，阿伽通是苏格拉底的最爱。轮到苏格拉底上场的时候，他要做的就是反驳阿伽通的演讲，揭露后者演讲的无力和空洞。一些学者认为苏格拉底无意羞辱阿伽通，于是，用一个他想象中的人物——来自曼提尼亚（Mantinea）的女祭司狄奥提玛（Diotima），替代他发言，以此减轻他给阿伽通带来的苦恼。拉康对此并不认同，他发现苏格拉底在对阿伽通批判和介绍自己辩证的提问方法的时候，不可避免地发现自己陷于迂腐的说教境地，还发现阿伽通在面对苏格拉底批评的时候表现出不耐烦的情绪来。不仅如此，《会饮篇》还清楚地再现了苏格拉底在听完阿伽通演讲之后目瞪口呆、无比震惊的样子。阿伽通的演讲，使得苏格拉底的辩证法提问失去了立足之地，这让苏格拉底不知所措，同时又无比着迷。阿伽通的演讲堪称范本，它由一系列关于爱的颂歌构成，与苏格拉底熟悉的领域截然不同。拉康认为，《会饮篇》的布局安排很可能另有深意，在悲剧诗人阿伽通那里，爱充满了喜剧色彩；在喜剧作家阿里斯托芬那里，爱充满激情和现代特征；苏格拉底的到来，意味着断裂，但他接下来说的话没有让阿伽通的演讲黯然失色，并且他也认为阿伽通的演讲非常精彩。不仅如此，在苏格拉底试图运用他辩证的提问方法继

续这场关于爱的演讲的时候，一种不和谐的感受就会在我们心中
出现。

当阿伽通由苏格拉底的至爱变身为被苏格拉底质疑的那个人的时
候，拉康敏锐地发现，这里其实涉及心理上"缺乏的功能"（the func-
tion of lack），即因为缺乏而造成的意识或行为。苏格拉底质疑阿伽通
对于爱这个主题说过的每一句话，他的方法无非就是，用提问的方式
把他的对话者变成可以掌控和操纵的人。这也是苏格拉底时而让人诟
病的一个原因。但是，苏格拉底也的确称得上"大师"，在《会饮篇》
中，他认为主体欲望的对象为缺乏之物的看法，已经让他与当时的
"辩士"区分开来。苏格拉底使用日常语言，致力于在对话中获得对方
的认同，从而让对方说出对方已有的见识。这其实是柏拉图灵魂理论
的灵魂。柏拉图认为，人的灵魂具有无限的前在性，在人的灵魂中，
知识已在，正确的问题能够激发并且让知识显现。在拉康看来，柏拉
图的这个认知有如神话，而不具有辩证之维。

苏格拉底认为爱源于缺乏，但他并没有以自己之名继续对他这一
认知进行讨论，而是借外人之名。为什么苏格拉底要这样做？拉康
认为，并非为了避免阿伽通难堪，而是因为一些事情的本质使然。当
阿伽通被问，是不是认为爱就是对某物的爱的时候，他在回答中用
"欲望"替代了"爱"。他的言说与会饮所围绕的"爱—性爱"和
"欲望—性爱"的主题密切相关。可是，苏格拉底的言说，看起来就
格格不入，因为他关注的是在能指的层面上爱与什么东西关联，与什
么东西保持连贯一致。就像谈论一个父亲的时候，必然涉及儿子或女
儿，这是由能指间的连贯一致决定的，也是苏格拉底提问的辩证精髓
所在。这种辩证法，让苏格拉底快速地完成能指的替换，如"性爱"
和"欲望"的替换。那么，苏格拉底需要假借狄奥提玛之口表达观
点，是不是意味着他的辩证法在这场会饮演讲中不适用？苏格拉底非
常确定，知识就在能指游戏之间，真理就在这种知识当中。但是，如

果弗洛伊德提出的无意识理论是正确的话，那么，无意识中的能指链不仅不会涉及知识，还会把它排除在外，这使得主体在知识的层面上有所欠缺。

这是苏格拉底在面对"爱"这个特别客体时，讲述起来力不从心的原因，也是柏拉图转向神话的原因，因为只有凭借神话，他才可能对"爱"有进一步的了解。在拉康看来，柏拉图充分利用神话来填补辩证对话中的漏洞，这才是他安排苏格拉底假借狄奥提玛之口讲述"爱神"诞生神话的缘由。根据狄奥提玛的讲述，爱神是波洛斯（Poros，丰盈男神）和潘妮娅（Penia，贫乏女神）的儿子。美神阿芙洛狄忒生日当天，波洛斯喝醉了，撞到了在门口乞讨的潘妮娅，于是他们的儿子爱神诞生。一般读者会根据这个神话的引导，自然而然地认为爱和美密切关联，因为他们的生日相同。但是，拉康从这个神话中得出了不同的认识。在他看来，潘妮娅作为贫穷女神，一无所有，万般匮乏，无法给出超越她本身的东西。因此，作为潘妮娅儿子的爱神，就正好印证了拉康的那句话，"爱就是给予你所没有的东西"。

苏格拉底认为缺乏是爱出现的缘由，因为缺乏他/她所欲望的东西，所以才爱。他假借狄奥提玛之口，用神话的方式，阐述他对于缺乏与爱之间因果关系的认识。狄奥提玛提出，对好的事物的向往是一种爱，为了进一步说明这一观点，她以人们对美的爱为例，指出美的事物让人心生占有的魅惑和占有后的喜悦。在狄奥提玛看来，凡夫俗子争相占有美的事物，是因为他们认为美的东西是最靠近不朽的事物。她以阿尔刻提斯为例，认为后者代替丈夫赴死的这一美的行为，很可能就是阿尔刻提斯追求不朽的表现，她希望人们谈论她的美丽行为，希望话语以这样的方式确保她的不朽。狄奥提玛在爱这个问题上的讲述与拉康对欲望的讲述有交叉重叠之处。拉康在《精神分析中的伦理》课上，分析过美在"两种死亡之间"的中介作用。一般来说，人们受到两种欲望的魅惑，向往第二种死亡带来的永恒，同时也向往繁衍生

息，于是在美不可触及的情况下，人们用对美的欲望来掩饰对死亡的
欲望。

为了不朽，人们追求美，于是美成为目标。拉康却看到，支撑美
的客体，不可避免地成为过渡的载体。不仅如此，追逐到最后，人们
已经不再满足于拥有美，而是要成为美本身。这样的变化必然涉及主
体的转变，具体表现为主体最终与那个超级可爱的东西相互认同：主
体越追求目标，就会变得越爱自己，因为那是理想的自我；或者说，
主体欲望得越多，就会越被人所欲望。到此为止，柏拉图对爱欲的认
识，在拉康看来，就是爱恋中的人，实际上追逐的是他/她自己的完
美。然而，柏拉图并没有就此停下，人们还需要思考，为什么苏格拉
底让狄奥提玛替他说话，在阿西比亚德出场之后又发生了什么。

拉康说，这是柏拉图有意为之，也就是柏拉图特意如此设计对话
情节。虽然苏格拉底在对话伊始就声称他唯一知道的就是与爱有关的
那些事情，但是，他只能凭借“他不知道”的方式对此言说。博学如
他，却不能高谈阔论他知道的事情，只能假借他口。狄奥提玛讲述的
爱神诞生的神话完美地诠释了何为“他不知道”。“爱”是在丰盈之神
波洛斯熟睡之际，一无所有的潘妮娅想要怀上他的孩子的情况下诞生
的。波洛斯是墨提斯之子，无所不知，无所不能，善于发明，并且资
源丰富。潘妮娅则一贫如洗，缺乏是她的主要特征，她没有资格参加
阿芙洛狄忒的生日宴会，只能站在台阶上乞讨。两个神的地位身份如
此悬殊，无怪乎潘妮娅渴望有一个她与波洛斯的孩子。于是，在“他
不知道”的时候，爱诞生了。那么，通过狄奥提玛之口讲述爱的诞生，
也是以“苏格拉底不知道”为背景，这其实是苏格拉底选择的传授知
识的方式。无论狄奥提玛的讲述如何精彩，也无论阿里斯托芬如何回
应狄奥提玛对他演讲的评论，这些都在阿西比亚德进场的情况下终
止了。

第八节　阿西比亚德的欲望

宴饮现场，阿西比亚德一出场，画风立变。

他醉醺醺，身上饰有大量的花环，径直走向此间主人阿伽通，躺在他身边，根本没有意识到自己躺在阿伽通和苏格拉底的中间。他是在宴会进行到知道的人要装作不知道与不知道却还要像傻瓜一般高谈阔论的人辩论得热火朝天的时候进场的。阿西比亚德，这个不知道的人说了一些话，苏格拉底，这个知道的人对他评论道，"你说得很好"。这个时候，阿西比亚德才发现，该死的苏格拉底就在身旁。

阿西比亚德不允许苏格拉底看除他之外的人，苏格拉底因此请求外人的保护。不可否认，这样的描述有舞台效应。但是，拉康提醒，请别忘记，这是一场关于爱的问答，也别忘记，在现实中，爱的一个显著特点就是不和谐。当爱一个人的时候，我们就想独占对方的注意力，这就是阿西比亚德对苏格拉底提出的要求，苏格拉底只能看他。苏格拉底作为独一无二令人觊觎的对象，成为爱这个行为的核心所在，对于阿西比亚德来说，他既想铲除一切与他竞争苏格拉底关注的人，又极不情愿让这个对象示人于众。当阿西比亚德不无脑腆，又不顾礼仪，向众人坦露发生在他和苏格拉底之间的情事的时候，拉康提醒大家需要思考的是，苏格拉底到底是什么样的对象/客体，才会造成阿西比亚德这个主体的犹豫不决。

这个问题涉及客体的历史和功能，拉康用《会饮篇》中出现的"ἄγαλμα（ágalma）"一词对此进行阐释，而这个词在希腊语中的含义藏在苏格拉底醉醺醺、衣衫不整、愉快的表象之下。[①]

"ágalma"有"装饰"和"珠宝"的含义，而其"珠宝"的含

---

① Jacques Lacan, *Seminar VIII: Transference*（1960 – 1961），ed. by Jacques – Alain Miller, trans. by Bruce Fink, p. 134.

义，并不像表面看起来那样简单，如果深思，人们自然而然会想到，为什么一个人会装饰自己，以及一个人会用什么装饰自己。这个词是在阿西比亚德上场的时候出现在文中的。阿西比亚德一出现，就占据主位，要求接下来的竞赛不应该继续空洞地颂扬爱，而应该谈论对某个人的爱。这个人，作为他者，就这样被幕后导演安排上场了，不过，一个他者不够，至少要有两个他者，也就是说，在两个人的爱情故事中，实际上至少要有三个人的存在。就像阿西比亚德、苏格拉底、阿伽通这三者之间的关系那般。在阿西比亚德公开认爱于苏格拉底之后，苏格拉底回应，阿西比亚德这样说并不是为他，而是为阿伽通。阿西比亚德谈论苏格拉底，扬言要揭开他的真面目，因此在众人面前大谈特谈他和苏格拉底交往的细节。阿西比亚德这样做就是要昭告天下，苏格拉底对他存有欲望，但他需要一个确切的征兆来证明这一点。

阿西比亚德说苏格拉底喜欢美少年，从外表来看，似乎什么也不知道，他用"愉快的醉汉"（silenus）来形容苏格拉底。不过，阿西比亚德清楚地知道，"愉快的醉汉"只是苏格拉底的外在装饰，就如同装珠宝的椟，而他看重的是苏格拉底身体内如珠如玉的东西，拉康用 ágalma 一词指涉苏格拉底的这种内在。拉康是在阅读欧里庇得斯的《赫卡柏》时遇到"ágalma"一词的，那是欧里庇得斯在讲述特洛伊公主波吕克塞娜为了安抚阿喀琉斯的鬼魂，献祭了一个胸部作为贡品的时候，表达了女人的胸部就是一个"ágalma"。拉康认为，他在希腊文学作品中与"ágalma"一词的邂逅，似乎是老天的安排，这个词让他对"部分客体"（partial object）的言说有了根据，毕竟，"部分客体的功用是精神分析伟大发现中的一个"①。拉康说："当我们寻找这个客体，这个如珠如玉的宝贝（ágalma），小 a，这个欲望

---

① Jacques Lacan, *Seminar VIII: Transference* (*1960－1961*), ed. by Jacques－Alain Miller, trans. by Bruce Fink, p. 143.

对象时，正如克莱恩学派所发展的分析理论所显示的那般，发现它已经在开端处，在任何辩证发展开始之前——它就已经作为欲望的对象存在了。"①

拉康说，苏格拉底拥有这样的宝贝，它们引发了阿西比亚德的爱恋。

苏格拉底告诉众人，阿西比亚德不允许他和外人讲话，不允许他看外人，否则就会暴揍他。可是，阿西比亚德予以否认，他说，真相正好相反，如果他胆敢在苏格拉底面前赞扬外人，即使是神也不行，苏格拉底都会对他拳脚相加。② 于是，在他接下来赞扬苏格拉底的演讲中，他将苏格拉底与半人半羊的森林之神玛耳绪阿斯进行比较，虽然苏格拉底不像森林之神那样善于吹笛子，但是他可以不凭借音乐就能达到同样的目的，即苏格拉底擅长言谈，他的语言让人着迷。阿西比亚德认为苏格拉底体内有一个宝贝，一个不能确定又无比珍贵的客体，那是他决心追求的东西。阿西比亚德梦想知道苏格拉底知道的每一件事情，同时，他清楚地知道苏格拉底对他俊美的外表痴迷许久，于是认为自己有着些许优势。可是，无论阿西比亚德如何施展魅力，苏格拉底就是无动于衷。拉康说，这与苏格拉底对爱的认识有关，因为苏格拉底曾经说过，他能够在情侣中区分谁是爱人之人，谁是被爱之人。在苏格拉底和阿西比亚德之间，年纪大的苏格拉底当然是爱人之人，他一眼就看穿了自己。众人皆知，阿西比亚德是苏格拉底的第一个爱人，可是，面对阿西比亚德的追求，苏格拉底不动如山。拉康认为，苏格拉底的拒绝是拒绝向阿西比亚德展示一个爱的隐喻。③ 对于这一

---

① Jacques Lacan, *Seminar VIII: Transference* (1960 – 1961), ed. by Jacques – Alain Miller, trans. by Bruce Fink, p. 147.

② 参见 Jacques Lacan, *Seminar VIII: Transference* (1960 – 1961), ed. by Jacques – Alain Miller, trans. by Bruce Fink, pp. 150 – 151.

③ Jacques Lacan, *Seminar VIII: Transference* (1960 – 1961), ed. by Jacques – Alain Miller, trans. by Bruce Fink, p. 154.

点，拉康的解释是，苏格拉底之所以不能展示一个爱的隐喻，是因为苏格拉底的本质是空无、缺乏。苏格拉底清楚地知道被爱之人的丰沛充盈，也知道他们并不知晓自己的早已有之的高贵之处。作为爱人之人，苏格拉底梦想成为被爱之人。

阿西比亚德不清楚自己的丰盈与高贵，相反，他认为苏格拉底身上有一个东西是他没有的，他对苏格拉底的追求就是为了得到这个东西，拉康用 ágalma 指代这个阿西比亚德的欲望对象。在阿西比亚德演讲结束的时候，苏格拉底对他说："好像你的演讲只有一个目的：所表达的无非就是我应该只爱你，不爱别人，而对于阿伽通而言，他应该被你爱，而不是被别人爱。"① 苏格拉底指出，他能够轻松地在阿西比亚德的演讲中读出这些内容，因为"这个愉快醉汉的隐喻容易看穿，我们能够看到其中的含义"②。对于这"其中的含义"，苏格拉底明确地告诉阿西比亚德："你刚说的每一件事都如此精妙绝伦，如此让人难以置信地粗鲁无礼，你说我的每一件事，实际都是因为阿伽通的缘故才那般说。"③

阿西比亚德也是在醉酒的情况下向苏格拉底示爱的。苏格拉底不能回应阿西比亚德的所求，原因是"苏格拉底知道他没有阿西比亚德的所求之物"。阿西比亚德所求之物，就是精神分析中发现的"部分客体"，拉康用希腊词"ágalma"指代它，后来被他命名为"客体 a"，这个"a"就是"ágalma"一词的缩略形式。这个客体 a 强化了我们身为主体的尊严，使我们得以终止欲望能指的无限滑动。④

---

① 转引自 Jacques Lacan, *Seminar VIII*：*Transference*（1960 - 1961），ed. by Jacques - Alain Miller, trans. by Bruce Fink, p. 158.

② 转引自 Jacques Lacan, *Seminar VIII*：*Transference*（1960 - 1961），ed. by Jacques - Alain Miller, trans. by Bruce Fink, p. 158.

③ 转引自 Jacques Lacan, *Seminar VIII*：*Transference*（1960 - 1961），ed. by Jacques - Alain Miller, trans. by Bruce Fink, p. 149.

④ Jacques Lacan, *Seminar VIII*：*Transference*（1960 - 1961），ed. by Jacques - Alain Miller, trans. by Bruce Fink, p. 171.

第九节　阿西比亚德的移情

关于移情，拉康说，首先需要记住的是，"在最后的分析中，移情是重复冲动"。而他一直在分析评论的柏拉图《会饮篇》，源于他想用一种不同的方法阐释移情。他的目标是把这两种方法结合起来。同时，拉康纠正了认为移情和重复性冲动截然不同的看法。在发现移情现象的弗洛伊德那里，移情是一种自然发生的过程。这种自然发生的移情，曾令精神分析史的先驱布洛伊尔临阵退缩。不过，移情很快在精神分析中得到关注，当时的人们认为可以通过话语活动解读移情。然而，问题也随之出现。人们发现，无论如何解读，移情之中总有一丝东西无法触及。这个无法触及的东西是一种存在，一种在行动中的存在，并且是一种重复的存在。拉康提出，如果这里的重复是一种行动中的重复，那么在移情的呈现中就有某种创造性的东西存在。[①] 移情中的创造性，体现为主体虚构或编造一些事情。拉康追问：为什么要虚构一些事情？这样做的目的是什么？如果真的虚构了一些事情，那么什么东西被捏造出来？既然事涉捏造，那么为谁而做？

下面是拉康对阿西比亚德的分析。[②]

读者或听众，在遇到《会饮篇》中阿西比亚德对苏格拉底公开示爱的那部分内容的时候，一定能感受到阿西比亚德这个行为中不同寻

[①] Jacques Lacan, *Seminar VIII: Transference* (1960 - 1961), ed. by Jacques - Alain Miller, trans. by Bruce Fink, p. 174.

[②] 玛莎·C. 纳斯鲍姆也对阿西比亚德的演讲进行了专门的解读，其中提到《会饮篇》中没有涉及的阿西比亚德之死。根据普鲁塔克的记载，阿西比亚德在死去的那个晚上，梦见自己穿着女人的服装，而一个妓女抱着他的头给他化妆。对此，纳斯鲍姆评论道："在这个过分争强好胜的男人的灵魂中，这个梦表达了对一种纯粹的被动性的希望：希望失去对实践理性的需要，希望成为一个完全生活在爱欲的流淌中而因此避免了悲剧的存在者。但与此同时，也是对不再成为一个具有爱欲的存在者的渴望。"参见 [美] 玛莎·C. 纳斯鲍姆《善的脆弱性：古希腊悲剧与哲学中的运气与伦理》（第2版修订版），徐向东、陆萌译，徐向东、陈玮修订，译林出版社2018年版，第303页。

常的地方，能感受到有一些东西存在于他描述的他与苏格拉底之间的
关系之外。这一点在他演讲开始的时候就已现端倪。他要求那些不能
听或不值得听的人堵住耳朵，因为当人们不能理解他听到的内容的时
候，最好不听。那些能够倾听他告解的人，那许多在场的他者，构成
了相当于裁判法庭的大他者。阿西比亚德在众人面前坦白他与苏格拉
底之间的情感纠葛，其价值为何？从阿西比亚德的讲述中可以看出，
他要努力把苏格拉底变成一个完全服从于某种价值的东西，而不是存
在于一个主体与另一个主体之间的东西。他使用各种手段引诱苏格拉
底，竭尽全力想把后者变成一种工具、一种附属。拉康指出，实际上，
苏格拉底是阿西比亚德的欲望之物，是他心心念念的珠宝、绝世的好
东西。① 阿西比亚德非常清楚地讲过，苏格拉底的肚子里有好东西。他
这样说的时候，只是把苏格拉底看成一个包裹着他欲望之物的外皮而
已。他还强调苏格拉底是欲望的奴隶，因此，在两人的关系中，苏格
拉底因为欲望着阿西比亚德而成为阿西比亚德的奴隶。阿西比亚德虽
然知道苏格拉底的欲望是他，但是他想看到明确无误的信号，证明苏
格拉底身上的宝贝归他所有，受他摆布。

就因为阿西比亚德没能得逞，才有了他在众人面前坦白自己与苏
格拉底之间的情事这个场景。阿西比亚德不顾自己颜面尽失也要把两
个人之间的过往告知众人，这种行为的背后，涉及欲望的终极目的，
即谋求把大他者变成小他者。阿西比亚德谋求把苏格拉底拉下马，没
有成功，结果恼羞成怒，破罐子破摔。苏格拉底死后，依然有人谴责
他，说他带坏了阿西比亚德等人，说他告知众人尽可以追逐自己的欲
望。但在拉康看来，这一切恰好证明了苏格拉底高人一等。苏格拉底
一眼就看穿了阿西比亚德的欲望，并这样解释后者的动机："你做的每
一件事情，上帝知道那不明显，都是因为阿伽通。你的欲望比你揭示

---

① Jacques Lacan, *Seminar VIII*: *Transference* (1960 – 1961), ed. by Jacques – Alain Miller, trans. by Bruce Fink, p. 176.

的更隐秘，它的目标是另外一个人，现在我将给你指出，就是阿伽通。"① 拉康说，人们没有办法知道，当苏格拉底说出这番话的时候，他是否知道自己做了什么。身为一位知晓爱、了解爱的人，苏格拉底明确地告诉阿西比亚德他的欲望在哪里，不仅如此，他还以身试法，以代理人的身份参与欲望游戏。的的确确，他按照会饮顺次，准备赞扬坐在他右首的阿伽通了。不过，由于一些人在这个时刻闯进了宴会，彼此劝酒，毫无秩序可言，于是，我们最终无法知道苏格拉底到底知不知晓自己做了什么。

拉康再一次提到柏拉图，认为这种安排是柏拉图故意为之，其目的是让主体相信爱是对美的追求。拉康却说，这不是精神分析师们看到的结论。如果相信文中关于苏格拉底话语的记述，那么我们可以认为，苏格拉底的欲望是引导他的对话者知晓自己。此外，苏格拉底的提问，作为一种移情方式，不断回到某一点，如果这个就是拉康所说的主体的欲望，而且是苏格拉底本人不知晓的，那么，苏格拉底在不知情的状态下成了共犯，也因此让阿西比亚德大为光火。就本质而言，欲望总是在我们不知道的情况下现身。就苏格拉底而言，他不知道自己的欲望是什么，当然，他的欲望也是大他者的欲望。关于爱，苏格拉底唯一的价值在于指出这是一种移情之爱，引导阿西比亚德转向他真正的欲望——阿伽通。②

结　语

拉康从柏拉图的幻想开始他的移情专题：后者幻想着弘扬自己的老师——苏格拉底的真理，而这一切，皆源于柏拉图对苏格拉底的

---

① 转引自 Jacques Lacan, *Seminar VIII：Transference* (*1960 – 1961*), ed. by Jacques - Alain Miller, trans. by Bruce Fink, p. 177.

② Jacques Lacan, *Seminar VIII：Transference* (*1960 – 1961*), ed. by Jacques - Alain Miller, trans. by Bruce Fink, p. 179.

"爱"。在这段"引言"之后，本章分成九个小节对《拉康论移情》进行论述。第一节"苏格拉底的秘密"涉及苏格拉底声称自己能够在一对情侣中分辨出"爱人之人"和"被爱之人"这个秘密。然后，拉康指出，精神分析学创立之初发生在安娜·欧与她的医生之间的事情就是"爱的故事"，而这是精神分析历史中移情的开端。在拉康看来，弗洛依德从爱神的视角与其他人从"主体间性"视角研究移情并不相同。精神分析的经验让医生们知道，只要患者能够去爱，他/她就会发现自己缺乏什么。让患者有能力去爱，这是精神分析的目的。于是，对爱的探究，让拉康把目光转到柏拉图的《会饮篇》上。第二节以"《会饮篇》"为题，拉康特别提到阿西比亚德这个人物，许多专家认为阿西比亚德无足轻重，拉康却认为只有对他进行深入的分析，探询其话中涉及的爱与移情的关系，才能挖掘出柏拉图记录宴饮论说的真正用意。第三节"被爱之人：阿喀琉斯"分析了俄耳甫斯、阿尔刻提斯和阿喀琉斯这三个人对他们爱人的爱，指出阿喀琉斯的爱能够得到诸神的肯定，是因为阿喀琉斯身份的转变，他由"被爱之人"变身为"爱人之人"。第四节"包萨尼亚论爱"涉及包萨尼亚使用社会学术语谈论美少年的价值，拉康指出，这不是柏拉图本人的观点，对于柏拉图而言，只有苏格拉底的看法才是真理。当苏格拉底问"爱？爱什么？"的时候，会饮论说的焦点从"爱"转移到欲望对象上。拉康说，"美"，是主体的欲望对象。第五节"阿里斯托芬论爱"是拉康对阿里斯托芬相关演讲的分析，拉康指出，阿里斯托芬谈论三种球形人类，这与当时人们开始谈论宇宙密切相关，这是人类探询宇宙真相、探索存在真相的起点。苏格拉底想要建立一门关于"知识"的体系，柏拉图幻想建立一个学院，接纳收留世间智者，拉康认为，这就是典型的移情。第六节"苏格拉底的欲望"先分析了苏格拉底建立"知识"/"科学"的欲望，再分析苏格拉底对第二种死亡的欲望以及对无限话语的欲望，最后，拉康说，阿伽通才是苏格拉底深爱的那个人。第七节"苏格拉底论爱"中，拉康先分析了苏格拉底对阿伽通的爱，然后介绍苏格拉底所讲的那个爱神诞生于缺乏的神话，最后，拉康说，美作为一种缺乏，成了主体竞相追逐的对象，渐渐地，主体并不满足于追求美，而是要成为美，于是，爱恋中的人，最终走在追求自己完美的路上。第八节"阿西比亚德的欲望"和第九节"阿西比亚德的移情"是拉康对这个人物的深入分析，也解释了拉康探讨移情却要从《会饮篇》入手的原因，其实苏格拉底早就谈到了移情的问题，苏格拉底在不知晓大他者向他所求为何的状况下，成为阿西比亚德移情路上的一个欲望对象，坐在他身旁的阿伽通，才是阿西比亚德的目标对象。

第十二章　拉康论悲剧

　　索福克勒斯的《安提戈涅》，一直不乏学者问津，代表人物有亚里士多德、黑格尔、歌德、克尔凯郭尔、德里达等。1959—1960 年，拉康是在他的题为《精神分析中的伦理》的研讨中，分析《安提戈涅》的。拉康说，许久以来，人们一直知道学者们对该剧的伦理内容争执不休。拉康问：一个人会如何看待学者们在这个话题上的贡献？如何看待他的贡献？他在梳理前人的讨论时，努力不忽略重要的内容，但是发现自己常常迷失在令人无奈的偏僻之地。一些伟大思想家的观点，如黑格尔，在拉康看来，有些奇怪。接下来，拉康从六个方面切入，对《安提戈涅》进行分析。

第一节　净化的含义

　　《安提戈涅》是一部悲剧，由古希腊剧作家索福克勒斯于公元前442 年创作，而他的另一部悲剧《俄狄浦斯王》是弗洛伊德的专业术语"俄狄浦斯情结"的重要来源。弗洛伊德本人没有公开对《安提戈涅》讨论过，但并不表明，拉康也会这样做，尤其是在他要论述精神分析的伦理道德的时候。拉康发现，索福克勒斯的悲剧对黑格尔有着特殊的意义。

亚里士多德在《诗学》中提出，悲剧具有"净化"（catharsis）作用，具体来说，通过激起怜悯、恐惧、愤怒、痛苦等情感，使情绪得到释放。这个词暗示了悲剧是我们经验的根本，它与精神分析中的一个术语"精神发泄疗法"（abreaction）很接近。"精神发泄疗法"以弗洛伊德和布洛伊尔在两人合著的《歇斯底里研究》（1895）中提出的释放问题为前提，通过一种行为，以动态方式释放一些东西，不过，这个东西到底是什么，却很难定义。可以说，这是一个尚未解决的问题。

在《诗学》第六章开篇，亚里士多德详细说明了一个作品必须呈现哪些内容才能被定义为悲剧，他详细描述了悲剧的显著特征、构成，以及同史诗的区别。最后，他总结出，悲剧是通过同情和恐惧的方法实现情感净化的一种创作方式。亚里士多德的这句话，引发了后人如洪水一般的评论。拉康梳理了这些评论，挑选了一些与"净化"有关的内容。"净化"这个词的英文是"catharsis"，也会被翻译成"purgation"。于是，"净化"一词，在拉康看来，就有一点莫里哀（1622—1673，法国喜剧作家）的味道，这是因为，莫里哀的戏剧元素，按照莫里哀本人的话来说，回应了古代的一种医疗概念，即除掉"不健康的幽默"。这个词，还会让人想起"清洁派教徒"（Cathars），他们追求纯洁，不是追求启示或释放。古希腊名医西波克拉底（Hippocrates，前460—前370）在治疗中使用这个词时，表达清除、释放，然后回归正常的特殊含义。但是，在许多其他场合，这个词具有"纯洁化"的含义，尤其是指仪式上的纯洁化。

拉康接着指出，大家不应该忘记，"净化"这个术语在《诗学》中被奇怪地孤立了，然后他告诉大家，随着一些新的文献被发现，学者们已经知道，大家看到的《诗学》只是原著的一半篇幅，其中只有一段讨论过"净化"。可以确定，在佚失的半部中，还有对"净化"的阐述，因为在《诗学》的经典版中的第八部分开篇，亚里士多德谈及，"我在诗学的其他地方讨论过净化"①；然后，也是在这一部分，他探讨了净化与音乐的关系，认为净化与某种音乐带来的安抚效果有关。亚里士多德没有期待道德效果，也没期待实际效果，只考虑了兴奋的效果。这种音乐让人恐慌、反胃，让人忘记自己，以至要被禁止。亚里士多德说，在经历了这种音乐所激发的狄奥尼索斯（Dionysus，希腊神话中的酒神）式的疯狂之后，人们就会安静下来，这就是"净化"的含义。

但是，并不是所有人都会进入这种兴奋状态，有些人更容易感受到恐惧和同情。音乐能够产生净化或安抚效果，亚里士多德告诉我们，这是通过快乐实现的。拉康不禁追问：亚里士多德的快乐的含义是什么？那是何种层次上的快乐？他为什么在这个场合提及快乐？在回答这些问题之前，拉康认为有必要指出现代文学中导致使用医学用语——"净化"的那个元素。实际上，具有医学含义的亚里士多德式的净化，在非常广的范围内通用。如果你要确定这个概念使用的巅峰时刻，你就会追溯到起点，在起点之后，你会发现"净化"这个词不只具有医学内涵。拉康说，这后一层含义值得深入挖掘一下。拉康所能查到的文献，是一个叫雅各布·伯内斯（Jakob Bernays）的人所写的两篇论亚里士多德戏剧理论的文章。雅各布是一名德国学者，拉康说，如果琼斯所著的关于弗洛伊德的作品内容可信，那么，这名德国学者与弗洛伊德的妻子属于同一个犹太资产阶级家族。琼斯在书中提到，麦克·伯内斯（Michael Bernays），雅各布的兄弟，是慕尼黑的一名教授，为了事业放弃了宗教信仰，并因此受到家族的谴责。至于雅各布，琼斯只是提到，他是一位杰出的拉丁语和希腊语学者，没有再提供更多的信息。拉康所看到的那两篇雅各布的论文，是在 1880 年于柏林再次印刷的版本。论文质量上乘，论述逻辑如水晶一般清晰，因此，对

① 转引自 Jacques Lacan, *Seminar VII: The Ethics of Psychoanalysis* (1959-1960), ed. by Jacques-Alain Miller, trans. by Dennis Porter, p. 245.

"净化"医学含义的普遍接受发生在这个时期并非偶然。拉康感到非常遗憾，像琼斯那么博学的一个人，竟然不认为有必要突出强调雅各布·伯内斯的性格和作品。同时，很难想象，弗洛伊德不知道雅各布·伯内斯这个人，因为他没办法忽视伯内斯家族的声望。拉康认为，雅各布·伯内斯论亚里士多德悲剧的论文，应该是弗洛伊德使用"净化"这个词的最好来源。[1]

第二节　黑格尔的弱点

在悲剧诞生一个世纪后，亚里士多德提出，悲剧以净化恐惧和怜悯这样的情感为目的。我们该如何理解亚里士多德的这一提法？拉康说，从欲望的角度出发，运用净化功能所暗示的方法，是了解悲剧含义的新路径。[2] 他以《安提戈涅》为例对此进行说明。安提戈涅的形象神秘、迷人，散发着让人不能承受的光辉，既让我们着迷，又让我们震惊。在某种意义上，她让我们害怕；或者说，这个可怕的、自愿的受害者让我们深感不安。然而，我们要寻找的悲剧意义，就是与这种吸引力有关，与其中涉及的兴奋有关，尤其与恐惧和怜悯这样的情感有关，因为通过怜悯和恐惧的干预，我们的心灵得到净化，即想象域中的每一件事情都得到了涤荡。而这一切，是通过一个形象实现的。为什么这个形象具有这样的驱散作用？拉康说，对主人公悲惨行为进行分析，可以帮助我们理解这个问题。显而易见，这与安提戈涅的美貌有关。拉康声称，这不是他的发明，原剧中有一段就是这样引导的，而这段内容是全剧最关键的一段。他认为，安提戈涅的美貌是症结所

---

[1]　Jacques Lacan, *Seminar VII: The Ethics of Psychoanalysis* (*1959 – 1960*), ed. by Jacques – Alain Miller, trans. by Dennis Porter, p. 247.

[2]　Jacques Lacan, *Seminar VII: The Ethics of Psychoanalysis* (*1959 – 1960*), ed. by Jacques – Alain Miller, trans. by Dennis Porter, p. 247.

在，与美貌象征的内容有关。安提戈涅的荣光由此诞生，这一份荣光，是那些谈论美的人从来不会忽略的。

拉康尝试定义荣光的来源处。他说自己在前面的授课中，曾经非常靠近这个领域，也曾在谈论萨德主人公所想象的第二次死亡时，尝试到达这个地方。这里所说的第二次死亡，是指自然转变循环被终止了。在这个地方，用以说明存在的错误比喻与存在本身所在得以区分，然后我们能够发现，这个地方，在剧中人物的口中，都是作为一种界限被表达出来的。如何在行为中看见这个地方？鉴于该剧中间部分是由安提戈涅要遭受的残酷惩罚而引发的悲伤、评论、讨论、请求所构成的，那么，我们可以断定，这个地方，即存在本身所在，就在安提戈涅被活埋在坟墓里的这一举动中。该剧中间内容的三分之一都在讲述一个即将死亡的生命面临的情况，这个被期待的死亡的意义，死亡越线进入生命的界域，以及生命搬家到死亡的领地。

让拉康感到奇怪的是，辩证如黑格尔，审美如歌德，在评价《安提戈涅》的悲剧效果时，竟然不觉得有必要把这些考虑进去。当然，拉康关注的这个领域，并不为该剧所独有，其他地方也有类似的东西，而这样被定义的区域，在悲剧中可以产生一种奇怪的功能。在这个区域，欲望的光线穿梭其中，经过反射和折射，达到一种最奇特、最深奥的效果，这就是美对欲望产生的效果。拉康说，美似乎分裂了欲望，因为还不能说对美的领悟彻底浇灭了欲望。一方面，欲望一路向前，这里，相较于任何其他地方，让它更有受欢迎的感觉，这体现在接受它的这个区域的光辉壮美上。另一方面，由于欲望的兴奋无法像美那样可以折射，所以，只有在被拒绝的时候，才能知道欲望的真实性。此时，欲望的对象已经不在了。一些思想家，比如圣托马斯，认为美具有消灭或驯服欲望的效果；还有一些人，比如康德在《判断力批判》中阐述的那样，认为破坏欲望的对象，也可以达到目的。

黑格尔是如何评论《安提戈涅》的呢？拉康对黑格尔的评论又是

如何评论的呢？

说到黑格尔，拉康首先想到，有人曾经说他抵制不了黑格尔辩证法的诱惑，这样的评论发生在他分析欲望、使用辩证法一词之后，拉康不太认同这个评价。或许是为了证明自己理论的创新之处，拉康指出，无论如何，千真万确的是，诗学领域是黑格尔的弱项，这一弱点尤其反映在黑格尔对《安提戈涅》的评论上。根据黑格尔的理解，剧中存在一种话语冲突。拉康发现，黑格尔事先假定了剧中人物对话的话语体现了戏剧的基本关注，也就是，认为他们在向某种形式的和解发展。拉康很想知道，这部剧的结局如何实现和解，尤其是，当你发现和解只是一种主观意愿的时候。同样，在索福克勒斯创作的最后一部戏剧——《俄狄浦斯在科罗诺斯》（公元前411年）的剧末，俄狄浦斯对自己的儿子们说出了最后的诅咒，正是这个诅咒引发了《安提戈涅》中一系列灾难情节，这最后的诅咒是，"从来没有出生过才是最好的"，试问，这样的话语，如何会与和解有关联？拉康承认，他不是第一个对黑格尔诗学评论表示愤慨的人，歌德也曾对此表示过怀疑，另一个名为欧文·罗德（Erwin Rohde)[①] 的学者也曾对《俄狄浦斯在科罗诺斯》的传统评论表示过震惊。

第三节　合唱团的功用

那么，拉康是如何评论《安提戈涅》这部剧呢？

在整部剧中，只有一处，提及安提戈涅是个"孩子"。拉康说，该剧的风格体现在剧中的行动上，因为对于悲剧来说，行动的问题非常重要。有人说，最遗憾的事情莫过于我们到达这个世界太晚，因为关于这个古老世界的每一件事情都已经被人谈论过。拉康却说，这个说

---

① 欧文·罗德（1845—1898)，德国语文学家，著有《心灵》(*Psyche*) 一书。

法不适用于谈论悲剧，在他看来，关于悲剧，还有很多事情悬而未决。例如，在阅读欧文·罗德的《心灵》时，拉康惊讶地发现，罗德在一个章节中解释悲剧作者和他的主题之间存在的奇怪的冲突，这一冲突的起因是这样的：文类规则要求作者必须选择一种高贵的行为作为写作框架，同时这一行为必须符合时代的道德思想、人格、性格等要求。作者与他笔下人物对话所产生的冲突，也能够引起行动和思想之间的冲突，最具代表性的人物就是哈姆雷特。

　　拉康在自己的研讨班上分析过《哈姆雷特》，他说，这部剧无论如何都不是强调思想的重要性，那么，就行动而言，《哈姆雷特》为什么要在现代时期的开端成为未来人类这一特别弱点（行动和思想之间的冲突）的见证人呢？这个问题并没有让拉康特别沮丧，毕竟，除了堕落腐朽的老生常谈之外，没有什么事情要求我们必须行动，而那些老生常谈，也是弗洛伊德在比较哈姆雷特和俄狄浦斯对待欲望的不同态度时经常使用到的。拉康不认为哈姆雷特的戏剧性事件需要在行动和思想的分歧中寻找，也不是要在消灭欲望这个问题上寻找。他只是想要说明，哈姆雷特奇怪的冷漠属于行动本身这个范畴，只能到莎士比亚选择的神话中寻找其动机。寻找之后，我们就会发现，其根源与母亲的欲望、父亲对自己死亡的了解有关。拉康说，"第二次死亡"这个主题，将会证实他对《哈姆雷特》进行的分析是合理的。如果说哈姆雷特在要杀死克劳狄斯的时候停下来，那是因为他不确定时间点是否合适，并且，单纯地杀死对方还远远不够，他想要对方遭受地狱永远的折磨。

　　无论是《安提戈涅》，还是《哈姆雷特》，剧中都有一个合唱团（Chorus）。我们被告知，我们就是合唱团中的一分子，也可能不是，但这并不重要，重要的是合唱团所具有的情感作用。在拉康看来，合唱团的成员是那些被感动的人。当人们走进剧场，带着白日里各种不同的情感印记，看着舞台上健康的各种展示，静待合唱团净化这些白日残留下来的情感。合唱团接管我们的情感，并替我们做出情感评判，如此行事足够蠢笨，但多少也算带有一点儿人情的味道。我们不必担心，即使我们感受不到什么也没关系，合唱团会替代我们。一个人不太可能想象出来，在身体没有怎么颤抖的情况下，就能达到情感净化的效果。拉康调侃，他不太确定观众是否真正颤抖，但他能够确定一件事情，观众被安提戈涅的形象深深地吸引了。

拉康问：作为观众，他们观看什么？安提戈涅的形象代表了什么？他提醒，不要把这个同特殊形象的关系和悲剧整体精彩的表演混淆起来，因为后者，倘若不是限定为它指涉的领域，是非常有问题的。拉康认为，在现实剧场中，坐在那里的人，更多的是一个听众，而非观众，他很高兴自己的这个观点与亚里士多德的认识相一致。亚里士多德认为，剧场艺术的发展发生在听什么的层面上，表演只是边缘事件。表演技巧不是没有意义，但并非必要，它与修辞中的演讲术具有相同的作用，但表演只是次级媒介。现代人关注的舞台艺术，无论是在剧场还是电影院，其重要性都不应被低估，但不应该忘记，这些表演只有在观众受到刺激的时候才变得重要。并且，从某个角度来看，观众总是处于相同的水平，舞台上发生的事情完全相同，如同复制。

接下来，安提戈涅登场。

第四节　歌德的愿望

拉康通过歌德，了解到某个爱尔兰人写了一本评论安提戈涅的小书。在拉康看来，书中内容与黑格尔的评论没有太多的不同，但不乏有趣之处。那些批判黑格尔的陈述晦涩难懂的人，将在歌德那里得到认同。歌德的权威不容置疑，他修正了黑格尔的观点。黑格尔认为，克瑞翁与安提戈涅的对立实际上是一种律法原则、话语原则，与另一种律法、话语之间的对立，因此冲突被认为与结构有关联。歌德证明，克瑞翁受自己欲望的驱使，明显偏离了轨道。他寻求打破壁垒，谋求在限制之外给他的敌人——波吕尼刻斯———一记重击。而原本在限制之内，他有权处理波吕尼刻斯。事实上，克瑞翁想让波吕尼刻斯遭受第二次死亡的痛苦，而对此，他并无权利。克瑞翁所有的演讲都围绕这个目的展开，如此这般，他仓促地奔向自己的毁灭。拉康说，歌德并没有使用上述术语，但他的直觉让他这样暗示了。对歌德来说，这不是一种权利与另一种权利之间的抗衡，而是一种不义行为与安提戈涅所代表的东西之间的冲突。拉康指出，安提戈涅所代表的，不是单纯地守护死者和家人的神圣权利，也不是她的圣洁，而是她一直承受的一种激情。

当歌德说，他被安提戈涅演讲中的某个内容震惊到了的时候，拉康认为多少有些奇怪。在一切都已经发生，在她的被俘、她的反抗、她的谴责甚至她的哀悼，都进行完之后，安提戈涅站在她即将殉道的著名的坟墓前，为自己正名。她说出了自己坚持埋葬哥哥的理由：如果死的是她的丈夫或她的孩子，她还可以寻找下一任丈夫，还可以与人再生出她的孩子，但是波吕尼刻斯不同，她与他是同父同母的兄妹，而他们的父母早已去了阴曹地府，完全没有可能再有一个这样的兄弟出现，因此，她的坚持不是要违背城邦法律。歌德不是很能被安提戈涅的这番自我辩护说服，尤其是在剧中多次出现表达一个人与自己兄弟或姐妹结合的术语的情况下。拉康说，他并不是唯一的一个，几个世纪以来，还有其他一些人对此感到疑惑。歌德感受到了安提戈涅辩护话语中的疯狂迹象，于是他忍不住表达了一个愿望，他希望"有一天，一些学者能够向我们证明，这段内容是后来添加上去的"①。

歌德的这个愿望，在拉康看来，是这个从魏玛走出来的智者的真相。歌德非常清楚文本的价值，总是会倍加小心不要过早提出什么观

---

① Jacques Lacan, *Seminar VII：The Ethics of Psychoanalysis（1959－1960）*, ed. by Jacques-Alain Miller, trans. by Dennis Porter, p. 255.

点，当然，在他这样表达愿望的时候，他是希望这个愿望能够实现的。但是，19 世纪，至少有四到五个学者认为，歌德的想法站不住脚。拉康认为，事实上，安提戈涅的故事无非反映了生死问题，反映了一个人与兄弟、父亲、丈夫、孩子的关系的问题。这是一个妇女，在全家人都要接受判刑的情况下，因为无比悲痛，得到了选择一个人不受惩罚的机会，然后这个妇女解释了她选择自己兄弟的原因。因此，拉康并不认同歌德的愿望，他不认为这一段内容是后来添加上去的，在他看来，如果这段内容含有丑闻的成分，那么在索福克勒斯写完《安提戈涅》后，再过九十年，亚里士多德在《修辞》第三部阐释一个人应该如何解释自己的行为的时候，就不会引用安提戈涅的话。

然而，拉康认为，恰恰因为那些话带了一点丑闻的暗示，才让安提戈涅自我辩护的那一段引起了我们的兴趣。这一段将被拉康用来分析安提戈涅的目的。对安提戈涅欲望的探究，让拉康不得不重新提及美的功用，而用美来反观欲望，或许能够让人们对欲望的功能有新的认识。

第五节　第二种死亡

《安提戈涅》令人叹服，具有难以想象的艺术高度。拉康提及，在索福克勒斯的全部作品中，只有创作于公元前 401 年的《俄狄浦斯在科罗诺斯》（*Oedipus at Colonus*）可以与之媲美。

那么，《安提戈涅》的魅力始于何处？

就悲剧的本质而言，我们有亚里士多德关于怜悯和恐惧对情感的净化作用的表述。可是，令人感到奇怪的是，歌德在行动本身当中发现了恐惧和怜悯的作用，他认为行动本身为我们提供了在恐惧和怜悯之间平衡的蓝本。可以非常确定的是，这不是亚里士多德的观点。他对净化的完整看法，因为资料的遗失，我们无从得知。

阅读《安提戈涅》，拉康发现，剧中两位主角，克瑞翁和安提戈涅，"似乎"都没有感受到恐惧和怜悯，这是拉康针对此剧提出的第一个观点。他的第二观点却认为，不是"似乎"，而是非常"确定"，至少是安提戈涅，从头到尾都没有感受到恐惧和怜悯。这是她成为剧中英雄的主要原因，与之相对，克瑞翁在剧末受到恐惧的影响，如果这不是让他毁灭的原因，至少也是一种信号。在索福克勒斯创作的剧本中，开场白与克瑞翁无关，而是介绍与伊斯墨涅对话的安提戈涅。此时，克瑞翁连一个衬托都不是，他要稍晚时才会出现，不过，他的存在对于拉康的论述非常必要。克瑞翁的存在，体现了悲剧伦理结构固有的一个功能，当然也是精神分析的内在功能，即对善的追求。作为城邦的领导者，寻求促进所有人的善是他的职责所在。那么，克瑞翁错在何处呢？是他判断上出错了吗？如何解读他？毕竟，几乎在伟大的悲剧被创造出来的一个世纪之后，哲学才开始对其进行阐释。悲剧仪式中包含的教诲，与亚里士多德从伦理角度进行解释之间，存在百年的距离。

拉康说，克瑞翁的错误在于他想提升所有人的善，而这个善并非"至善"（Supreme Good），因为在《安提戈涅》完成的公元前441年，为时尚早。那时候，柏拉图还没有创造出"至善"这个幻象。克瑞翁想要把所有人的善、所有人的利益，都提升到至高无上的律法的地位，使其不受任何限制。克瑞翁这样做的时候，没有意识到，他自己越过了安提戈涅致力于维护的不成文的神的律法的边界。拉康指出，克瑞翁的语言，与康德对善做出的定义完全一致，那是一种实践理性的语言。他不允许有人埋葬波吕尼刻斯，因为他不能给国家的敌人与保卫国家的人一样的荣誉。从康德的角度来看，这是一种带有普遍有效性的理性准则。那么，在从亚里士多德到康德的伦理学说发展让我们弄清楚律法和理性的身份之前，是否悲剧这一奇特景观已经预先向我们展示了第一个反对理由。从悲剧中，我们发现，善无法统领一切，总是会有多余的善出现，并造成致命的结果。那个不允许我们进入的著名领域到底是什么呢？从剧中，我们知道，那是反映神的意志的不成文法所辖区域。虽然，我们已经不知道什么是神了。

在谈及神的律法，后世也称为"自然法"的时候，拉康联想到柏拉图在《斐德若篇》中关于爱的本质的论述。柏拉图告诉我们，喜欢宙斯与喜欢阿瑞斯的人，会对爱做出不同的反应。然而，时至今日，爱的含义已经发生了变化，对于基督徒来说，他们信奉的基督教抹去了诸神的痕迹。拉康说，他想通过精神分析让我们知道，我们用什么替代了爱，以及它在哪里。毫无疑问，"它"这个限定，从一开始就已存在，却遭受孤立隔绝的命运，只残存孤零零的骨架。这里涉及的限定，很有必要确定下来。如果有某种现象在深思后出现，那是被拉康称为美的现象的东西，拉康把它定义为"第二种死亡的限定"①。

"第二种死亡"，是拉康在谈及萨德的时候首次提出的概念，其含义在于表达追求自然那种腐朽与再生交替的创造原则。在这种秩序之外的事情，很难用知识的形式去想象，然而，萨德告诉我们，有一种越界形式可以让我们窥见域外世界，即犯罪行为。据说，犯罪行为不尊重自然秩序，于是萨德提出，通过犯罪行为，人可以拥有把自然从它原有规律中、从锁链束缚中解放出来的力量。也就是说，为了让自然能够再次从零开始，需要扫除自然中既和谐又冲突的可能性，因为这些可能性处于一种沉闷的僵局之中。这是萨德赋予犯罪行为的责任。当然，犯罪行为也有其他作用。例如，我们把它当作欲望的边界，而弗洛伊德本人尝试在犯罪行为的基础上建立法律的谱系。"从零开始"，从虚无中创造（ex nihilo），这是无神论的思想，也是一种创造论的思想。拉康说，萨德思想的最好体现存在于一个基础幻想之中，这个幻想涉及对永恒痛苦的想象，他曾经用一千多个表明欲望的例子来阐释

---

① Jacques Lacan, *Seminar VII：The Ethics of Psychoanalysis（1959 – 1960）*, ed. by Jacques – Alain Miller, trans. by Dennis Porter, p. 260.

这个幻象。在萨德作品最典型的情节中，痛苦并不会给受害者带来毁灭，相反，似乎被折磨的对象拥有不被摧毁的支撑。这个支撑，通过分析我们知道，实际上是主体分离出来的，因为主体需要客体承受他要承受的痛苦，客体此时扮演的是主体的角色，而主体不会让自己毁灭，这是客体具有不被摧毁特征的根本原因。这种痛苦转嫁的玩法，与审美领域中对美的现象的想象，其实如出一辙。拉康指出，在萨德的文本中，其实就存在痛苦的游戏和美的现象之间的关联。由于受到一些禁忌或其他因素的阻止，患者很难承认自己的幻想，以至这个关联从来没有得到强调。

萨德文本中的受害者，从来都是美丽优雅的。拉康问：如何解释这种必要性？那些受害者身上的美，耀眼夺目，时刻呈现，令人无法忽视，以至倘若有什么东西对此产生威胁，人们将无所适从。拉康又问：如果不是毁灭的威胁，那么这个威胁到底是什么？回答这个问题，拉康要求听众与他一起回顾康德《判断力批判》中的一段话，他认为这一段话对美的本质进行了非常精准的阐述。康德告诉读者，在知识中起作用的形式，只对美的现象感兴趣，客体本身不在其考虑范围之内。拉康指出，这与萨德式幻想有类似之处，因为在后者那里，客体仅仅作为一种用于承受痛苦的力量。痛苦被看作一种静止状态，一个反映限制的能指，永远不可能回到它出现的空白处。拉康以基督教中基督受难被钉在十字架上的形象为例，问：这是否是对施虐行为的一种神化？他认为基督教中的每一件事情都是神的迹象，包括所遭受的痛苦，否则，一个人只有接受"从虚无中创造"的概念。拉康提醒精神分析师会在这里遭遇到的问题，即幻想在何种程度上主导女性的欲望，无论是纯洁少女的幻想，还是中年女舍监对男女结合的幻想，可能都会受到他们喜欢的十字架上基督形象的影响，原因无他，不过就是基督教圣化了十字架上基督的形象。十字架上的基督，连同其他在基督教发展史上死去的圣人，他们被赋予了神性，约束归化了所有其他欲望的形象。从历史的角度来看，或许我们已经能够窥见这重要的后果了。

《安提戈涅》对此进行了阐述，让我们看看它说了什么。

第六节 《安提戈涅》

安提戈涅温柔、娇小、迷人，按照神的意志行事，希腊人说她为爱而生，而非仇恨。在剧中，安提戈涅说，她无法忘记死去的两个兄长，却还要生活在克瑞翁的房子里，而且必须服从他的法律。这样的生命不值得继续，她已经到达承受的极限了。

诸多评论家都对安提戈涅大唱赞歌，拉康却发现安提戈涅的一些言辞有不妥之处。从剧中，我们知道，当克瑞翁下令，任何人不得埋葬波吕尼刻斯的时候，安提戈涅还待字闺中，吃穿用度皆由克瑞翁提供。拉康问：为什么安提戈涅要憎恨为她提供庇护，让她衣食无忧的亲舅舅呢？另外，她与姐姐伊斯墨涅之间的对话也非常尖刻。当她姐姐指出现在的情况于她们不利，没有太多可以操作的空间，不要把事情弄得更糟糕时，安提戈涅马上斥责对方，告诫对方这样的念头最好不要有，否则她将与对方断绝关系。在随后的事情发展中，当伊斯墨涅回到她身边，与她共同承担命运时，安提戈涅残酷地拒绝了，并轻蔑地让姐姐回到克瑞翁那里，既然她那么爱他。拉康认为，这就是安提戈涅令人费解的地方，她表现出不通人情的一面，而且像她父亲俄狄浦斯一样，固执己见，不知道变通。安提戈涅身上表现出的非人的一面，意味着她超越了人类的限制，那么这对我们来说，意味着什么？当她无惧死亡，因此超越了短暂的生命的限制，这对我们来说，又意味着什么？

面对她的家族遭受诅咒的不幸，面对她父亲俄狄浦斯的厄运，安提戈涅心底是有着愤慨的。这愤慨让她无畏无惧，从不自顾自怜。她在夜色中，用一层土掩盖了自己兄长的尸体，这样做是为了掩人耳目，因为她不能让世人看到野狗和秃鹫来分食她兄长的腐肉。无人知道此举乃安提戈涅所为。克瑞翁下令让人把尸体上的尘土拂掉，于是，士兵们在执行该命令的时候，看见安提戈涅在黑夜中现身，她守在尸体旁，呜咽悲鸣，如同失去幼崽的鸟类。拉康认为，这是非常奇怪的意象，只能用变形进行解释。从奥维德的《变形记》，到莎士比亚的戏剧，变形一直是作品人物活力所在之处。拉康说，这也是安提戈涅变形的原因。

据说，在悲剧中不存在真正的事件，主人公及围绕他所发生的事情皆由欲望的目标决定。已经发生的事情，经过逐级沉淀，构成主人公最终的模样，因此，直到悲剧结束，才是角色完整呈现之时。拉康用克瑞翁对此进行说明：在克瑞翁宣布，为了履行自己作为统治者的责任，他不会退让一步之后不久，克瑞翁就对合唱团表达了犹豫，或许他应该退让。在他犹豫的那一刻，其实已经清楚地表明，倘若他允许安提戈涅为波吕尼刻斯举行葬礼，最糟糕的事情就可以避免。在克瑞翁长篇大论为自己的行为正名之时，他所面对的听众，只有温顺的合唱团成员，对他的回应只是赞同。他们之间的对话，被到来的信使打断了。

拉康指出，在这部剧中，信使这一角色有点让人害怕，因为他敢于揣摩圣意，敢于对国王妄加评论。当他问克瑞翁，到底认为什么受到了冒犯，是他的良心还是他的耳朵的时候，他是这样表述的：如果认为自己的良心受到了冒犯，那也是克瑞翁自己的行为导致的，而他，一个信使，由于直言不讳，只是冒犯了克瑞翁的耳朵。在信使发表完这番言辞之后，合唱团开始高歌整个人类，拉康认为这样的剧情有些怪异。不仅如此，随后出现的安提戈涅的卫兵，也一点儿也不真实。这个士兵很高兴，因为他凭借运气，找到了寻欢作乐的聚会，接下来又是合唱团歌颂人类。在这之后，克瑞翁的儿子，安提戈涅的未婚夫海蒙登场，与他的父亲开始对话。父子对话涉及人与他需要守护的利益之间关系的内容，其间有片刻的迟疑、片刻的犹豫，这对我们了解克瑞翁的立场至关重要。后来，我们看到，在身为城邦管理者和暴君之外，克瑞翁身上还具有鲜明的普通人的特征。看来，他也有怜悯和畏惧。拉康说，只有那些殉道者才不知怜悯、不知畏惧，而克瑞翁明显不是殉道者，不是安提戈涅那样的人。这些正是此剧意在展示的事实。[①]

合唱团也在该剧中扮演重要的角色，他们时而评论，时而感叹。当海蒙向克瑞翁请求放过安提戈涅未果而愤怒离开时，合唱团评论，海蒙会为爱战斗；当克瑞翁宣布安提戈涅必须接受惩罚，必须活着被放进坟墓的时候，合唱团感叹，这故事能把人逼疯；当安提戈涅演说结束，合唱团又对生与死的边界和仍然活着的尸体的边界发表评论和感叹。合唱团倒数第二次出现时，歌颂的是最隐秘、最高级的神——狄俄尼索斯，观众们想象这是对自由的歌唱，因此得到安慰。然而，那些知道狄俄尼索斯及他野蛮的追随者所代表的真正含义的人，就会意识到赞歌爆发是因为大火即将熊熊燃烧起来。此后，事情的发展没有任何转机，于是，我们看到克瑞翁绝望地叩着坟墓的门，而坟墓里面，安提戈涅已经上吊自尽，海蒙亲吻她，发出痛苦的呻吟。海蒙失去理智，攻击自己的父亲，然后自杀。然后，克瑞翁回到宫殿时，发现妻子已经死了。

《安提戈涅》的剧情到此结束。但是，关于安提戈涅，拉康还有什么要说？

拉康认为，安提戈涅坚持埋葬自己兄长的行为属于美的维度，光芒耀眼。[②] 在拉康看来，这才是这部悲剧震撼人心的原因所在。

---

① Jacques Lacan, *Seminar VII*: *The Ethics of Psychoanalysis* (*1959 – 1960*), ed. by Jacques - Alain Miller, trans. by Dennis Porter, p. 267.

② Jacques Lacan, *Seminar VII*: *The Ethics of Psychoanalysis* (*1959 – 1960*), ed. by Jacques - Alain Miller, trans. by Dennis Porter, p. 281.

结　语

拉康在第一节中追溯了弗洛伊德使用的"净化"一词与亚里士多德论述悲剧作用时使用的"净化"一词的关联。第二节中，拉康点评了黑格尔对《安提戈涅》的评论，不认同黑格尔认为剧中人物对话以和解为目的的说法。拉康在第三节"合唱团的功用"中分析了合唱团如何承包听众的情感并对之净化。第四节"歌德的愿望"提到歌德对《安提戈涅》剧中一部分内容的质疑，这部分内容涉及安提戈涅的自我辩护，里面出现很多表达兄妹结合的术语，因此，歌德希望有学者能够证实，这部分内容是后来添加上去的。对此，拉康予以否认。拉康认为，这部分内容原来就有。第五节"第二种死亡"涉及拉康提出这个概念的缘由，在拉康看来，美的事物的消逝是构成第二种死亡的条件。第六节通过对《安提戈涅》悲剧性的分析，拉康指出，安提戈涅的行为属于美的范畴。

第十三章　拉康论"萨德是康德的真相"

《拉康文集》中收录了《康德与萨德》一文。① 拉康在探讨《精神分析的伦理》的研讨班上也时常把康德和萨德的作品拿出来相提并论。那么，拉康为什么把康德和萨德放在一起谈论？本章分成 4 个小节，对这个问题进行回答。

第一节　拉康说：萨德是康德的真相

伊曼纽尔·康德（Immanuel Kant，1724—1804）是德国哲学家，创作《纯粹理性批判》《实践理性批判》和《判断力批判》这 3 部有影响力的哲学著作。② 萨德侯爵（Marquis de Sade，1740—1814）是法国作家，创作了一系列哲学和色情作品，因虐待妓女和家里仆人而臭名昭著。康德非常自律，按照固定的作息时间起床、授课、写作、吃饭、散步；萨德身为贵族，其行为放荡程度令人瞠目结舌，因虐待行

---

① 齐泽克据此写了一篇《康德同（反萨德）》，收录在他的自选集《实在界的面庞》中。参见［斯洛文尼亚］斯拉沃热·齐泽克《实在界的面庞》，季广茂译，中央编译出版社 2004 年版，第 1—22 页。

② 参见［美］曼弗雷德·库恩《康德传》（第 2 版修订版），黄添盛译，世纪出版集团上海人民出版社 2014 年版，第 23—30 页。

为入狱，甚至被判处死刑，然后再越狱、逃跑。

《康德与萨德》一文是拉康给《闺房哲学》（*Philosophy in the Bedroom*）作的序，该文作为对 1963 年出版的 15 卷本的萨德作品的评论发表在 1963 年 4 月的《批评》（*Critique*）杂志上。拉康认为萨德的"闺房"具有和那些古代哲学流派相同的高度，如"学院"（Academy）①、"学园"（Lyceum）②、"拱廊"（Stoa）③ 等。

萨德的这些诞生于"闺房"的作品包括《牧师与濒死者的对话》（1782）、《索多玛 120 天》（1785）、《美德的不幸》（1787）、《闺房哲学》（1795）和《于丽埃特的故事或恶德的繁盛》（1797）等。在《牧师与濒死者的对话》中，萨德讲述了一个濒死的自由主义者在临终之前让牧师信服了虔诚的生活是没有意义的。在《索多玛 120 天》中，萨德讲述了 4 个淫乱邪恶的贵族，在法国专制旧王朝时期，带着一群人，在人迹罕至的西林堡里度过 120 天极尽放纵荒淫、野蛮凶残的日子。小说名中的"索多玛"，其英文为"Sodom"④，是《圣经·旧约全书》中的一个城市，因为此城不忌讳并沉溺于男性间性行为而被称为"罪恶之城"，后被耶和华降火毁灭。《美德的不幸》讲述了女主人公瑞斯丁娜相信美德却遭遇不幸的一生，而《于丽埃特的故事或恶德的繁盛》讲述的是瑞斯丁娜的姐姐于丽埃特，身为罪犯和妓女，行事放荡不羁却幸福的一生。《闺房哲学》是萨德最有名的著作，他在书中讲述了一个女贵族、两个男贵族和一个农民在一个午后及随后的夜晚对一个年轻的贵族淑女进行的性与哲学方面的启蒙，其中最主要的观点

---

① 最早用于指代柏拉图讲学的地方，后来引申为"学院""研究院"等含义。
② 亚里士多德讲学的莱森学院，后用来指代亚里士多德派哲学。
③ "拱廊"是指"斯多亚哲学流派"诞生之地，因芝诺（Zeno，约公元前 336 年—约公元前 265 年）在雅典集会广场的拱廊处讲学而得名。
④ 由"Sodom"派生出的词"Sodomy"指男性之间的肛交性行为，通常翻译成"鸡奸"，是带有刑事和贬义的词语。

就是要不顾一切地追求快乐。①

《闺房哲学》（1795）是在《实践理性批判》（1788）发表 6 年之后出版的，拉康认为前者包含了后者探求的真相。② 在拉康看来，萨德代表了颠覆康德所代表的第一步。③ 齐泽克说："拉康曾经透过萨德这个性变态的眼睛，审视康德的伦理学。"④

一般人认为，萨德对性变态（perversion）的研究，比弗洛伊德提早了一百多年。拉康却说，如果萨德的思想能够在更早的时间传播，那么弗洛伊德在发表自己的"快乐原则"学说时，就不必那么谨小慎微地区分自己的"快乐原则"与传统伦理学中的"快乐功能"了。传统伦理学普遍认为"人之初，性本善"，人们天生就具有仁慈宽容的本性，"乐善好施"是对人性的普遍信仰。可是，到了 19 世纪，"对邪恶的喜爱"（delight in evil）这一主题悄然出现。

萨德侯爵本人乖张出格的生命历程以及他饱受争议的作品，让拉康在谈论精神分析伦理的时候，不可避免地要谈论萨德，并且像阿多诺和霍克海默那样，把萨德和康德并置起来讨论。需要指出的是，在《启蒙的辩证》（1944）中，题为《朱丽叶⑤或启蒙与道德》的"附录二"里，阿多诺和霍克海默比拉康提早 15 年发现了萨德和康德之间的辩证关系。

---

① 对萨德各部作品及内容的简介，参见［法］莫里斯·勒韦尔《萨德大传》，郑达华、徐宁燕译，中国社会科学出版社 2002 年版；参见［法］尚塔尔·托马斯《萨德侯爵传》，管筱明译，漓江出版社 2002 年版；参见 Marquis De Sade, *The Crimes of Love: Heroic and Tragic Tales, Preceded by an Essay on Novels*, Oxford: Oxford University Press, 2005, pp. xl – xlv.

② Jacques Lacan, *Écrits: The First Complete Edition in English*, trans. by Bruce Fink, New York: W. W. Norton, 2005, p. 766.

③ Jacques Lacan, *Écrits: The First Complete Edition in English*, trans. by Bruce Fink, p. 765.

④ ［斯洛文尼亚］斯拉沃热·齐泽克：《斜目而视：透过通俗文化看拉康》，季广茂译，"序言"第 2 页。

⑤ 参见［斯洛文尼亚］斯拉沃热·齐泽克《实在界的面庞》，季广茂译，中央编译出版社 2004 年版，第 1 页。此处标题中的朱丽叶，实际上就是萨德笔下《于丽埃特的故事或恶德的繁盛》中无恶不作的于丽埃特。

拉康在不知晓阿多诺和霍克海默研究成果的情形下，在 1959—1960 年进行的题为《精神分析的伦理》的研讨班上，讲授"道德律法"时，就把康德的《实践理性批判》与萨德的《闺房哲学》并置起来，并由此提出"萨德即康德的真相"这一论点。

拉康说，若想对精神分析伦理范畴涉及的问题有所了解，首先需要细读康德的《实践理性批判》。

第二节　拉康对《实践理性批判》的批判

康德的用词"幸福"（Wohl，德语），被拉康特别挑选出来，是为了说明他要谈论的"善"。"幸福"事关主体舒适与否，事关"原物"（das Ding）是否在他的视野之内，事关主体能否随心所欲。主体的"幸福"在于解决压力，他用现实原则并不推崇的方式，即"成功的诱惑"来达到目的。主体天生遵从心愿，遵循"喜爱"（Lust，德语）和"厌恶"（Unlust，德语）原则，不断重复一些事情，具体表现为一些信号（signs）反复出现。主体依据这些方式，调整他与"原物"的距离，那是他在快乐原则层面上所有"幸福"的来源。实际上，就是在这里，滋生了那个无处不"好的东西"（das Gut des Objekts）。

在无意识经验的层面，"原物"实际上与"坏的东西"没有区别，主体需要与"好的东西"保持距离，同时也没有办法接触"坏的东西"。他不能承受"原物"极端的好，也就无法在与"坏的东西"的关系中定位自己。无论他怎样呻吟、爆发和诅咒，都无法理解这些，于是，一些症状出现，它们是防御症状的起源。这个层面的防御只是一种有机体的反应，自我通过自残的方式保护自己。这些围绕着"好的东西"展开的无意识防御行为，不仅发生在替代、置换、隐喻的层面，还通过"为恶言谎"（lying about evil）的方式发生。主体在无意识的层面撒谎，这是他讲述真相的方式。

拉康说，主体与"原物"的关系很糟糕，他通过症状表明这一点。当我们重新审视伦理问题的时候，不得不考虑无意识经验强加给我们的这些前提。伦理原则的形成及它们对意识的强迫，或者从前意识中现身，这些都与弗洛伊德提出的现实原则密切相关。①

现实原则与快乐原则，相互依存，彼此缠绕。现实原则不是单纯地对发生在感知系统层面的事情的检测，也不是简单地对依据快乐原则发生的重复的修正，而是包含更多的东西。现实的结构早已形成，而且不断返回同一个地方，这是人之初需要面对的事情，他与真实的关系，就如同水手与不断回到同一个地方的北极星之间的关系。

第一个要求我们探究真实域（the real）结构的是"原物"（das Ding），它保证回归、重复、到达相同的地方。然而，数个世纪以来，对原物的寻找总是返回我们称为道德伦理的这个地方。道德伦理不仅关乎义务和社会法律的制定，还经常涉及"亲属的基本结构"，同样还有财产的基本结构和货物交换的基本结构。这些结构把人变成了一个符号、一个单位，或者常规交换的一个对象，并且一直在无意识的层面对人发生作用，让人服从。但是，拉康说，伦理始于他处，始于主体提出"善"（that good）的问题，就是他在社会结构中无意识寻找的那个。也是在这个时刻，他发现了一种深层关系，它以律法的形式呈现，与欲望的结构密切相关。如果他没有像弗洛伊德那样立刻发现乱伦的欲望，那么，他就会发现，他的所作所为皆是为了与欲望的对象保持一定的距离。这个距离又很近，就是身边人（Nebenmensch，德语）比如邻居，与主体之间的距离。拉康说，弗洛伊德把邻居看作"原物"形成的基础。在拉康看来，当人们说，"你应该像爱你自己那样爱你的邻居"，实际上，就主体与他的欲望关系而言，他使自己成为自己的邻

---

① Jacques Lacan, *Seminar VII: The Ethics of Psychoanalysis* (1959 – 1960), ed. by Jacques - Alain Miller, trans. by Dennis Porter, p. 74.

居。拉康的论点是，当道德律法被表述的时候，一定要考虑同真实
（the real）的关系，因为真实是"原物"（the Thing）的保证，所以，
拉康认为，在《实践理性批判》出现之时，就是伦理学发展最危急的
时刻。①

康德的伦理学出现于牛顿的物理学研究产生影响的时刻，后者迫
使康德激进地修正了理性的功能。同样因为科学提出的问题，一种道
德形式开始引起我们的注意，这种道德故意避而不谈情感对象。没有
什么快乐幸福可言，一切行为都要以道德为考量，一个人的行为准则
如果被接受为普遍准则，那么，这就是道德的行为。这是康德伦理学
的中心思想。拉康认为，这种激进的态度甚至让康德把好的意愿
（good will）同任何有裨益的行为区别开来。实际上，没有人，包括康
德本尊，能够践行康德倡导的伦理标准。精神分析科学的发展，已经
让拉康们开始重新审视康德的道德要求，他们发现，康德的要求只是
让我们距离至善（Sovereign Good）② 越来越远。康德邀请我们把这些
道德行为准则当成自然法则，可是我们本能地出于恐惧而拒绝了其中

---

① Jacques Lacan, *Seminar VII*: *The Ethics of Psychoanalysis*（1959－1960）, ed. by Jacques－
Alain Miller, trans. by Dennis Porter, p. 76.

② 康德在《纯粹理性在规定至善概念时的辩证论》中这样说："德性（作为配享幸福
的条件）是一切在我们看来只要可能值得期望的东西，因而也是我们谋求幸福的一切努力的
至上条件，所以是至上的善，这在分析论中已经证明。但是，它因此还不是作为有理性的
有限存在者的欲求能力之对象的完整的和完满的善……这种至善就意味着整体，意味着完满
的善，但德性在其中始终作为条件是至上的善，因为它不再有在自己之上的任何条件，幸福
则始终是某种虽然使拥有它的人惬意、但却并非独自就绝对善并在一切考虑中都善的东西，
而是在任何时候都以道德上的合乎法则的行为为前提条件。"参见［德］康德《康德著作全
集第5卷：实践理性批判、判断力批判》，李秋零主编，中国人民大学出版社2007年版，第
117—118页。关于"至善"，康德还说："至上的善（作为至善的第一个条件）构成道德，
与此相反，幸福虽然构成至善的第二个要素，但是这样构成的，即幸福只不过是前者的有道
德条件的、但毕竟是必然的后果。惟有在这种隶属关系中，至善才是纯粹实践理性的全部客
体，纯粹实践理性必须把至善必然地表现为可能的，因为它的一条命令就是为产生至善而作
出一切可能的贡献。"参见［德］康德《康德著作全集第5卷：实践理性批判、判断力批
判》，李秋零主编，第126页。

的一些。拉康提醒，康德只说自然法则而没有说社会法则，一些社会就是因为违反这些法则才得以繁荣昌盛。[1]

为了让听众理解他对康德伦理学的批判，拉康搬出了萨德侯爵的《闺房哲学》。

第三节　萨德的《闺房哲学》

萨德侯爵在监狱里度过 25 年的光阴，根据拉康的说法，这是侯爵极大的不幸，因为他实在没有犯过什么严重的过错。萨德侯爵的作品，在一些人眼中，似乎能够提供各种娱乐，但是，严格来说，并不有趣。然而，你也不能说他的作品缺乏连贯。总而言之，他的作品，按照康德的标准，是反道德的。例如，在《闺房哲学》中有一段，讲述大革命时期的巴黎，从监狱的一些牢房中传出对民众的呼吁："法国人，再努力一下，就可以成为共和派人。"[2] 对于这种吁求，萨德提议，既然一个真正共和的创立取决于推倒当权者，那么，我们就应该采取与道德背道而驰的行为。于是，我们看到，在《闺房哲学》中，萨德推崇诽谤，认为诽谤不会造成伤害，而且，如果我们把不好的事情归咎于邻居，至少，这会让我们对他的行为有所提防。萨德以类似的方式，逐条为道德律法基本要求的反面正名，吹捧乱伦、通奸、偷窃等行为。如果你的所作所为都与摩西十诫背道而驰，那么你的行为可以这样总结："让我们把它作为我们行为的普遍准则，那就是，我们有权享受任何其他人的无论什么东西，他们只是

---

① Jacques Lacan, *Seminar VII: The Ethics of Psychoanalysis* (*1959 – 1960*), ed. by Jacques - Alain Miller, trans. by Dennis Porter, p. 78. 康德在《实践理性批判》中这样说："一个实践理性的唯一客体就是善和恶的客体。因为人们通过前者来理解欲求能力的一个必然对象，通过后者来理解厌恶能力的一个必然对象，但二者都依据理性的一个原则。"参见 [德] 康德：《康德著作全集第 5 卷：实践理性批判、判断力批判》，李秋零主编，第 62 页。

② 转引自 Jacques Lacan, *Seminar VII: The Ethics of Psychoanalysis* (*1959 – 1960*), ed. by Jacques - Alain Miller, trans. by Dennis Porter, p. 78.

我们快乐的工具。"①

　　《闺房哲学》② 中最出格的话是这样表述的，任何人都可以对我说："我有权享受你的身体，我将不受任何限制地行使这个权力，随心所欲，无所不用其极地用你的身体来满足我自己。"③

　　萨德在《闺房哲学》中，以巨大的连贯性向读者展示，这个法律，一旦普及开来，虽然让浪荡的男子有权染指全部女子，但是，反过来，它也让妇女们从婚姻、配偶等关系中解放出来。这个概念打开了洪水的闸门，欲望的地平线在萨德的想象中若隐若现。在这里，每个人都受到邀请，追逐欲望的极限，然后实现它们。如果所有人都依此行事，那么一个完全自然的社会就会出现。可是，我们对此反感，这与情感有关，而情感，是被康德排除在道德法律标准之外的。如果从道德中清除所有的情感元素，那么，萨德描绘的世界的反面就会出现，这也是康德在《实践理性批判》中详尽描述的世界。

---

　　① 转引自 Jacques Lacan, *Seminar VII*：*The Ethics of Psychoanalysis*（1959 – 1960），ed. by Jacques – Alain Miller, trans. by Dennis Porter, p. 79.

　　② 罗兰·巴尔特对萨德作品进行了结构主义解读，从能指与所指对立的层面进行分析。针对人们对萨德的道德谴责，巴尔特这样分析：它"表现为一种美学性厌恶的形式：人们宣称萨德是单调的……但是，这就是萨德所做的：他把其作品（其世界）展开为和揭示为一种语言结构的内部，以此实现了一部作品和其批评的统一性……然而，这并不是全部；萨德的组合式（我们知道，这并非全部，这并不是所有色情文学的组合式）之所以在我们看来有些单调，乃因我们任意地使我们的解读从萨德的话语转移到被认为是所代表或所想象的'现实'：萨德使人厌烦，只因我们把自己的目光固定在所讲述的罪恶上，而不是固定在话语的施行上……我们，如法律所为，又以道德的理由对萨德加以禁制，这是因为我们拒绝进入萨德的世界，话语世界。然而，在其著作的每一页上萨德都向我们证明了一种深思熟虑的'非现实主义'：在萨德小说中发生的一切都只是语言，也就是不可能之事；或者更准确地说，所指者（référent）的不可能性转变为话语的可能性，限制因素被移位了。所指者完全被萨德所支配，像一切讲故事者一样，他可赋予其一个寓言的维面，而对他来说属于话语层次的记号，则是难以处理的，是萨德制作了法则……作为作家而不是写实主义的作者，萨德永远选择使话语反对所指者……我们应该在意义的层次上，而不是在所指者的层次上，来解读他"。参见〔法〕罗兰·巴尔特《萨德　傅立叶　罗犹拉》，李幼蒸译，中国人民大学出版社 2011 年版，第 21—22 页。

　　③ 转引自 Jacques Lacan, *Écrits*：*The First Complete Edition in English*, trans. by Bruce Fink, p. 648.

　　于是，拉康发现，对于康德阐述的伦理观，在你想要为其找到理由、找到支撑的时候，在你提及现实原则的时候，就会发现，康德的伦理学遭遇了绊脚石，面临着无解的难题，最后不可避免地失败。同样，萨德的伦理学也根本没产生什么社会后果。拉康说，他不知道法国人是否真的尝试成为共和派，但有一点可以确定，像所有其他民族一样，他们的革命，无论怎样大胆和激进，摩西十诫的宗教基础最终都是完好无损的，甚至还让它们的清教特征更加明显。①

　　拉康进一步解释，之所以康德和萨德的伦理学都没有什么社会后果，是因为这里涉及与"原物"（das Ding）关系的问题。而这个关系，康德在《实践理性批判》的第三章"纯粹实践理性的动机"中已经充分强调过了。实际上，康德终究还是承认了，有一种情感与道德律法密切相关，那就是"痛苦"（pain）。道德律法作为意愿的决定原则，本身就是为了反对我们追求快乐的倾向，当倾向受阻时，痛苦的感觉随之生成。康德认为这是第一个，可能也是唯一的情感，在其中，我们可以决定知识（源于实践纯粹理性）与情感（快乐或痛苦）之间的关系。②

　　拉康认为，康德与萨德的观点其实一样。为了绝对地到达"原物"那里，萨德的方法是打开欲望的闸门。但是，我们在萨德的描述中，实际看到的不过都是痛苦而已，有他人的痛苦，也有主体自己的痛苦，在一些时候，他们完全是一回事。强行走向"原物"带来的极乐是我们不能承受的，这也是萨德虚构的世界让我们感觉荒谬，甚至疯狂的原因所在。

---

① Jacques Lacan, *Seminar VII: The Ethics of Psychoanalysis* (*1959 – 1960*), ed. by Jacques – Alain Miller, trans. by Dennis Porter, p. 80.

② 转引自 Jacques Lacan, *Seminar VII: The Ethics of Psychoanalysis* (*1959 – 1960*), ed. by Jacques – Alain Miller, trans. by Dennis Porter, p. 80.

第四节　十诫与"原物"

众所周知的"十诫"，就是道德律法的化身，它被研究者奉为道德神学传统的代表作。因为原著为希伯来语，在被翻译成其他语言的时候，很可能与原意不符。拉康就很疑惑，在"十诫"（the Decalogue）在最初成型的《申命记》（*Deuteronomy*）和《民数记》（*Numbers*）中，希伯来原文到底使用的是将来时态，还是表示意愿的形式，他很希望懂希伯来语的朋友告诉他答案。无论如何，"十诫"拥有特殊的地位，它深深地影响着后世法律的结构。但是，其中一些话语，让拉康感到不解。例如，当耶和华说，"我是我所是"（I am that I am）的时候，到底"我是"什么呢？还有那句，"你们不可以拜其他的神，只能拜我，当着我的面（before my countenance）"，那么，是不是在迦南之外，就可以拜其他神？"十诫"第二条不仅排除了各种其他崇拜，还有各种形象，各种天上、地上、水里的代表，都不能被当作崇拜对象。

在"十诫"中，拉康最感兴趣的是第九条，这条明确规定"不能说谎"。在拉康看来，对谎言的禁令，实际上反映了人与"原物"（the Thing）的基本关系，因为谎言皆由快乐原则驱动，换句话说，在无意识中，我们每天都必须与谎言打交道。在"你不能说谎"中，欲望与律法的密切关系可以切实地被感受到。实际上，这一条就是为了让我们感受律法的真正功能。第九条让拉康联想到埃庇米尼得斯（Epimenides）著名的悖论："所有克利特人都说谎，他们中间的一个诗人这么说。"既然所有人都说谎，那么拉康也不例外。当他说，我们每一天都要在无意识中与谎言打交道的时候，除了回应上面那个诡辩，他承认，他也在说谎，因此他无法提供确实有效的东西来说明真相的功能，甚至说谎的意义。

拉康认为，"你不能说谎"，作为一个否定的行为准则，可以让讲这句话的主体从这句话中抽身出来。我说"你不能说谎"的地方，是"我说谎""我克制"的地方，同时也是我这个撒谎者讲话的地方。在"你不能说谎"中，存在一种可能性，很有可能，说谎是我们最基本的欲望。①

生而为人，是否有权说谎，这是拉康的疑虑。当有发明者想把主体的语言简化为一种普遍客观化的应用时，为什么会遭到反对？拉康认为，这是因为言语本身在说谎时，本身不知道在说什么，并且，就是在说谎时，语言也会讲述一些真相。不仅如此，就是在律法和欲望的矛盾中，在这个由语言决定的对立中，保留着最原始的权利，它使得第九条在"十诫"中脱颖而出，最后成为人类社会发展的基石。

"十诫"的最后一条，"不可贪恋他人的房屋；也不可贪恋他人的妻子、仆婢、牛驴，并他一切所有的"，这一条完美地体现了律法与欲望的关系。这条律令所申明的，至少关于邻居的妻子的那部分，在今天那些每天都要违反此律令的男人心中，仍然发生作用，拉康认为，毫无疑问，这与"原物"（das Ding）有关。②

"原物"，其价值在于以下事实：没有哪个对象能够在没有亲密关系的情况下存在，人类对象更是如此，他需要与"原物"建立起亲密的关系，那是他停泊的港湾。不仅如此，在语言形成之初，"原物"就与语言规则密切相关，或者说，"原物"一开始就在，并且与所有其他的东西都不同，它是第一个被主体命名说出的东西。第十条涉及的东西，我所觊觎的东西，不是我可以欲望的，那是我邻居的东西。这第十条，借由语言，让我们与"原物"保持距离。

拉康指出，这些律法不是"原物"，但是，我们只有通过律法的方

---

① Jacques Lacan, *Seminar VII: The Ethics of Psychoanalysis* (*1959 – 1960*), ed. by Jacques - Alain Miller, trans. by Dennis Porter, p. 82.

② Jacques Lacan, *Seminar VII: The Ethics of Psychoanalysis* (*1959 – 1960*), ed. by Jacques - Alain Miller, trans. by Dennis Porter, pp. 82 – 83.

式，才能知道我们魂牵梦绕的"原物"（the Thing）。实际上，倘若律法没有说，"你不能觊觎它"，那么，我就不会有觊觎它的想法。多亏了这个律令，"那物"（the Thing）才能让我百般觊觎；如果没有律令，"那物"就是死的。曾经，没有这个律令，我也活着，后来，这个律令出现，"那物"随之现身，重新返还，就在这时，我遭遇了自己的死亡。对我来说，那个律令原本是为了引领我向生，结果是向死，不过，多亏了这个律令，它让"那物"找到了引诱我的办法，然后，因它的诱惑，我开始渴望死亡。①

　　这是拉康对律法和"物"两者间关系的解读。他说，他只是在圣保罗（在写给罗马人的书信中，第七章第七段）阐述律令和"罪"（sin）关系的基础上，稍加改变，他用"物"替换了"罪"。律法对物的规定，让我心生欲望，于是，律法与物之间的关系，演变成律法和欲望的关系。因为律法，我对"物"的欲望，就变成了对"死亡"的欲望。同样因为律法，"罪"也呈现为过度、夸张的特征。对律法的逾越，是因为欲望想要跨越藩篱，想让情爱置于道德之上，而律法对这种逾越之举绝不会无动于衷，他们相爱相杀。拉康问，弗洛伊德发现的精神分析伦理学，是否会让我们紧紧抓住欲望与律法的对立关系不放？

　　欲望对上了律法，实际是所有宗教、神秘主义、各种宗教热情趋之若鹜的问题。拉康说，对这种对立关系的分析，除了要在法外之地重新发现与"那物"的关系之外，还有其他路径。他指出可以根据弗洛伊德在这方面的分析，从"性爱"入手，从爱的规则入手。弗洛伊德本人曾说，他本要把自己的学说描绘成关于性爱的研究，最终没有，因为那会在一定程度上涉及他对"词"的让步，而对"词"让步的人也必将对"物"让步，这样，他才能谈论性的理论。的的确确，弗洛

　　①　Jacques Lacan, *Seminar VII: The Ethics of Psychoanalysis* (1959－1960), ed. by Jacques－Alain Miller, trans. by Dennis Porter, p. 83.

伊德在伦理探询的前沿地带考察的是单纯的男女关系，让人惊讶的是，男女关系是所有事情无法绕过的点，"原物"永远处于欲望的中心地带。

这些就是拉康对律法、原物、欲望的分析。

结　语

拉康研究精神分析伦理，自然而然想到康德的伦理理论，与此同时，萨德又是一个从各个方面来看都非常符合精神分析的对象，尤其是那些符合快乐原则的行为。拉康问询的是：像萨德那样随心所欲地追求性的快乐，是不是也符合康德的伦理行为标准？答案是肯定的。那种超越快乐原则的性行为是一种伦理行为，就连情欲也具有伦理维度。拉康认为："'伦理激情（性欲）'的这一含而不露的萨德之维，并不是由我们的古怪阐释对康德所做的歪曲，而是康德理论大厦中所固有的。"① 这可以从康德对"婚姻"下的定义和对"超验的感伤"的论述中得以窥见一二。康德认为婚姻就是两个成年异性签署的彼此使用对方性器官的合约，拉康认为这完全是萨德式的伦理范畴，因为在康德的婚姻概念里，完整的人消失了，取而代之的是工具化、客体化的器官。而在对"超验的感伤"的论述中，康德认为只有"被羞辱的痛苦"属于"超验的感伤"，这是因为"人性中的恶"让一个人对另一个人的自豪感遭受了打击。拉康认定康德对"痛苦"的这一论述与萨德对"痛苦"的认识差不多，后者认为痛苦是获得性快感的特殊方式，而两者间的共同之处在于主体都感受到了痛苦。②

---

　　① ［斯洛文尼亚］斯拉沃热·齐泽克：《实在界的面庞》，季广茂译，中央编译出版社2004年版，第7页。
　　② ［斯洛文尼亚］斯拉沃热·齐泽克：《实在界的面庞》，季广茂译，中央编译出版社2004年版，第8页。

第十四章　拉康论精神分析的伦理问题

在《拉康文集》收录的 33 篇文章中，第 6 篇的标题为《精神分析中的攻击行为》。[①] 这篇文章是拉康在 1948 年 5 月中旬于布鲁塞尔召开的第十一届法语精神分析大会上宣读的论文，其主题是精神分析师将如何应对主体的攻击行为。从这篇文章开始，拉康的探究已经涉及精神分析中的伦理之维。然后，在他从 1953 年开始，一直进行到 1981 年，一共 27 期的研讨班讨论课上，前 2 期的论题都与弗洛伊德有关，它们是：《弗洛伊德关于技术的论文，1953—1954：拉康讲义，卷一》和《弗洛伊德理论中的自我与精神分析技术中的自我，1954—1955：拉康讲义，卷二》。这 2 期研讨班的讲义，毫无疑问，涉及弗洛伊德本人在精神分析中的伦理之思。当拉康的研讨班进展到 1959 年的时候，拉康已经完成了 6 个主题的授课，他把第 7 期讨论课的题目直接定为《精神分析的伦理》[②]。由此可见，"拉康论精神分析的伦理" 这一议

---

① 英文译者布鲁斯·芬克将这篇文章译为 "Aggressiveness in Psychoanalysis"，参见 Jacques Lacan, *Écrits: The First Complete Edition in English*, trans. by Bruce Fink, New York: W. W. Norton, 2005, pp. 82 – 101. 英文译者阿兰·谢里登将其译为 "Aggressivity in Psychoanalysis"，参见 Jacques Lacan, *Écrits: A Selection*, trans. by Alan Sheridan, pp. 9 – 32. 中文译者褚孝泉将其译为《精神分析中的侵凌性》，参见褚孝泉译《拉康选集》，第 91—114 页。以这篇文章为例，笔者认为谢里登的译文流畅易懂。

② 拉康的第 7 个研讨班讲义，已经有中文译本，我在 "前言" 综述部分已经提及，中文译者卢毅将其翻译为《雅克·拉康研讨班七：精神分析的伦理学》(2021)，这是拉康全部 27 卷的研讨班讲义中唯一被翻译成中文的。

题不容忽视。下面的内容主要涉及第 7 期的研讨班讲义,分成 6 个小节,向读者展示笔者的理解,仅希望这部分内容能够起到抛砖引玉的作用。

第一节 精神分析伦理探询的缘起

拉康在 1959—1960 年的研讨班,其主题是精神分析中的伦理问题。在研讨班伊始,他向他的听众们解释,他之所以从伦理这个主题切入,是为了让他们能够更好地理解和发现弗洛伊德著作以及由此诞生的精神分析经验中的新意。[①]

拉康相信,没有哪一个从事精神分析的人,不被它的伦理的主题所吸引。不仅如此,我们发现自己深陷其中不能自拔。精神分析的经历让我们发现,那些病态的、越界的事件或症状,深深地引起了我们的兴趣。拉康认为,从此切入,会是我们接近精神分析伦理之维的捷径。[②] 这里所说的"越界",与有些患者做一些期待被惩罚或自我惩罚的举动不同,但对惩罚的渴望,的确是一种越界,只是有些模糊不清。拉康的疑问是:这个"越界"与弗洛伊德在其作品一开始说的那个"越界"相同吗?那个弗洛伊德认为文明起源的神话——对父亲的谋杀,以及弗洛伊德在其后期著作中经常提及的那个更隐晦、更原初的"死亡本能"也是一种"越界"吗?从"越界"到"死亡本能",拉康看到了弗洛伊德思想的发展,不过,其准确意义还有待确定。但是,拉康非常确定,他既无法在实践中也不能在理论上,发现所有那些让他可以强调自身经历和他传授的弗洛伊德中伦理之维重要

[①] Jacques Lacan, *Seminar VII: The Ethics of Psychoanalysis* (*1959 – 1960*), ed. by Jacques – Alain Miller, trans. by Dennis Porter, New York: W·W·Norton, 1992, p. 1.

[②] Jacques Lacan, *Seminar VII: The Ethics of Psychoanalysis* (*1959 – 1960*), ed. by Jacques – Alain Miller, trans. by Dennis Porter, p. 2.

性的东西，而且众所周知，在伦理之中，并非每件事情都与责任
有关。

道德经历，以及一些约束，让人保证自己的行为不但要遵守法律，
而且要让自己的所作所为成为理想之举，因而也会做出超越命令、超
越责任的举动，这些就是伦理维度的构成。拉康说，如果有什么东西
是精神分析感兴趣的，在责任感之外其实是无处不在的内疚感，道德
经历中这个令人不快的一面是伦理之思尽力规避的。与一些试图弱化
内疚感的分析师不同，拉康在日常经历中坚持回到内疚感的层面，且
不断提醒自己不要忘记。精神分析同时恢复了对欲望的好感，很明显，
在对弗洛伊德的理论阐释中，人们发现，道德维度就起源于欲望之处。
就是要远离欲望的影响，一些心理机制才会以审查的形式出现。拉康
在这里提到 18 世纪有一种哲学，就在弗洛伊德思想诞生之前出现的，
它的主要任务是为那些寻求解放欲望的所谓的自然主义者正名，这是
为浪荡的人、寻欢作乐的人量身定做的。毫不意外，这个思想失败了，
因为社会秩序要求某种行为必须承担相应的责任，于是这个思想受到
许多社会批评、许多审视和怀疑。拉康认为，人们需要相对化处理这
种解放欲望的要求，这种要求必然与人们的道德经历相互冲突，这也
是精神分析师见证了真实疾病发生数量增多的原因所在。自然主义者
倡导的解放欲望的思想已经成为过往，今天的人们还如以前一样承受
责任和律法的双重要求。

回顾那些追求享乐的人的经历，不难发现，道德理论规定的每一
件事情都注定是失败的。人们只需阅读几个主要作家的作品，那些大
胆描述放荡生活甚至色情的作家作品，就会意识到，作品中描述的放
荡之人的那些经历，实际包含了一种藐视之意，一种对上帝苦难考验
的试探。作为造物主的上帝，或许能够为我们解释几个不同寻常的存
在，为什么萨德侯爵（Marquis de Sade）、米拉波（Mirabeau）、狄德
罗（Diderot）的作品如此引人注目？让自己经历磨难的人，最终会

受到大他者的评判，这种思想是让上述几个作家作品与众不同的地方，而且，他们的作品虽然呈现了一种色情的维度，但一直没有达到色情的程度。

拉康说，这里触及了精神分析还未探究过的视角。似乎从一开始，对于弗洛伊德有关欲望起源的充满悖论的经验认识，以及欲望在婴儿期多变乖张的特点，人们就倾向于让精神分析弱化那些自相矛盾的起源，意在表明这些矛盾最终可以和谐共处。拉康怀疑，这种精神分析思想进程要比以往任何时候都受到道德主义的影响，这样的精神分析，其唯一的目标，似乎就是安抚内疚。为了实现这一目标，精神分析需要驯服"变态的享乐"（perverse jouissance）①，这在拉康看来，很难办到。

为了理解这"变态的享乐""驱力""欲望"对我们的影响和作用，拉康认为，可以参考对照亚里士多德在《尼各马可伦理学》（*Nicomachean Ethics*）② 中对伦理细致周到的论述，尤其是亚里士多德在该部作品中提出，整个欲望界域都被他安排在道德领地之外，也就是说，对亚里士多德来说，涉及欲望范畴的，必然与伦理问题无关。不过，亚里士多德所谓的那些欲望，是指性欲，被他归为"可怕的异常事物"的领域，他用"兽行"（bestiality）言说"性欲"，所以，在这个层面发生的事情与道德评价无关。由此可见，亚里士多德提出的伦理问题发生在其他地方。拉康说，今天精神分析的经验，让亚里士多德的理论显得令人惊讶、比较原始、相互矛盾，且无法理解。③

---

① Jacques Lacan, *Seminar VII*: *The Ethics of Psychoanalysis* (1959 – 1960), ed. by Jacques - Alain Miller, trans. by Dennis Porter, p. 4.

② 国内学者余纪元对《尼各马可伦理学》进行过介绍和分析，指出亚里士多德在这部十卷本的著作中，在卷七中用了 4 个章节，再在卷十中用了 5 个章节，讨论快乐。参见余纪元《亚里士多德伦理学》，中国人民大学出版社 2011 年版，第 2—12 页。

③ Jacques Lacan, *Seminar VII*: *The Ethics of Psychoanalysis* (1959 – 1960), ed. by Jacques - Alain Miller, trans. by Dennis Porter, p. 5.

第二节　精神分析师的理想

精神分析能够对道德的起源给出什么样的解读，这是拉康想要说明的问题。以弗洛伊德的《图腾与禁忌》为例，精神分析在阐释那个"弑父"神话的同时，对传说诞生的环境以及后果也进行了分析。从道德的视角来看，原始人类想要转变那些欲望能量，于是压抑开始，逐渐地，"越界"的行为被明确下来。拉康认为，这是值得称颂的事情，因为其起源不但复杂，而且文明因此得以发展。弗洛伊德的著作，对超我如何形成、完善、加深以及日益复杂的发展进程进行了充分的描述，但是，在拉康看来，对超我的解读不应该局限于其心理起源和社会起源，因为仅仅从集体需求的角度考虑问题是不可能的，个人的需求也应该加以考虑。与纯粹简单的社会需求不同，个人的需求要从能指和话语的角度才能够得到较好的理解。[①]

当然，文化和社会区别中包含的东西与精神分析传授的东西可能背道而驰，但是，这个区分在弗洛伊德本人的研究中也占据了很大的份额。以 1922 年发表的《文明及其不满》为例，弗洛伊德探究了在文明发展过程中那些令人不满意的方面，而这些都是超越个人的存在，这里涉及的人，发现自己同弗洛伊德及其著作一样处在历史转折时期。但是，不能把《文明及其不满》看作简单的哲学探询，因为在拉康看来，《文明及其不满》是弗洛伊德的巅峰之作，不能超越，无法替代。他认为："它阐明，强调，驱散了精神分析中所有需要明确的点及我们对人的看法上的模糊不清，它考虑到，我们分析经验中每日处理的就

[①]　Jacques Lacan, *Seminar VII: The Ethics of Psychoanalysis* (*1959 – 1960*), ed. by Jacques – Alain Miller, trans. by Dennis Porter, p. 6

是关于人，关于远古时人的要求。"①

　　回到道德的问题上，拉康认为，道德经历不局限于个体对必要性的接受，也不是简单地与弗洛伊德定义的超我有关联，更不是对超我矛盾性的探究，也与道德机制背后的那个下流残暴的形象无关。然而，精神分析中的道德经历可以用弗洛伊德的略带苦涩的那句话来概括，"它在哪里，我就在哪里"（Wo es war, soll Ich werden）②，这种道德意识在患者开始进行分析的时候就已经存在了。"我"要到"它"藏身的地方，精神分析已经让我们知道，"它"就在"我"这里，"我"需要追问"它"要什么，不仅如此，"它"也自问：在那些病态的经历中，"它"到底要什么？"它"是否愿意让自己服从于某种责任，以至"它"感觉自己像一个陌生人，超越了自身，到达了另一个层次？"它"是否应该把自己交给超我，服从后者那种几乎意识不到，又相互矛盾，且充满了病态的命令？因为精神分析的进一步探究发现，超我的管辖权越来越大，所以患者就应该致力于走上超我之路。难道"它"真正的责任不就是反对超我的命令吗？拉康说，这些质询，实际上包含了我们经历中一些假设的事实，也是分析发生前的一些假设的事实。以强迫症患者为例，他的"责任"意识远早于寻求帮助的"要求"之前生成，这也是他要求分析的缘由。拉康认为，强迫症患者身上呈现的冲突很好地回答了上述那些问题，同时能够说明为什么会存在不同的伦理学和伦理思想。并不只有哲学家寻求为"责任"正名，这也是精神分析者的义务，它体现在他们的追问中：我们这些精神分析师是不是欢迎哀求者，同时为他们提供庇护的一群人？我们是不是

---

　　① Jacques Lacan, *Seminar VII*: *The Ethics of Psychoanalysis* (*1959 – 1960*), ed. by Jacques - Alain Miller, trans. by Dennis Porter, p. 7.

　　② 这是弗洛伊德的德语原文，转引自 Jacques Lacan, *Seminar VII*: *The Ethics of Psychoa-nalysis* (*1959 – 1960*), ed. by Jacques - Alain Miller, trans. by Dennis Porter, p. 7.

必须回应他们那个不想痛苦的要求，同时又不理解这个要求背后原因的一群人？原本我们希望，倘若理解他们的要求，他们就可以走出无知和痛苦。[1] 在这些追问中，其实包含了精神分析者的理想，拉康随后提到了三个理想。

第一个理想是人类之爱。道学家和哲学家从人际关系的角度谈论爱，精神分析则把爱放置在伦理经验中心，因而提供了一个完全不同的视角。但是，对于性爱，尤其女性的性，或者说女性的需求和欲望，精神分析还没有进行深入的研究。第二个理想是对真实的向往。精神分析本身就是一种揭秘的技术，但是，这还不够，还应该把真实作为精神分析要践行的价值，如，在描述病症时，要避免使用"好像"这样的词，务必做到精确。第三个理想，是不依赖，或者说对依赖的预防。弗洛伊德本人对于广泛意义上的教育也是抱有保留意见的，那么他身后的分析家也不能依赖教育，因为今日的分析家的伦理之思与亚里士多德那样的思想家的认识迥异。以对习惯的研究为例，分析家们基本不谈论习惯这个方面，可是亚里士多德认为伦理是一门关于习惯的科学。

第三节　弗洛伊德的伦理观

拉康谈论精神分析的伦理之维，在此之前，他需要指出弗洛伊德在伦理问题上的独特看法。

在亚里士多德那里，伦理问题关乎善行，推崇至善。拉康感兴趣的是，为什么亚里士多德从一开始就强调快乐的问题，以及快乐在伦

---

[1]　Jacques Lacan, *Seminar VII*: *The Ethics of Psychoanalysis* (*1959 - 1960*), ed. by Jacques - Alain Miller, trans. by Dennis Porter, p. 8.

理的思想运作中的作用。而这些是拉康不能忽略的问题，因为它们是了解弗洛伊德提出的两种心理机制（the two systems φ and ψ, or the primary and secondary processes）的参照点。① 在亚里士多德关注的"快乐"与弗洛伊德关注的"快乐"是否是同一个"快乐"的问题上，拉康不得不进行一些历史梳理，也提出他不得不参照"象征、想象、真实"（the symbolic, the imaginary, the real）这些概念，因为这样做，他才有可能把这个问题说清楚。拉康也知道，在他讨论"象征"与"想象"及它们的相互作用时，很多人一直疑惑"真实"的指涉内容。那么，对"真实"这一概念的继续探究，就成了拉康探讨伦理问题的路径，而这与以往认为对伦理问题的追问必然要涉及理想之维（the ideal）截然不同。就弗洛伊德理论所实现的进展而言，伦理问题已经开始需要探究"真实"中人的处境。为了帮助听众理解这一点，拉康简要地回顾了在亚里士多德与弗洛伊德之间伦理思想的发展。

19 世纪初，功利主义思想出现。拉康说，我们可以借用主人功能衰退的术语来定义这个时刻。在此之前，主人的作用明显贯穿着亚里士多德的全部思想，并在亚里士多德之后也持续影响了数个世纪。从黑格尔那里开始，主人的地位一落千丈，黑格尔把主人变成了一个容易受骗的人，一个靠征服奴隶及其劳动才能证明自己价值的人。拉康指出，黑格尔虚构出来的主人形象已经与亚里士多德时期多才多艺、富足闲适的主人形象相去甚远，这个虚构的形象恰好出现在对人际关系产生深刻影响的功利主义出现之前。然而，失之东隅，收之桑榆，边沁的思想在语言学中得到了应用发展。拉康是在罗曼·雅各布森的暗示下才对边沁的作品产生兴趣的，然后注意到边沁对术语"真实的"（real）与"虚幻的"（fictitious）界定，尤其是，边沁认为"每一个真

---

① Jacques Lacan, *Seminar VII: The Ethics of Psychoanalysis* (1959 – 1960), ed. by Jacques – Alain Miller, trans. by Dennis Porter, p. 11.

相的结构都是虚构"① 的表述。边沁致力于分析语言与"真实"的相互影响、彼此制约，目的是为"善与快乐"找到安身之所。对"真实"这个方面的重视，使得边沁的研究视角与亚里士多德的完全不同。也是在"虚构"与"真实"的对比中，拉康发现了弗洛伊德经历的摇摆状况。"虚构"与"真实"的分割一旦完成，原来一些想当然的事情也随之发生变化。在弗洛伊德那里，快乐原则作为我们必然追求的维度，只能在虚构的层面去发现。拉康指出，弗洛伊德所说的"虚构"，非意在"欺骗"，而恰好就是他所谈及的"象征"。

重读弗洛伊德，拉康发现，若要理解弗洛伊德所说的现实原则，还需要了解弗洛伊德思想中包含的下列内容：无意识的结构实际反映的是象征的作用，快乐原则驱使人寻求的是一个符号的归来，驱使人追求快乐的元素并不为人所了解，人们寻寻觅觅之后发现的是痕迹而非踪迹。弗洛伊德同亚里士多德一样，认为人们把追求幸福作为自己的人生目标。拉康最感兴趣的是弗洛伊德在《文明及其不满》中表达的对幸福的看法，后者认为，宏观世界和微观世界都没有为人追求幸福做任何的准备。拉康认为这是全新的看法。亚里士多德谈论快乐的时候，排除了一切兽性的欲望；而弗洛伊德在谈论快乐的时候，直面欲望的现实。

第四节　拉康的伦理之思

伦理之思可以简单地概括为一个追问：生而为人，如何行为才是正确的？实际上，这种追求行为正确的道德诉求无处不在，渗透在我们全部的经历中。拉康很难不赞同这种追问，因为这也是精神分析师们一直关注的问题，并且这个问题远远没有解决，为什么会有人因为

---

① Jacques Lacan, *Seminar VII: The Ethics of Psychoanalysis* (1959–1960), ed. by Jacques–Alain Miller, trans. by Dennis Porter, p. 12.

饱受道德的虐待而感觉快乐呢？那么，在精神分析实践中，精神分析师需要注意哪些伦理问题，如何做才能保证他们的行为得体适当？精神分析师面对的情况不同，呈现给他们的事物不一样，因此他们介绍这个行为、呈现并为这个行为正名也是不同的。一开始，其特征为各种要求、请求，而且急切，它特殊的含义让拉康更想从伦理视角进行探询。

拉康在前面已经提到，他要借用象征、想象、真实这三个不同的心理范畴概念，来探询精神分析中的伦理问题。他开门见山，亮出自己关于精神分析伦理的论点："我的论点是，道德律法，道德命令，我们行动中道德维度的一直在场，只要这些都是根据象征秩序组织结构的，那么真实的欲求也是通过象征的方式实现的，这样的真实，它们是有重量的。"[①] 拉康进一步解释，他的论点中涉及律法通过反对快乐来肯定自身的看法，并且从真实界域的视角审视道德律法，似乎挑战了理想界域的价值。在进一步论证自己的论点之前，拉康认为明确"真实"这个术语的内涵和外延很必要，因为这是他必须借助的概念。

"真实"（the real）的意义到底是什么？拉康指出，探究"真实"的含义，一定离不开对弗洛伊德思想发展路线的追问。首先追问的是，弗洛伊德在提出第一组对立的概念——"现实原则"和"快乐原则"之后，历经诸多的摇摆和迟疑，以及指涉这些概念时难以觉察的一系列变化。在理论完成的后期，却提出了超越快乐原则的、全新的、含义不明的概念——"死亡本能"（death instinct）。然后，拉康引导听众思考："死亡本能"与第一组对立概念关系如何？"死亡本能"是什么？这是超越有律法的律法吗？它是现实原则的终极显示吗？

---

① Jacques Lacan, *Seminar VII: The Ethics of Psychoanalysis* (1959 – 1960), ed. by Jacques - Alain Miller, trans. by Dennis Porter, p. 20.

弗洛伊德所提出的现实原则，只是快乐原则的延宕或应用，现实原则的依赖和局限，促使一些东西出现，而这些东西，在广泛意义上掌控着我们与世界的全部关系，这是拉康对《超越快乐原则》的再发现。在这个揭秘过程中，弗洛伊德提出的"现实"概念就显得问题重重。因为现实的内涵丰富，包括日常现实、社会现实、心理现实、科学已经发现的现实、科学尚未发现的现实等，人们会问：弗洛伊德的"现实"到底是哪一种？对这个问题的深入调查，不可避免地引导人们走向心理现实这个特殊领域。人们应该考察"现实"这个术语在精神分析发明者那里所起的作用，以及拉康们对"现实"的看法。

无论如何，在拉康这里，"现实"（the reality）变成了"真实"（the real），而且"真实"是他探究精神分析伦理学需要借助的重要概念。他说："道德行动，实际上，是被嫁接到真实之上的。"① 我们该如何理解这句话？这意味着一些新的东西被引入"真实"界域之内，顺便开辟了一条证明我们存在合法的道路。拉康多年的精神分析经历，让他有充分的理由说："精神分析的伦理局限与精神分析实践的局限相类似。精神分析实践只是道德行动的初始阶段，这里所说的行动就是我们据此进入真实域的那个行动。"②

在诸多对伦理进行分析的前辈之中，拉康认为，亚里士多德是最高典范，也是分析最有效的一个。阅读亚里士多德，永远不会让人感觉无聊，尤其是《尼各马可伦理学》（*Nicomachean Ethics*）。在这部作品中，至少有一点是与其他伦理学相同的，那就是对秩序的强调。这个秩序需要以科学的面目呈现，这门科学主要描述必须做哪些事情，

---

① Jacques Lacan, *Seminar VII*: *The Ethics of Psychoanalysis* (1959–1960), ed. by Jacques–Alain Miller, trans. by Dennis Porter, p. 21.

② Jacques Lacan, *Seminar VII*: *The Ethics of Psychoanalysis* (1959–1960), ed. by Jacques–Alain Miller, trans. by Dennis Porter, pp. 21–22.

遵守哪些无可争议的规范，才能拥有某种性格。剩下的问题就是：这个秩序如何在主体中建立起来？主体如何就能够接受并服从这种秩序呢？创立伦理学，其目的是区别人与其他无生命的存在。石头不能获得习惯，而人可以通过一些训练，养成良好的习惯。这个习惯需要符合某种秩序，为至高无上的善服务。

拉康追问：在亚里士多德创建的伦理学中，不断被他提及讨论的问题是什么？亚里士多德的谈话对象是他的学生，他通过倾听的方式参与他们的科学话语，这意味着伦理问题都是用科学的方式追问探究的。拉康的疑问是，那些被亚里士多德称为放纵的行为为什么继续存在？为什么一个主体的冲动可能把他带往他处？如何解释这些现象呢？

拉康认为，亚里士多德对伦理问题的探讨，有着他理想的主人类型的局限性，他的任务就是向主人阐明何种行为是"不节制"（intemperance）的行为，何种行为是过错行为，以便引导主人修养必备的美德。

拉康特别提及，亚里士多德著作中提及的"主人"与黑格尔辩证法中的"英雄般野蛮的主人"截然不同。亚里士多德时代的"主人"是一种社会存在，对于主人拥有奴隶，没人质疑合理与否，这也因此决定了亚里士多德关于伦理所进行的研究有一定的历史价值。但是，若因此认为亚里士多德对伦理学的贡献仅限于此，那就大错特错了。其他一些评论也一样低估了亚里士多德伦理学的价值。例如，他们注意到，亚里士多德的"主人"尽可能地远离任何形式的劳动，把奴隶交给管家打理，一心追求沉思的理想，如此才能修炼成亚里士多德式的伦理美德。拉康认为，这只能说明亚里士多德的伦理观过于理想化。同时，亚里士多德的伦理学也有局限性，反映在它只关注有闲阶级的道德修养。可是，这个在特定状况下发展出来的、过于理想化也有局限性的伦理学，为什么在今天仍然会引起共鸣并为我们提供教益？拉

康认为，亚里士多德对伦理学发展提出的架构与设想，与拉康们对弗
洛伊德理论的研究和发展上所用的架构部分重叠，重组转换那些架构，
可以确保新酒不被放到旧瓶子中。

这是拉康为寻找真相而想到的办法。

这个真相与更高级的律法无关，它存在于主体的隐秘处，是一个
特殊的真相。真相的表达不尽相同，总的来说，以蛮横乖张的愿望为
特征，没有任何东西可以从外面对其评价，"真实的愿望"是对其最恰
当的描述，它是所有反常和非典型行为的源头。这个"愿望"以其独
特的、不可缩减的形式留存在主体心灵深处，它不具有普遍性的特征，
而是极具特殊性，也可以说，这个"愿望"是以特殊性作为普遍特征
的。这个"愿望"以"退化的、幼稚的、不现实的"为特征，被放弃
后变成了欲望，然后这个欲望被当成理所当然的现实。① 这的确是精神
分析的发现，但精神分析不应该止步不前，停留在"孩子是人类之
父"② 的认知阶段。19 世纪的英国浪漫主义诗歌，重视个体儿时的记
忆、童年发展、孩童阶段的理想和愿望，并且把这些当作诗歌创作的
灵感和主题。浪漫主义因为对儿童时期重要性的强调，让弗洛伊德感
觉找到了同路人。另一个 19 世纪的历史学家麦考利也说过，在他那个
时代，贬低一个人，如果这个人不诚实，或者是一个十足的傻瓜，就
说他还没有长大，他还保留着青春期的特征。在帕斯卡（Pascal）的时
代，就可以简单地说，孩子不是成年人，如果谈及成年人的思想，也
不会追问儿童经历留下什么痕迹。

到了拉康的时代，继续使用这些术语进行质询，就会继续掩盖真
相。因为，到最后，无论看起来多么真实，在无意识的思绪和成年人
的想法之间都存在一种完全不同的张力。精神分析师不断遭遇到真正

---

①　Jacques Lacan, *Seminar VII: The Ethics of Psychoanalysis*（1959 - 1960）, ed. by Jacques -
Alain Miller, trans. by Dennis Porter, p. 24.

②　英国浪漫派诗人华兹华斯的一句话，被弗洛伊德满怀敬意地引用过。

成年人的想法与我们用"孩子是人类之父"来看的成年人想法之间的断层。当我们说起一个成年人时，我们的参照点是什么？成年人的典范是什么？是否真的像欧内斯特·琼斯（Ernest Jones）所说，多亏了崇高的社会压力，我们才没有变成自负的、自我的、丑陋的、无价值的人？倘若不是这样的人，我们到底是什么样的人呢？

带着这些疑问，拉康到弗洛伊德最主要的思想框架——现实原则与快乐原则的对比中寻找答案。

第五节　快乐原则与现实原则

通过细读弗洛伊德写给好友威廉·弗里斯（Wilhelm Fliess）的信件（number 73），拉康发现弗洛伊德专注于分析自己不快乐情绪后面的东西，那些引发不快乐情绪的真实存在的东西，被弗洛伊德用"现实"（Die Wirklichkeit）[1] 这个术语来命名。弗洛伊德在自我分析中，发现自己如同身居暗室，里面存有大量模糊不清的东西，最让他不愉快的经历是遇到那些情绪。

再通过研读弗洛伊德 1895 年的手稿《科学心理学构想》（*Project for a Scientific Psychology*）、1900 年《释梦》第七章、1914 年那篇关于父亲做梦梦到儿子"他不知道（自己已死）"的文章，还有那篇可以被翻译成《关于心理结构》的文章以及 1930 年的著作《文明及其不满》，拉康探究弗洛伊德提出快乐原则和现实原则这一组对立概念的思想发展进程。

拉康这样一步步地探究弗洛伊德研究心理现实、研究快乐原则的

---

　　[1]　对于一些重要概念，拉康喜欢使用弗洛伊德的德语原词，英文译者翻译的时候，也对这些德语原词进行保留处置，不进行翻译。此处转引自 Jacques Lacan, *Seminar VII: The Ethics of Psychoanalysis*（*1959 - 1960*）, ed. by Jacques - Alain Miller, trans. by Dennis Porter, p. 26.

背后，是因为他被这一切围绕的核心——快乐——所吸引。在弗洛伊德之前的研究者，包括亚里士多德，都提到，快乐对伦理行为的引导作用。实际上，《尼各马可伦理学》中重点讨论的就是如何恢复快乐的真正功能，在亚里士多德那里，快乐是风华正茂一样的感受，是青春洋溢一般的体验。

拉康发现，在弗洛伊德那里，快乐原则实际上是个"惰性原则"。所谓"惰性"，就是神经机制自动处理一切，顺势而为，因为能量累积到一定程度必须释放。拉康看到，这是弗洛伊德提出"快乐原则"的出发点。

"快乐原则"只是弗洛伊德最初提出的一个假想，没有临床依据，是他用来说服自己，让自己尽可能连贯一致地呈现自己思考的一个构想。弗洛伊德想要解释大脑如何运作，他提出的第一个机制——"快乐原则"——倾向于欺骗和犯错，而第二个原则——"现实原则"——就是修正的原则，让一切井然有序。一个以快乐为业，一个要及时修正，很明显，这两个原则相互冲突。在弗洛伊德之前，没有任何一个人曾经对我们人类的行为进行过这样的描述、这样的设想。这两种机制天生冲突，相互制衡。

对于弗洛伊德提出的"现实原则"，拉康说，"在冷静、抽象、学究、复杂和乏味之下，一个人可以感受到一种生活经历，这个经历在本质上是很道德的"[1]。"现实原则"通过审核和限制的方式来避免灾难的发生，因为灾难可能持续很久，甚至让快乐原则放弃所有。如果快乐过早地释放，只能是由一个痴心妄想（Wunschgedanke，德语）触发的，也必然令人痛苦，从而引发不快乐。倘若现实原则干涉过晚，没有为整个系统提供所需要的小小的释放，那么会有一个退化了的释

---

[1] Jacques Lacan, *Seminar VII: The Ethics of Psychoanalysis* (1959 – 1960), ed. by Jacques - Alain Miller, trans. by Dennis Porter, p. 29.

放，其实是一种幻象，也会导致不快乐。①

在弗洛伊德看来，现实原则在本质上是危险的。② 这与理想主义者的看法完全不同。当弗洛伊德说现实（reality）很危险的时候，确切地说，他是说通向真实（the real）的道路险象环生，且引导走向真实的感受具有欺骗性。拉康认为："推动弗洛伊德进行自我分析的直觉，在自我表现的时候，实际上涉及发现真实（the real）的办法。真实只有通过一个初级防御的方式才能开始发生。"③ 人们需要知道真实，但找寻真实的办法充满了模糊不清，这可以从"防御"（defense）这个词本身反映出来，因为"防御"在"压抑"（repression）形成之前就已经存在。

拉康看到，弗洛伊德关于"真实"进行的阐述充满了矛盾，建议我们可以把快乐原则看作潜意识，而把现实原则看作意识，这样可能就不会那么困惑了。拉康在这里谈论意识和无意识这些感受，目的还是把感受与现实联系起来。弗洛伊德的快乐原则主要作用于个体的感受（perception），拉康认为弗洛伊德的提法是全新的贡献。感受的主要流程（primary process）是要树立一个感受到的身份（an identity of perception），而这个身份真实与否都没有关系。主要流程运作的最

---

① Jacques Lacan, *Seminar VII: The Ethics of Psychoanalysis*（1959 – 1960）, ed. by Jacques – Alain Miller, trans. by Dennis Porter, p. 29. 弗洛伊德的论文《超越快乐原则》提出，心理活动的首要处理进程是快乐原则，即本能地追求快乐，其次才是现实原则。现实原则取代快乐原则，只是为了"在通往快乐的漫长而又迂回的道路上暂时地忍受不快乐"。参见［奥］弗洛伊德《自我与本我》，车文博主编，九州出版社 2014 年版，第 10 页。弗洛伊德在论文《对心理活动的两个原则的系统论述》（1911）中说："正如那个快乐的自我一直祈盼，祈盼得到快乐，避开不快乐一样，那个现实的自我努力寻求于它有用的东西，谨防遭受毁坏。实际上，现实原则取代快乐原则，并不意味着罢黜快乐原则，恰恰却是对它的守护。"参见 Sigmund Freud, *The Standard Edition of the Complete Psychological Works of Sigmund Freud*, Volume XII, London: Hogarth, p. 223.

② Jacques Lacan, *Seminar VII: The Ethics of Psychoanalysis*（1959 – 1960）, ed. by Jacques – Alain Miller, trans. by Dennis Porter, p. 30.

③ Jacques Lacan, *Seminar VII: The Ethics of Psychoanalysis*（1959 – 1960）, ed. by Jacques – Alain Miller, trans. by Dennis Porter, pp. 30 – 31.

终目的是建立一种快乐系统，能够在自己的领域中自动实现，无须外界事物的帮助，而快乐的实现与最初触发它的任何东西都背道而驰。①

次要流程（secondary process）致力于树立一个思想中的身份（an identity of thought），与感受相对应的思想（thought）活跃在现实原则的层面，与现实原则相伴而行。这是弗洛伊德对心理机制内部运作的描述。在内部运作的层面，思想的过程表现为，唯一能够让主体清醒意识到的信号，是那些表达快乐或痛苦的信号。可以说，在无意识的所有运作过程中，只有这些信号能够到达意识的层面。想要了解这些"思想"，弗洛伊德说得很清楚，当然是凭借"说出的话"②。这些"说出的话"体现了从无意识到前意识（preconscious）的过渡。

那些"说出的话"，是用来了解无意识（unconcious）的必然手段。拉康发现，弗洛伊德对于借助言语发现无意识的思想，最早在他的论著《一个构想》（Entwurf，1895）中，就有着详尽雄辩的论述。例如，一个人因为痛苦而哭泣，我们通过他的哭泣判断使他痛苦的对象。哭泣既实现了情绪的释放，又发挥了桥梁的作用，它让那个令主体不快的对象，在主体的意识中被识别辨认出来。如果不哭泣，那么痛苦的根源就没办法呈现。因此，哭泣是一种信号（sign），自有价值。对于人类主体来说，开口说话的对象对他来说非常重要，因为他可以从他人的话语中发现自己的无意识。作为对弗洛伊德发现的发展，拉康明确提出：无意识具有和语言一样的结构。③

也就是说，语言是了解无意识的工具，通过语言可以了解无意识

---

① Jacques Lacan, *Seminar VII*：*The Ethics of Psychoanalysis*（1959 – 1960），ed. by Jacques – Alain Miller, trans. by Dennis Porter, p. 31.

② Jacques Lacan, *Seminar VII*：*The Ethics of Psychoanalysis*（1959 – 1960），ed. by Jacques – Alain Miller, trans. by Dennis Porter, p. 32.

③ Jacques Lacan, *Seminar VII*：*The Ethics of Psychoanalysis*（1959 – 1960），ed. by Jacques – Alain Miller, trans. by Dennis Porter, p. 32.

中的那些思想，而这些思想恰好就在现实原则控制的范围之内。现实原则与快乐原则的对立是一种心理经历，在这个经历过程中，出现了思想与感受的对立，前者与现实原则关联，后者与快乐原则关联。这些是弗洛伊德称为心理现实的东西，而那个无意识过程，也是欲求的过程，是心理现实的另一面。

拉康提出，在主体的层面，遵循快乐原则所做的每一件事情都是"善"（the good）[①]，是"好的"事情。实际上，对"善"的追求，左右着主体的行动，这也是为什么伦理学家需要对"快乐"与"善"这两个概念进行区分。拉康追问，主体遵循现实原则的时候，他的所作所为是否依然是"善"，是"好的"？如果不是为了主体自己的"好"，那么是为了谁？

第六节　主体的快乐

拉康认为，弗洛伊德提出的快乐原则（主要过程、第一过程）和现实原则（次要过程、第二过程）这一组对立的概念，更多涉及的是伦理范畴，而不是心理范畴。[②] 他特别细读了弗洛伊德的《一个构想》（"Entwurf"，德语），认为《一个构想》非常清晰地勾勒了后者的思想结构，与弗洛伊德后期提出的理论关系密切，因此这篇不完整的文章尤其珍贵。这篇文章从一开始就确定了快乐原则与现实原则之间冲突的伦理维度，并把冲突置于前场，全方位地展示冲突与道德秩序的纠缠。

从伦理发展的历史可以看出，无论何时，只要涉及从道德的视角指导一个人的行为时，人们都会问：快乐与最后的善有什么关系？为

---

① 对古希腊悲剧以及柏拉图、亚里士多德著作中"善"这个概念进行充分阐述的一部著作，由美国学者纳斯鲍姆完成，参见玛莎·C. 纳斯鲍姆《善的脆弱性：古希腊悲剧与哲学中的运气与伦理》（第2版修订版），徐向东、陆萌译，徐向东、陈玮修订，2018年版。

② Jacques Lacan, *Seminar VII: The Ethics of Psychoanalysis (1959-1960)*, ed. by Jacques - Alain Miller, trans. by Dennis Porter, p. 35.

什么那些伦理哲学家们都要不断地回归"快乐"这个主题？当伦理哲学家尝试减少与这个主题有关的矛盾时，为什么会受到内部要求的限制？不能否认，在大多情况下，快乐都与道德的要求背道而驰，而道德要求的"好"，最终也会被快乐所降低，只需看看在所有关于道德的讨论中持续存在的冲突问题，就会理解这一点。

亚里士多德的《尼各马可伦理学》是第一部对伦理问题进行讨论的著作，而后经过长足的发展，弗洛伊德与此一脉相承，但他做出的贡献在意义上无人可比，他以前所未有的程度改变了伦理视角问题。拉康认为弗洛伊德对伦理学的贡献尚未得到挖掘和应有的重视，作为弗洛伊德的衣钵传人，他决定为此正名。

几乎所有谈论伦理问题的人都会涉及快乐，然而，拉康以功利理论（utilitarian theory）作为他的切入点，因为功利理论的效益最大化原则在弗洛伊德理论的新发展中达到了顶点。在第一过程中，遵循快乐原则会有何助益，有何好处？在第二过程中，遵循现实原则会有何助益，有何好处？

就对伦理问题的陈述而言，弗洛伊德的话语提供的助益，允许我们进一步探讨道德问题。拉康认为"现实"这个概念，显现了弗洛伊德概念的力量，不仅如此，在精神分析活动的进展中，我们也需要不断提及弗洛伊德的名字。弗洛伊德是在《一个构想》中，首次提到他与患者浮夸的现实遭遇。在大约四十岁的时候，他发现了"现实"的真正的维度、深刻的内容。继《一个构想》之后，弗洛伊德在《释梦》第七章，首次说起第一过程与第二过程的对立，以及他对在这个运作中围绕自恋发生的意识、前意识、潜意识之间关系的认识，然后，他还着重讨论了自我、超我、外部世界的相互作用，完成了他在《一个构想》中开始的理论设想。也就是说，弗洛伊德在《一个构想》中提出"现实"这个概念，然后在《释梦》中对它进行了完善。除此之外，拉康认为，弗洛伊德写于 1925 年的一篇文章《否定》（"Verneinung",德语）以及著作《文明及其不满》（1930），充分阐释了人类现实如何构成的主题。

拉康重读弗洛伊德的元精神分析学（metapsychology）著作，就是为了揭示这个理论的发展处处反映了一种伦理思考。对伦理维度的关注，是精神分析者工作的核心，也是把精神分析者凝聚起来的动力。不断重返弗洛伊德，是因为弗洛伊德的初衷在本质上就充满了伦理考量。拉康认为，弗洛伊德对现实原则和快乐原则关系的阐述，提出的包含 φ 系统、ψ 系统、ω 系统①的拓扑结构所预先假定的条件，这些令人困扰的内容，换一个角度来看，就会容易理解一些：主体满意与否完全取决于另一个人，弗洛伊德用一个漂亮的词指涉这个人——"邻人"（Nebenmensch，德语，也可翻译为"身边人"）。"邻人"，"一个讲话的主体，实际上起到一种媒介的作用，通过他，每一件与思想过程有关系的事情才能在主体的主体性中成型"②。也就是说，主体只有在与"邻人"的交往中，才会发现自己是否满意自己的行为，是否感觉到快乐，是否自己的所作所为皆为好事。

结　语

对精神分析中伦理之维的关注，是拉康身为精神分析师的自然之问，也是精神分析学创始人弗洛伊德一直思索的问题。本章从"精神分析伦理探询的缘起""精神分析师的理想""弗洛伊德的伦理观""拉康的伦理之思""快乐原则与现实原则""主体的快乐"六个方面介绍并分析拉康对精神分析中伦理之维的探究，其中涉及亚里士多德、

---

① 弗洛伊德对神经元的分类，其中 φ 系统主要接收外源性刺激，ψ 系统主要接收内源性刺激，ω 系统一般指知觉神经元系统。拉康认为这些系统可以用来说明主体性的构成。

② Jacques Lacan, *Seminar VII：The Ethics of Psychoanalysis*（1959 - 1960），ed. by Jacques - Alain Miller, trans. by Dennis Porter, p. 39.

边沁、弗洛伊德的思想。这章最重要的信息是，拉康后期提出的主体生成所经历的"想象""象征""真实"这三个阶段中"真实"这一概念，竟然源于边沁，不是弗洛伊德，也不是他自己提出的。弗洛伊德只提出现实的概念，拉康则把弗洛伊德在现实中看不清、弄不明的事物或成分定为"真实"。拉康认为精神分析需要探询的是伦理之思如何限制或约束主体的"真实"。

第十五章　拉康与法国后结构女性主义①

　　在当代西方文论中，女性主义研究一直方兴未艾，这强大的势头缘于英美女性主义坚持不懈的实践经验和法国女性主义源源不断的理论贡献。英国的马克思主义女性主义者和美国的社会女性主义者看重女性主义运动为女性争取的实际利益，而法国的精神分析女性主义者从形而上的角度探询父权制格局形成的历史文化因素，找出妇女受压制的社会根源，因此她们也被称为后结构女性主义者。②这些法国女性主义的代表人物，她们的理论著作表现出明显的后结构主义的思想特点。我国学者在英美女性主义研究这一领域已经做出令人瞩目的成绩，但对法国的后结构女性主义还没有给予足够的重视。本章尝试以精神分析和女性主义之间的渊源为切入点，然后再用 2 节介绍拉康的女性研究，最后 3 节将分别阐述拉康的精神分析理论对当代法国后结构女性主义者——朱丽娅·克里斯蒂娃（Julia Kristeva, 1941—　 ）、

①　这一章的主体部分，包括引言部分、第一节、第四节、第五节、第六节，曾以《拉康与法国女性主义》之名，发表在《妇女研究论丛》2004 年第 3 期。新增加的第二节、第三节为拉康本人的女性研究。此外，还增加了结论部分。

②　特里·伊格尔顿认为女权主义哲学家克里斯蒂娃的著作属于后结构主义，他把克里斯蒂娃与德里达、福柯、拉康相提并论。参见［英］特里·伊格尔顿《二十世纪西方文学理论》（第 2 版），伍晓明译，第 143 页。

卢斯·艾蕊格瑞（Luce Irigaray，1931—　）、海伦·西苏（Helene Cixous，1937—　）的影响，借此让读者了解拉康的女性研究内容和法国后结构女性主义思想的内涵。

第一节　精神分析与女性主义

精神分析和女性主义之间一直颇具渊源。精神分析学是建立在对女性患者分析的基础上，因为女人愿意讲出自己的幻想、欲望和希望，而弗洛伊德愿意倾听。弗洛伊德的精神分析一直遵循的是他的第一个癔症女患者安娜精辟命名的谈话疗法（talking cure），拉康对精神分析的最初研究也是建立在对疯女人话语的分析上。女性对精神分析的迷恋是因为它解释了女性在父权文化中的地位，女性主义者就积极地参与和利用精神分析学的方法和洞见来了解女性在文化中的构成。精神分析和女性主义都是分析女性的一种模式，都可以被女性用来理解父权的统治。然而，精神分析在普及男性和女性的概念方面所起的作用不容忽视，女性主义对此持批评或敬而远之的态度。女性主义一方面依赖于精神分析学对女性的社会功能和性的功能所下的定义，另一方面对精神分析学的核心概念和假设（比如，女性的"阉割情结"和被动性）进行挑战，尤其是精神分析学不言自明的男性视角和兴趣。

精神分析学是迄今为止最庞杂、最完善、最有用的心理分析理论，它对女性身份、力比多、性的探询，毫无疑问对女性主义研究有着重要的意义，它在揭露女性在父权文化社会中的地位方面是开诚布公的。仅凭这一点，女性主义就不能对精神分析学置之不理。然而，女性主义一定要有能力谈论自己，有能力让别人听听她们对那些涉及她们自身的问题的看法。女性对精神分析的应用不但要从个人的、心理的、治疗的角度来理解自身，而且要从社会的视角考虑自我在家庭结构中的生成、儿童的社会化、知识的产生等。精神分析学也需要跨越它通常使用的那些术语的界限，以便能够表述女性"易变、自主的构成"①。

回顾女性主义精神分析文学的发展，人们会惊讶地发现，女性主义者对精神分析的态度不断地发生变化。女性主义者对精神分析的反感缘于在她们看来，弗洛伊德认为女性天生地位低下、羡慕男人的阳具（penis‐envy），并且，他只描绘了男孩的俄狄浦斯情结而丝毫不提及女孩；在拉康的理论中，拉康强调阉割情结对男孩主体生成的作用，把男根（phallus）定义为最权威的能指，强调父名（name‐of‐the‐father）在整个象征系统中的作用，忽略儿童在前俄狄浦斯阶段（pre‐Oedipal）对母亲的想象的作用。

简·盖洛普（Jane Gallop）在她的著作《女儿的引诱：女性主义与精神分析》（*The Daughter's Seduction*：*Feminism and Psychoanalysis*，1982）中提到朱丽特·米切尔（Juliet Mitchell）的《精神分析与女性主义》（*Psychoanalysis and Feminism*，1974）为弗洛伊德的精神分析进行了辩护。② 米切尔认为女性主义继承的弗洛伊德由于忽视对弗洛伊德原著的精读，已经偏离了真正的弗洛伊德。伊丽莎白·格若兹（Elizabeth Grosz）在她的著作《雅克·拉康：一个女性主义者的介绍》（*Jacques Lacan*：*A Feminist Introduction*，1990）中指出，米切尔强调"弗洛伊德并不是规定女性和女性气质（woman and feminity）应该怎样，他只是如实描绘父权社会怎样对女性和女性气质进行要求"③。她认为精神分析在本质上是帮助人们理解父权社会的意识形态是怎样内化为男人和女人的生活准则。米切尔认为吉门·格力（Germaine Greer）、凯特·米莉特（Kate Millett）、贝蒂·弗里丹（Betty Freidan）这些女性

---

① Elizabeth Grosz，*Jacques Lacan*：*A Feminist Introduction*，p. 8.

② Jane Gallop，*The Daughter's Seduction*：*Feminism and Psychoanalysis*，New York：Cornell University Press，1982，p. 1.

③ Elizabeth Grosz，*Jacques Lacan*：*A Feminist Introduction*，p. 19.

作家都错误地认为弗洛伊德在肯定而不是解释父权对性别的内化作用。在米切尔看来，弗洛伊德只是一位科学家和观察家，而不是一位倡导者。如果没有一个像弗洛伊德精神分析学这样理论的发展，性别之间的区分就仅仅会从生物学的角度而不是从社会的层面来考虑，就不会考虑意识形态和政治对性别形成的影响。米切尔对弗洛伊德精神分析学的辩护引发了女性主义者用弗洛伊德的理论解释当代父权社会方方面面的浪潮，其中最著名的是南希·乔多罗（Nancy Chodorow）的《复制母亲》（*The Reproduction of Mothering*，1978）。乔多罗和米切尔都注重从社会的角度来考察精神分析对性别内化作用的描绘，而没有对父权的中心领地——符号系统——在个体成为主体过程中的功能提出怀疑，正因如此，她们被戏称为"父亲的孝顺女儿"（Father's dutiful daughter）[1]。盎格鲁-萨克森的知识分子的确对符号的象征作用比较陌生，法国的女性主义者们对此却情有独钟，克里斯蒂娃、艾蕊格瑞、西苏等人由于精于理论，尤其是符号学的理论，被称作父亲的"研究理论的女儿"（theoretical daughters）[2]。她们认为精神分析为个人的解放提供了理论依据，用性别差异来评论精神分析的主体构成模式。她们在理论方面的贡献，极大地促进了女性对她们受压迫的本质、性别差异的构成、女性同语言与写作的关系的认识。不管怎么说，从她们作为女儿的地位来看，这些女性主义者的理论都是从弗洛伊德和拉康的精神分析学衍生而来的。下面第二节和第三节将阐述拉康对女性的研究。

第二节 女性的欲望、原乐、焦虑

欲望和原乐分属于一个流域中的上游和下游，在两者分开的地方，是焦虑的滋生繁衍之地。拉康这样说，并不是说欲望不在意追求原乐的

---

[1] Elizabeth Grosz, *Jacques Lacan: A Feminist Introduction*, p. 150.

[2] Madan Sarup, *Jacques Lacan*, p. 131.

大他者，只是想说欲望没有把大他者当作中心对待，而是把它当作客体
a 来对待。这样的结构，可以被用来解释爱恋中发生的所有屈辱和贬低。
但是，阉割焦虑和阴茎嫉羡绝对不是标示这个结构的最终术语。①

　　女性，因为与欲望的关系相对宽松，所以在原乐的领域显得游刃
有余；男性，却要克服菲勒斯的缺乏和阉割情结，因此在原乐的领域
就显得力不从心。女性并非与大他者的欲望无关，相反，她需要与之
抗衡，在对抗中，菲勒斯客体屈居次位，不再是她欲望的首要之物。

　　女性同男性之间果真存在如此差异吗？这个疑问，让拉康想到了
罗马神话中的盲先知泰瑞西斯（Tiresias），后者因为不小心打扰了正在
交媾的两条蛇，从而变成女人；七年后，他因再次打扰了那两条蛇，
而变回男身。有了七年身为女人的经历，泰瑞西斯是讲述男女快感体
验差别最合适的人选，于是，罗马天神朱庇特和天后朱诺在一次完美
的夫妻生活后很想知道究竟谁的快感更多一些的情况下，自然而然找
到了泰瑞西斯，后者非常肯定地告诉天神和天后，妇女的快感远远超
过男人们。

　　男人的快感是由他与欲望的关系强加于他的限制性决定的，欲望
的对象被列入有害的一栏内，这是被黑格尔称为"否定性"的东西，
拉康用符号（－φ）来表示。绝对知识的先知们，把这个"否定性"
类比为在真实界域中打洞，拉康用在沙地上挖坑对此进行形象性的说
明，没有哪个坑不会没有水涌出来，与水一道涌出的还有横行的螃蟹，
一个人可能因此会说，真实界永远都是溢满的，但这不是拉康的表达。
对于那个真实（the real），那个未受语言染指的真实，拉康说："真实
界不缺乏任何东西。"②

---

　　① Jacques Lacan, *Seminar X: Anxiety* (1962 – 1963), ed. by Jacques – Alain Miller, trans. by A. R. Price, p. 183.

　　② Jacques Lacan, *Seminar X: Anxiety* (1962 – 1963), ed. by Jacques – Alain Miller, trans. by A. R. Price, p. 185.

　　女人的快感会不受她同欲望的关系的限制吗？或者，同男性相比，限制会少一些吗？回答这个问题，拉康从自己对一位妇女的观察说起。一天，这个妇女告诉拉康，她丈夫离开会稍微久一些，这让她感觉轻松。在她的独白中，突然说出："他是否对我有欲望，其实无关紧要，只要他不对其他人有欲望。"这句话的价值，需要结合她随后说出的话才可以看出端倪。接下来，她非常细致地说起了"肿胀（tumescence）不是男性的特权"①。这个女人，性取向完全正常，却在自己开车时，遇到闪着警报器的车辆驶过，发现自己阴道发生肿胀的现象。这个现象在某一天让她印象非常深刻，因为她发现，一段时间以来，任何旧的物品，只要走进她的视野，就会引发同样的现象，而这些物品与性没有一丝一毫的关系。这种状况，本身并不讨厌，只是相当令人尴尬，经过一段时间后，就自己停了下来。随后，她告诉拉康，那些旧的东西迫使她把拉康当作见证人，她渴望拉康的注视，因为后者的注视可以让她所做的每件事情都有意义。接下来，她冷笑着谈起自己早年的偶遇，然后谈到了她的初恋。对方是一名学生，虽然他们很快分手，但仍然保持通信。她在信中为自己塑造了一个她希望呈现给他的性格，而实际上，在她精心编织谎言之网的同时，她也在作茧自缚。最后，她解释自己来找拉康的意图。她尽力真实地向拉康呈现自己，希望得到他的帮助，因为她的注视不足以让她捕捉到外面的每一件事，她感觉自己被遥控着，而拉康可以帮她盯着，以防不测发生。

　　拉康用这个观察分析女性同欲望的关系：在这位妇女身上，客体是一种多余的存在，她什么都不缺，本身就是满溢的。她的丈夫，这个客体，不是她欲望的原因客体，因此无关紧要，这就是她不在意丈夫是否对她有欲望的缘由。

---

① Jacques Lacan, *Seminar X: Anxiety* (*1962 - 1963*), ed. by Jacques - Alain Miller, trans. by A. R. Price, p. 188.

男性的焦虑与"不能"这个可能性关联。《圣经》里那个非常男性化的神话，把夏娃说成亚当的一根肋骨，具体是哪根肋骨，神话中没有指明，失去的那个对象才是神话的重点，从此之后，女性就成了一个原本在他身上，后来却失去的一个客体。

女性也有焦虑，克尔凯郭尔（Kierkegaard）甚至说过，妇女比男人更容易受到焦虑的影响。果真如此吗？拉康说，女性通过引诱大他者的方式来引诱自己。还是那个神话，夏娃用一个老物件——苹果，引诱亚当。她用苹果做鱼饵，意在钓出大他者的欲望。在拉康看来，欲望实际上是一种可以交换的商品，在文化市场中，对其明码标价，人们的爱恋关系也随之发生变化。爱，作为一种有价值的事物，也是把欲望理想化后的结果。拉康的这位女患者，最开始谈论她丈夫的欲望的时候，也没有把它看成一种病态的欲望，而是珍视和赞扬，这才是爱的真谛。她只是不热衷于他对她表达爱意，那对她来说不是必要的事情。至于快感，她可以从丈夫的体贴照顾中获得，即使丈夫性无能，她也能愉快接受。在性无能持续很久的情况下，她可能会借助于其他方式，但都会尽可能地考虑周全，以免伤害他人。

拉康在对性受虐狂进行分析的时候指出，性受虐狂的所作所为看似为了满足大他者的原乐，实际上的目标是引发大他者的焦虑，而在女性受虐狂这里，事情具有完全不同的含义，是一个相当嘲讽的含义。因为，女性受虐只是男性的一种想象，这是男性的原乐所在，快感来源，他焦虑的对象帮助他维持这种快感。对象是他欲望的前提条件，快感的产生依赖于此，对他来说，到达快感的彼岸，还需要跨越欲望这片汪洋。对女性来说，大他者的欲望让她为自己的快感找到适合的对象，她的焦虑依旧是面对大他者欲望的时候产生的那个焦虑。

拉康认为，女性在欲望、原乐、焦虑这些方面表现得比男性要真实得多，她们也会进行一点化妆，但大多时候还是本色出演。男性，若被外人知道他对一个女人存有欲望，有时候会令他痛苦，因为"让他们的欲望被看到，基本上等于让人看到那里没有什么"①。而女人就没这样的危险，当她们的欲望被人看到时，除了可能有的一点儿化妆装饰之外，基本上就是欲望的本真状态，她们能够坦诚地面对自己的欲望，在应对欲望的时候心态平和。

第三节　唐璜是女人的梦想

唐璜是诗人乔治·戈登·拜伦（George Gordon Byron，1788—1824）同名诗体小说中的人物，西班牙贵族，生性风流，在身为俄国女沙皇卡萨琳的情夫的同时，也与宫中众多女官和侍女同宿。拉康说："唐璜是一个什么都不缺的男子。"② 这样说，几乎让人感到戏谑与嘲弄，但把唐璜看作没受阉割的父亲形象，实则是一种纯粹的女性的形象。男人与他的客体之间复杂的关系，在唐璜这里，是不存在的，他所付出的代价是只能作为冒名顶替者出现。唐璜的声望也仰仗于此，他总是代替他人。在拉康看来，他就是一个绝对的客体。唐璜溜到女人的床上，没人知道他如何到达那里。他甚至没有什么欲望，只是要完成某种任务。欲望在他的行为中所起作用甚微，使他身上呈现出女性特征。当这些特征消退时，他甚至不在意自己为哪个老情人而来。拉康指出，这样的分析，并不是说唐璜的形象只能激发一点点欲望，同时，还需要强调，唐璜不是那种会让人产生焦虑的性格，因为，当女人真正意识到自己是被人欲望的对象时，她就会立刻逃离。

拉康根据分析师露西亚·塔沃（Lucia Tower）讲述的自身经历对此进行说明。露西亚说，她与自己分析的两位焦虑型神经症患者关系

---

① Jacques Lacan, *Seminar X*: *Anxiety* (*1962 - 1963*), ed. by Jacques - Alain Miller, trans. by A. R. Price, p. 191.

② Jacques Lacan, *Seminar X*: *Anxiety* (*1962 - 1963*), ed. by Jacques - Alain Miller, trans. by A. R. Price, p. 192.

很好，然而，这两位男子都与自己的母亲和姐妹相处困难，都与自己选择的女人结婚，都因为过于服从、过于否定、过于忠诚，从而让妻子感觉挫败，妻子认为丈夫缺乏男性气概。在拉康看来，露西亚不知道什么可能会让她陷入困境，在分析的各个阶段，她都表现出保护的姿态。对第一个男人，露西亚表现出对他妻子的过度保护，因为该男子有一些不太让人认同的性心理问题；在第二个男人那里，露西亚对这个丈夫的保护更多。两个患者自述时种种嘟囔、赘述、重复、停顿都让她不痛快，在第一个男子那里，她注意到他有着明确的要破坏她作为分析师的权利的倾向；而在第二个男子那里，她发现，他没想把她当作一个可以破坏的对象，而是想要从她那里得到一个东西。露西亚认为第二个男子有着更多的自恋主义的倾向，拉康认为这只是情感依附的表现。露西亚认为自己需要时刻提防着分析中发生的移情与反移情，尤其是涉及第一个患者的时候，她非常在意患者的妻子，一直留意后者的情况，担心后者因为精神压力而向精神病状态转变，露西亚为此焦虑。

　　然后，她就不再纠结于此，一切依旧，她分析在移情中发生的每一件事情，直到患者在分析中利用自己与妻子的冲突想要获得分析师更多的关注和补偿，因为他从来没有在自己母亲那里得到过这些。分析依旧处于停滞的状态，直到露西亚做了一个梦，这个梦让她意识到患者与妻子的关系可能没有那么糟糕。在梦中，患者的妻子邀请她来家里做客，不仅热情，还进行各种表示，说她无意破坏她丈夫的分析，并愿意与她合作。分析师认识到，自己需要修正对患者的认识，原来，这个男子的欲望是想让妻子满意，梦想拥有作为一个男人的尊严。而之前发生在她与患者之间的每一件事情都是虚幻的，移情也是虚假的，露西亚说，从那时起，一切都发生了变化。然而，拉康发现，露西亚所说的变化，实际上从那时开始，分析对她来说，变得让她无法忍受，沮丧与愤怒夹杂其中，她不敢有一丝一毫的疏忽，因为她觉得那会让患者陷入崩溃。露西亚把该男子的行为概括为"用口语表述的阴茎虐待狂"①。

拉康提出，这里有两件事情需要注意。第一，上面表述中提及的"虐待狂"进一步证实了拉康对虐待狂结构的分析，即虐待狂所求一定是一个客体，并且在这个客体之内，有一小片东西失去了。在他欲望的真相被识别出来之后，他的所作所为无论如何怪异、如何没有魅力，其实都是一种虐待需求，都是在寻求能让他虐待的对象。第二，把自己放在虐待狂寻找对象的路上无异于受虐狂。露西亚没有这样的认识，她的欲望是想弄清患者的真相，这个欲望让她忍受着身为分析师应该承受的东西。她感到自己情绪低落，但是这一切立刻且有趣地被她驱散了。在她一年一度的度假中，她意识到她应该放下这些事情，因为与她没有一点儿关系。她真正做到了像唐璜那样，优雅地退出了。果断放下之后，露西亚发现自己更有效率，更适应这个病例，更可以不掺杂任何情感地对待患者，这使她意识到自己的问题，自己复杂难懂的欲望，只有在一天要结束的时候，她才有机会远离它们。

拉康解释道，他之所以分析露西亚，是为了举例说明妇女与欲望之间，相对于男人来说，要容易相处一些。然而，露西亚只说，她意识到自己忽略了患者的欲望，却没有进一步明确说明，只告诉我们她重新审视了患者的移情需求并对此进行了纠正。在接下来的诊疗中，她让患者知道她不会盲随他的欲望。拉康却说，这不是问题所在。分析师的纠正对患者来说，看起来是一个让步，一种开放，患者的欲望也的确被放回了笼子，但现在他的问题是，他没办法找到笼子，这是他焦虑的症结所在。于是，分析师遭遇了患者状况的大爆发，这让她必须谨慎对待患者的每一个症状，否则，患者就会崩溃。对拉康来说，露西亚的这些描述意味着不同的事情，在她寻找这个男人欲望的时候，

---

① Jacques Lacan, *Seminar X：Anxiety*（1962 - 1963），ed. by Jacques - Alain Miller, trans. by A. R. Price, p.195.

她实际上搜寻的是客体 a，那个真正的欲望对象，不是大他者，而是那个剩余之物，这种苦苦寻觅，令她犹如受虐。她根本没有切断这种受虐一般的对话，她如此思念着与大他者的关系，那个患者大他者，那个男性大他者，这可以从她的叙述中看出。虽然分析令她精疲力竭，她也努力应付，当假期临近，她感到情绪低落，当假期果真到来，她告诉自己，停止这一切，不要继续纠结，因为她知道，患者无论如何寻找也是无果的。患者也是在这个时刻意识到，他的欲望与他人无关，只涉及他自己。

拉康说："他所寻找的是（$-\varphi$），是她所缺乏的东西，但那是男人的事情。"[1] 男人为此悲伤，于是，分析师与他一起哀悼，缅怀曾经在女性同伴那里找到他自己的缺乏，即（$-\varphi$），他最早被阉割掉的东西。男人在哀悼中平复了心绪，事实上，俄狄浦斯也做过同样的事情。哀悼之前，他的缺乏让他无法承受；哀悼之后，他接受了律法对欲望的禁止。

女性被弗洛伊德认为存在阴茎嫉羡，那么，她们如何对待这种缺乏呢？当然，她们与男人一样，也有一个欲望的客体 a，她对阴茎的需求归根到底是她对母亲的需求，依赖于这种需求，客体 a 才能生成。女人清楚地知道，所谓的俄狄浦斯情结，不是要比母亲更强壮、更漂亮，而是拥有那个客体。如果女人开始对阉割产生兴趣，也是在她想要了解男人的问题的层面进行的。围绕着女人是否怀有阴茎崇拜的争论从未停止，也从没有一个确定可信的理论对此进行充分的说明，拉康尝试引领听众从另一个角度切入这个争论。他说："对于女人来说，她最初没有的东西构成她欲望的对象，可是，对男人来说，构成他欲望的东西是他所不是的东西，这是他畏缩不前的缘由。"[2] 这也是拉康

[1] Jacques Lacan, *Seminar X: Anxiety* (1962 - 1963), ed. by Jacques - Alain Miller, trans. by A. R. Price, p. 199.

[2] Jacques Lacan, *Seminar X: Anxiety* (1962 - 1963), ed. by Jacques - Alain Miller, trans. by A. R. Price, p. 201.

说唐璜是女人的一个梦想的原因，唐璜的形象满足了女人的想象，他身上有女人没有的那个东西，而且一直都有，不会失去。幻想中，唐璜无以比拟的地位，意味着没有哪个女人能够从他那里拿走那个东西，这才是症结所在。在这个方面，唐璜和女人有相同之处，没有人可以从女人那里得到这个东西，因为她们也没有。① 女人在对男人欲望的尊重中看到，这个对象属于她，不可以丢掉。一个女人通常不会认为一个男子跟另一个女人跑了，唐璜的形象让她相信，有一个男人，她永远都不会失去。除了唐璜，也可以用其他的形象，其他现成的形象，来解决女人与客体 a 之间的问题。

第四节　拉康同克里斯蒂娃

在当代女性主义理论中，拉康一直是比较有争议的人物。许多女性主义者用他关于人类主体性的理论挑战男性中心主义，另外一些则对他的理论极其反感，视其理论自身就是以男性为中心的精英主义论调。拉康是否是一个潜在的厌恶女性者，他的理论是否为女性提供了一个突破男性中心主义樊笼的工具，这些都是悬而未决之事。拉康用他的镜像理论质疑笛卡儿提出的人类主体生而存在的观点，他认为社会、历史的影响决定了人类主体是社会—语言生成的结果，拉康把人定义为"讲话的主体"（speaking subject），从而取代了笛卡儿的"思考的主体"（thinking subject）。拉康对性的讨论使他认为父权制度下的主体只有正视"阉割情结"和"性的差异"才能获得一个可以讲话的社会地位。另外，拉康在揭露意义或符号系统对于主体和社会制度生成的作用上功不可没。拉康思想中这三个主要的思想领域——主体性、

---

① Jacques Lacan, *Seminar X：Anxiety（1962 - 1963）*, ed. by Jacques - Alain Miller, trans. by A. R. Price, p. 201.

性、语言——也是许多法国女性主义者的兴趣所在。① 他对理性主体的解构，对那些认为讲话主体对自己所说的话有着充分理解的假设的颠覆，对"性是天生"的说法的质疑，都得到了法国女性主义者的认同，也帮助了她们摆脱形而上学意义上的对主体性定义的桎梏。她们致力于研究分析男女主体性生成的不同，重点关注弗洛伊德和拉康很少涉及的母婴关系（mother-child）和母女关系（mother-daughter），把这些当作超越和推翻父权价值观念的地方。她们强调力比多驱力（libido drive）的流动性和多样性，强调前俄狄浦斯（pre－oedipal）阶段遭受压抑却恒久存在的古老力量。

克里斯蒂娃是一位语言学家和精神分析家。她的符号分析学（semianalysis）主要建立在拉康把弗洛伊德的精神分析学和结构符号学结合起来的基础上。拉康用索绪尔的语言学理论修改了弗洛伊德的主要概念——"无意识"②，他强调儿童对语言的习得是建立在儿童与母亲认同分离的基础上，建立在儿童经由阉割的焦虑进入由父亲的律法所代表的象征、文化领域。克里斯蒂娃反对拉康的这个观点，她强调儿童的前语言（pre-linguistic）经历，在本质上是与母亲密切相关的（maternal），在儿童习得语言的过程中并没有完全丢失，而是成为无意识中的一部分。这些遭受压抑又具体存在的心理能量将以不能表达的语言成分重新出现，对父亲之名（name-of-the-father）主宰的符号领域造成威胁。她在自己的博士学位论文《诗歌语言革命》中就对拉康关于语言习得的理论进行了修改，论述了语言的能动性和难以表达性。

依据弗洛伊德对儿童的俄狄浦斯和前俄狄浦斯阶段的划分，克里斯蒂娃把个体的认知过程划分为"符号"（the semiotic）和"象征"（the symbolic）两个阶段，用来区别拉康的"真实"（the real）、"想

① Elizabeth Grosz, *Jacques Lacan: A Feminist Introduction*, p. 148.
② Jacques Lacan, Écrits: A Selection, trans. by Alan Sheridan, p. 321.

象"（the imaginary）和"象征"（the symbolic）。但是，简·盖洛普
（Jane Gallop）认为，克里斯蒂娃的"符号"内涵有流变为拉康的"想
象"所包括的含义的危险。^① 克里斯蒂娃的"符号"（the semiotic）不
同于索绪尔的"符号"（sign）概念，它包括个别记号、痕迹、指示、
图形、刻字等，同前俄狄浦斯阶段古老的各种驱力（component -
drives）、多类型的性感应区相对应。处于符号阶段的儿童，其生活限
于与母亲同步的母亲的身体范围（maternal chora）。符号为儿童将来所
有的表达提供了最基本的原材料、推动力和颠覆的潜能，这些表意的
最原始的、有形的力比多物质一定要加以约束并进行合适的疏导，使
其适应社会的要求。

　　克里斯蒂娃的象征（the symbolic）在很大程度上依赖于拉康给象
征（the symbolic）规定的含义，它意味着儿童进入俄狄浦斯阶段，面
临父亲的律法（Law of the Father），为规范、秩序井然的表达提供前提
和依据。对于克里斯蒂娃来说，象征是建立在对混乱的"符号流"
（semiotic fluxes）压抑和包容的基础上，它意味着稳定性，可以确保讲
话主体（speaking subject）或文本的连贯性和统一性。

　　"符号分析学"研究意义在生成中如何被颠覆、讲话主体在意义生
成中的作用和象征系统的崩溃对讲话主体身份的破坏。克里斯蒂娃研
究的基本方法和概念都来源于拉康的精神分析学，她早期的理论就是
建立在拉康的镜像阶段和阉割情结理论的基础上，对她来说，"这两个
时刻为主体获得一个讲话的位置提供了必要的条件"^②。镜像阶段为孩
子提供了同他的生活经历分离的条件，从而使表意系统成为可能或被
孩子所渴望，当事物不在孩子伸手可及的范围时，替代，也就是象征，
成为可能。对克里斯蒂娃来说，孩子同自己的生活经历分离是所有区
分、表意、替代、用能指代替不在场的欲望物的前提。阉割情结为

① Jane Gallop, *The Daughter's Seduction: Feminism and Psychoanalysis*, p. 124.
② Elizabeth Grosz, *Jacques Lacan: A Feminist Introduction*, p. 155.

"讲话的主体"的生成提供了第二个条件。如果说镜像阶段是促使孩子同他破碎的生活经历分离，镜中的形象为他提供了一个完美统一的代表，那么，阉割情结则把孩子同镜中的完美形象割裂开来，把他与母亲的形象区分开，这种区分在能指和所指之间造成裂痕，于是象征功能开始发生作用。自我在镜像中的生成是以能指为表征的符号阶段产生的前提，阉割情结使主体同母亲的分离是以所指为表征的象征阶段产生的前提。

拉康的一些主要概念和理论，被克里斯蒂娃用来调查表意传统的不稳定性。例如，拉康对婴儿发展和语言功能的描述中使用的"真实、想象、象征；需求、要求、欲望"；无意识作用中的"暗喻、换喻、能指、所指"；心理身份中的"崇拜男根的母亲（phallic mother），象征的父亲（symbolic Father），女子的被动性"等概念。但是，克里斯蒂娃同拉康的关系绝不是一味地接受，她把精神分析学本身看成我们文化中那些居于主导地位的社会政治或知识传统显示出来的症状，[①] 对拉康的一些观点持批评的态度。拉康在强调历史和社会对主体生成中的作用时，侧重形而上学普遍规律的意义，克里斯蒂娃却一直坚持历史和社会在主体性生成中的作用。拉康认为想象的功能只出现在视觉领域，克里斯蒂娃却认为想象关系中自恋和认同这双重结构同时存在，所有的感官都参与其中。拉康坚持阉割情结造成了想象阶段和象征阶段的分离，克里斯蒂娃却坚持两者间的连续性。对应于拉康的"象征的父亲"（symbolic Father），克里斯蒂娃强调"想象的父亲"（imaginary father），认为这才是孩子进入象征领域必不可少的第三个术语，缘于他为孩子提供了爱的可能性。克里斯蒂娃强调弗洛伊德和拉康忽略的那些部分，如前俄狄浦斯阶段、自恋与认同的关系、婴儿对母亲的依赖、肉体的欢乐等心理因素，她还提出卑贱（abjection）、多情的欲

---

① Elizabeth Grosz, *Jacques Lacan: A Feminist Introduction*, p. 157.

望（amorous desire）、否定性（negativity）、双性同体（androgyny）、前卫（avant‐garde）等理论。她还利用精神分析的理论理解现代问题，追溯惧外者（xenophobia）的无意识心理，强调每个人都应该认识到自己内在的外来性（foreignness）。

第五节　拉康同艾蕊格瑞

艾蕊格瑞是一位哲学家和精神分析家。同克里斯蒂娃一样，她也非常熟悉拉康的理论，并把它当作自己研究的对象和研究方法，但她用不同于克里斯蒂娃的术语谈论她所关注的领域：主人话语（master discourse）、性、欲望、权力关系或主宰关系等。她认为对话语或文本的谈论不应该局限于诗歌或理论，应该打破虚构文本和理论文本间的界限，强调一个对另一个的要求。性，对她来说，不是模糊不清的，也不是双性同体的，她既不倡导身份先天存在，也不追究性别差异如何产生的问题，她认为在两性的范围内才能谈论性的特殊性。对于权力关系的问题，克里斯蒂娃通过对象征模式依附的程度来谈论，认为妇女遭受压迫的问题只是父权象征结构下众多压迫中的一种，如阶级、种族、宗教等，艾蕊格瑞当然承认阶级、种族间的压迫，但她把问题指向对妇女遭受压迫这个事实本身的研究，认为对此问题的透彻分析可为理解种族或阶级等问题提供一个不同于父权主导模式的视角，艾蕊格瑞的权力概念因此包含父权制的实践和女性对它的抵制。

艾蕊格瑞认为，女性在弗洛伊德的俄狄浦斯情结的设计中没有立足之地，① 她试图为女性找到一种能代表她们自己的新的理论空间和话语，借此颠覆父权社会对表征领域的控制。她认为，如果女性的身体

① Martin Stanton, *Outside the Dream：Lacan and French Styles of Psychoanalysis*, London：Routledge, 1983, p. 79.

被主导表征系统定义为缺乏或萎缩，女性就没有可能表达"一种自我决定的女性气质"（a self-determined feminity）①，女性们一定要认识到这个限制并超越它。她质疑哲学和精神分析学的话语，寻找它们的错误和盲点，用它们的范例来反驳它们，所有这些都为了实现具体的政治目的："肯定性地重新刻画女性身体，重新建构女性的词态学，创造女人之为女人的视角、地位和欲望。"② 与克里斯蒂娃不同，艾蕊格瑞在对主体性和知识发展过程的叙述中表现出对同时存在的两个性别、两个身体、两种欲望和两种认知方式的兴趣，她关注主体性别的特殊性（sexual specificity of subjects）。

艾蕊格瑞同拉康的关系比克里斯蒂娃同拉康的关系更为复杂些，她曾师从拉康，曾因对拉康精神分析学的批判而被拉康开除，失去了教师的职位。她在自己关于精神分析学的主要著作《其他女性的反射镜》（*Speculum of the Other Woman*，1985）中丝毫没有提及拉康。然而，这却是艾蕊格瑞的一个模仿策略，她效仿弗洛伊德和拉康在谈论俄狄浦斯情结时对女性的这个方面置之不理。她试图通过把性别的特殊性问题渗透到精神分析学最核心的假设和命题中，从而破解男性中心主义（phallocentrism）。艾蕊格瑞对于精神分析在解释主体性在父权社会中的构成和再生方面的能力深信不疑，但她抵制对主体进行精神分析的诱惑，把精神分析当成解释文本、质疑知识的工具，这同拉康对笛卡儿以来的理性主义哲学传统认为主体生而存在的观点的颠覆不无关系。艾蕊格瑞借用拉康的"想象"和"象征"的概念，但并不照搬原义，而是把它们当成批评的工具，用不同于父权中心主义的术语谈论性别差异。她认为精神分析只能从男孩的视角谈论想象阶段和象征阶段，却无法谈论女孩如何走过这些过程。弗洛伊德和拉康假定了一个前象征阶段（pre – symbolic）里中性儿童的存在，在拥有象征阶

---

① Elizabeth Grosz，*Jacques Lacan：A Feminist Introduction*，p. 168.
② Elizabeth Grosz，*Jacques Lacan：A Feminist Introduction*，p. 169.

段的差异性之前，女孩被认为与男孩没有差别。艾蕊格瑞却强调前俄狄浦斯阶段母女关系的独特性和女性的想象。她还利用弗洛伊德和拉康对无意识的经济、逻辑和产品的理解，用它来比喻受社会秩序压抑、为其不容的女性气质。艾蕊格瑞强化了拉康看中的心理过程和语言过程间的联系，否认拉康认为的"男根能指"（phallus signifier）① 对主体生成的重要性。她同拉康一样拒绝用真实、自然、天生来谈论女性、性、欲望，而是从社会、心理、现实等方面来谈论女性的身体。她致力于重写拉康的理论，以女性的视角考察女性的身体，探询把女性身体作为知识产生之地的可能性。当弗洛伊德和拉康把女性相对于男性的代表符号"A"表达为"－A"时，艾蕊格瑞用"B"来表示女性，强调男女间纯粹的差异性。当弗洛伊德和拉康为精神分析学寻找科学地位时，艾蕊格瑞把精神分析学看作男性自我表达的历史所表现出来的症状。当弗洛伊德和拉康把社会与个体的关系作为他们研究的对象时，艾蕊格瑞却对精神分析学本身进行分析。她非常欣赏拉康关于隐喻和换喻的理论，却按照拉康自己的宣布，把拉康的话当真。

　　艾蕊格瑞并不致力于创造一种新的女性语言，她只是想利用现有的意义和表征系统超越以男性为中心的文本中的二元对立结构和等级秩序，因为现有的表意系统就具有矛盾性、多义性、多样性的特点。她对父权制话语的抨击在于它们自以为普遍、周到，实际上都是为了迎合或保持男性的利益。男人，那些哲学家、科学家、作家、精神分析者，一直在替女人讲话，女人一直被排斥成为讲话的主体。艾蕊格瑞也没有提出女性语言应该怎样，却暗示女性语言不应建立在男性中心主义的基础上，表明"单一的意义、等级制度、两极对立、主—谓形式、概念不能转换"等。②

---

① Jacques Lacan, *Écrits*: *A Selection*, trans. by Alan Sheridan, p. 318.

② Elizabeth Grosz, *Jacques Lacan*: *A Feminist Introduction*, p. 178.

第六节　拉康同西苏

西苏是一位小说家、剧作家和巴黎八大（Paris VIII）的文学教授。她关注的是思想范畴和压迫的结构之间的关系。她认为语言的二元等级对立的形式主宰了哲学思想和叙述语言的结构，并为对女性的压迫提供了最基本的原理和手段。像阳刚/阴柔、理智/情感、文化/自然、父亲/母亲、积极/被动这类思想范畴根深蒂固地反映着父权制社会的价值观，在这种有着明显等级关系的对立中，女性总是被作为否定的、缺乏能力的典型。在争取表达权的斗争中，胜利总是等同于积极的男性，失败永远属于被动的女性。西苏认为这类思想范畴支持殖民主义和父权制，她向这些使权力关系合法化的表达形式挑战。

对于西苏来说，女性由文化建构而来，需要经过大量的神话、传说和文学的强化。在对希腊文学、莎士比亚著作、当代文学仔细研究的基础上，她发现女性一直处于叙述和历史的边缘。她关注神话和传说如何决定我们思想范畴的结构，如何向我们提供社会关系和性关系的模式。西苏用"女性的"（feminine）来表示一种写作形式和对父权制中二元对立思想的超越，"女性的"是指那些遭受压抑，通过无意识机制返回的爆发。西苏相信写作可以颠覆叙述的既有传统，教导女性"应该偷得只言片语，付之于诽谤性的使用当中"[1]。她倡导写作应该再现歌曲的欢乐，展示声音的质地，重新探究身体。在对身体写作的过程中（writing the body），女性必须探索新的形象，寻找表达"性"的新方式。西苏致力于解构主导话语和思想二元等级对立结构，在她的剧本中，她尝试建构能够超越这种对立的身份。在她看来，剧院由于不重复那些占主导地位、具有等级关系的差异体制，成为建构这样

---

[1]　Madan Sarup, *Jacques Lacan*, p. 134.

身份的理想场所，并且剧院还提供了其他地方所没有的"承认、新的认同和主体间性（intersubjectivity）"①。

西苏的女性主义理论也是建立在对拉康精神分析学继承和批判的基础上。同前两位女性主义者一样，她也用"性的差异性"（sexual difference）分析和反驳拉康关于主体性构成的精神分析模式。她"坚持倾空拉康的那种自我或她认为多少带有概括性、统一性、自恋的主体"②，但倾空并不意味着推翻，而是要使主体面对其他的可能性。拉康强调主体构成所需要的社会、文化、历史因素，西苏则强调那些古老的、原始的、非文化的、非历史的因素对主体生成的影响。③ 同拉康强调欲望源自"缺乏"不同，西苏强调欲望源自对他人的"爱"，④ 这种爱确保他人以"他人"的身份存在。

西苏试图展现另外一种女性秩序的景象：通过对女性身体的描述，批判拉康对女性的忽视，她相信女性身体的节奏和情感为推翻父亲之名（name of the father）的主宰提供了一种可能。拉康坚持"男根"（phallus）的主宰地位，强调诸多中的一个、一种说话方式、一种性的模式，西苏强调女性身体的异质性、多义性、多种性取向。西苏同其他女性主义者一样，也对女性与语言的关系感兴趣，但同拉康对语言的研究不同，西苏认为的确有一种女性语言存在，但这种女性语言受到父权制的压制。西苏认为女性具有写作的素质，提出"女性写作"（écriture féminine）的概念，认为女人较男人而言，更接近于母语和创造，因此更具备成为作家的条件；另外，女人与身体联系紧密，她用身体讲话，用身体写作。但是，"女性写作"又不仅指女性的写作，它指向更广泛的文本的类型，它暗示了这类写作是建立在

---

① Madan Sarup, *Jacques Lacan*, p. 134.

② Helene Cixous, *Reading with Clarice Lispector*, Minneapolis: University of Minnesota Press, 1990, p. xi.

③ Helene Cixous, *Reading with Clarice Lispector*, p. xiv.

④ Helene Cixous, *Reading with Clarice Lispector*, p. xii.

与它者（another）相遇的基础上，如与一个身体、一部作品、一种社会困境、一阵激情等相遇，但所有这些都是为了取消那些对意识进行限制的等级对立的思想。因此，"女性写作"这个概念，是作为对抗拉康和德里达著述中暗含的菲勒斯中心主义而提出的："作为法国女性主义最具挑衅性的概念，至少是对于文学理论而言的，'女性写作'这一概念，一定要将它看作既是源于德里达和拉康的哲学，也是对这两人哲学的反抗。"① "女性写作"这个概念从存在主义的观点和历史的角度对女性在人类主体社会中的边缘地位进行了描述，但她同时提出了挽救的办法，即根据语言和经历的密切关系进行写作——"女性写作凭借身体与社会的和谐创造诗歌，破坏并重写她所洞察的社会实践"②。

西苏主张女性文本应该打破二元对立思想范畴的禁锢，摧毁占主导地位的以男性为中心的那种对立，展现女性写作的快乐。③ 她狂热地相信"女性写作"，却否认给它定义的可能。她在自己的作品中委婉地提出，女性文本应该彰显女性写作同母亲之间的紧密联系，这些女性文本应该强调"声音"（voice），而非"目光"（look），母亲的声音、乳房、奶水，永远环绕在她和她的读者的周围。西苏看重的不是作者生物学上的性别身份，而是写作中的性别身份，她强调不应该把作者

---

① Kari Weil, "French feminism's *écriture feminine*", in Ellen Rooney, ed., *The Cambridge Companion to Feminist Literary Theory*, 2006, pp. 159 – 160. 此处注释为新增，是对"女性写作"这一概念缘起的一个追溯。

② Helene Cixous, *Reading with Clarice Lispector*, 1990, p. viii.

③ Madan Sarup, *Jacques Lacan*, New York: Harvester Wheatsheaf, 1992, p. 135. 马丹·萨鲁普的这部《拉康研究》浅显易懂，内容包括对拉康思想构成的分析，对拉康理论发展的描述，以及对拉康学说影响的研究。在拉康影响这部分，萨鲁普充分谈论了法国女性主义对拉康精神分析理论的回应，见该书的第133—145页。萨鲁普的另一部著作《后结构主义和后现代主义导论》介绍了拉康与精神分析、德里达与解构、福柯与社会科学、利奥塔和德勒兹等人著作中的后结构主义思想，但他没有像特里·伊格尔顿那样，在谈论后结构主义的时候，会提及妇女运动和法国女性主义。参见 Madan Sarup, *An Introductory Guide to Post - Structuralism and Postmodernism*, Athens: The University of Georgia Press, 1989.

的"性"同他/她写作中的"性"相混淆。她相信，在法国，只有科莱特（Colette）、玛格丽特·杜拉丝（Marguerite Duras）、让·热内（Jean Genet）可以称得上是女性作家。

结　语

这几位法国女性主义代表人物，如上所述，她们的思想都与拉康的学说有着千丝万缕的关系，同时，她们都经历了法国思想界的结构主义和后结构主义思潮的洗礼，这就使得她们的理论不可避免地具有后结构主义的特征。虽然"后结构主义与女性主义之间存在些许的不相容，但是，却不必是不可避免的，因为，可以说，两种批评实践之间存在重要的密切关系"①。在后结构主义致力于打破二元对立的传统中，就包括对男女之间二元对立的拆解。男与女，不仅作为对立的二元存在，同时，他们并不对等，而是存在等级差异。这或许是法国女性主义向后结构主义靠拢的主要原因。而对于现实社会中妇女的处境和妇女运动的方向，伊格尔顿指出："人类的整整一半在历史上无时无刻不被当作一个有缺陷的存在、一个异己的低劣者而遭受排斥和压迫……妇女运动的要旨并不像妇女运动之外的某些人所解释的那样，只是妇女应该获得与男子平等的权利和地位；妇女运动乃是对所有这些权利和地位本身的质疑。"② 法国的女性主义者毫不例外地追求这个目标，她们投身到文本、身体、话语的起源之处，寻找妇女受压迫的形而上学基础，通过打破二元对立固有结构，强调多元性与差异性，

---

① Rey Chow, "Poststructuralism：Theory as Critical Self‐Consciousness", in Ellen Rooney, ed., *The Cambridge Companion to Feminist Literary Theory*, 2006, p. 206. 我仅在这篇文章中，看到作者用一个小节的篇幅，以"后结构主义和女性主义：待续"为小标题，讨论女性主义和后结构主义的关系。在其他谈论女性主义或法国女性主义的研究中，都没有专门开辟章节谈论后结构主义和女性主义之间关联的书写。

② ［英］特里·伊格尔顿：《二十世纪西方文学理论》（第2版），伍晓明译，第159页。

从而提出妇女解放的理论依据。从这些方面来看，法国的女性主义是法国后结构主义必不可少的部分。伊格尔顿认为："后结构主义最繁荣于当它将某些更广阔的计划调和在一起之时，例如女权主义、后殖民主义、精神分析。"① 他的话，从反向的维度承认了法国女性主义与后结构主义和精神分析的密切关联。

---

① ［英］特里·伊格尔顿：《二十世纪西方文学理论》（第2版），伍晓明译，第248页。

结　　论

　　齐泽克在《斜目而视：透过通俗文化看拉康》中说，"在法国，没
人使用'后结构主义'这个词"①。"后结构主义"这个称谓是讲英语
和讲德语的人的发明创造，用来指涉德里达、福柯、德勒兹等人的理
论。例如，哈贝马斯就曾在一个论断中这样说过："后结构主义者的解
构主义是当代哲学后现代主义最主要的形式。"② 可见，哈贝马斯认为
解构主义是后结构主义者的思想，而解构主义只是后现代主义的一个
形态。可是，齐泽克不同意哈贝马斯的这种观点。在齐泽克看来，解
构主义只是现代主义最卓越的一种形式，它或许是寻找真相这个逻辑
最激进的版本。齐泽克认为德里达等人基本上是现代主义者，拉康是
后现代主义者；或者可以说，德里达基本上是"结构主义者"，只有拉
康才是后结构主义者。这是因为，德里达等人的解构主义依旧通过符
号表征来确定意义，而拉康探究的"真实"——主体的创伤之核，以
不断返回的姿态抵制象征。③ 同样，德里达的解构主义与拉康的后结构

---

　　① Slavoj Žižek, *Looking Awry：An Introduction to Jacques Lacan through Popular Culture*,
Cambridge, Massachusetts：MIT Press，1991，p. 142.

　　② Slavoj Žižek, *Looking Awry：An Introduction to Jacques Lacan through Popular Culture*,
p. 142.

　　③ Slavoj Žižek, *Looking Awry：An Introduction to Jacques Lacan through Popular Culture*,
p. 143. 参见 [斯洛文尼亚] 斯拉沃热·齐泽克《斜目而视：透过通俗文化看拉康》，季广茂
译，浙江大学出版社 2011 年版，第 245—246 页。

主义的区别还体现在他们对声音和凝视研究的差异中。对于德里达来说，声音本身在场，即由讲话主体发出，且"总是已经被书写分裂或拖延"①；凝视具有边界，边界之内为看到的，边界之外为看不到的，且凝视不具有"自动反射"的功能。然而，拉康认为声音和凝视根本不在主体这里，而是在客体那里。② 拉康与解构主义的分道扬镳，就是从这里开始。

这是齐泽克对拉康思想范畴的界定，他认为拉康是唯一的后结构主义者。拉康本人至少在一次研讨班授课中，公开对二元对立思维模式、形而上学、主客体概念等进行过批判。那是在 1961 年 2 月 1 日的一堂课上，拉康以希腊单词"ἄγαλμα（ágalma）"斜体的形式为题目进行专门讲述。这个希腊单词的含义是"（无上的）珍宝"，③ 拉康的"客体 a"中的字母"a"就源于该词。

拉康在提出他独创的"客体 a"这个概念之前，提到精神分析的伟大发现——"部分客体"。拉康认为，若想理解"部分客体"，就得放弃二元对立的思维模式，放弃在主体—客体对立的模式中思考"部分客体"。严格来说，他者的主体与我们一样，都会应用语言、心中拥有筹谋、精于各种算计。拉康的重点是，在这个身为他者的主体身上，有我们欲望的那个客体。已有的形而上学在这方面的研究令拉康非常沮丧，他说："使形而上学话语凸显沉重且引人关注的每一件事物，皆

---

① Slavoj Žižek, *Looking Awry：An Introduction to Jacques Lacan through Popular Culture*, p. 142. Slavoj Žižek, *Looking Awry：An Introduction to Jacques Lacan through Popular Culture*, p. 125.

② Slavoj Žižek, *Looking Awry：An Introduction to Jacques Lacan through Popular Culture*, p. 125. 拉康用"客体 a"指代凝视与声音。齐泽克在前面也提到过拉康的法语原词"objet petit a"，但在后面的行文中，他去掉了字母"a"，只用"object"指代凝视与声音。需要注意的是，齐泽克的"客体"是一种简化操作，该"客体"是拉康的"客体 a"，不是康德等哲学家笔下的"客体"。

③ ［法］伊丽莎白·卢迪内斯库：《拉康传》，王晨阳译，第 280 页。

是以模棱两可为基础。"① 例如，哲学教授们口中的"主体"和"客体"概念，在拉康看来，就是模糊不清的。

　　笔者以上面的文字作为此书的结论，它表明拉康的研究就是一个宝藏，还有很多有待挖掘之处。若再遇机缘，这里将是下一个研究的起点。

---

① Jacques Lacan, *Seminar VIII*：*Transference*（*1960 – 1961*），ed. by Jacques – Alain Miller, trans. by Bruce Fink，p. 146.

参考文献

一　中文部分

［法］路易·阿尔都塞：《来日方长：阿尔都塞自传》，蔡鸿滨译，陈越校，世纪出版集团上海人民出版社 2013 年版。

［法］罗兰·巴尔特：《萨德　傅立叶　罗犹拉》，李幼蒸译，中国人民大学出版社 2011 年版。

［法］乔治·巴塔耶：《色情史》，刘晖译，商务印书馆 2003 年版。

［古希腊］柏拉图：《会饮篇》，王太庆译，商务印书馆 2013 年版。

陈厚诚、王宁主编：《西方当代文学批评在中国》，百花文艺出版社 2000 年版。

方汉文：《后现代主义文化心理：拉康研究》，上海三联书店 2000 年版。

［奥］西格蒙德·弗洛伊德：《性学三论》，徐胤译，浙江文艺出版社 2015 年版。

［德］海德格尔：《存在与时间》（第 2 版），陈嘉映、王庆节译，熊伟校，陈嘉映修订，生活·读书·新知三联书店 1999 年版。

［德］海德格尔：《海德格尔文集：在通向语言的途中》，孙周兴、王庆节主编，孙周兴译，商务印书馆 2015 年版。

［德］海德格尔：《海德格尔文集：不莱梅和弗莱堡演讲》，孙周兴、王庆节主编，孙周兴、张灯译，商务印书馆 2018 年版。

［德］黑格尔：《精神现象学》，先刚译，人民出版社 2013 年版。

［英］特伦斯·霍克斯：《结构主义和符号学》，瞿铁鹏译，刘峰校，上海译文出版社 1997 年版。

［德］康德：《康德著作全集第 5 卷：实践理性批判、判断力批判》，李秋零主编，中国人民大学出版社 2007 年版。

［德］康德：《任何一种能够作为科学出现的未来形而上学导论》，庞景仁译，商务印书馆 2009 年版。

［美］莫瑞·克里格：《批评旅途：六十年代之后》，李自修等译，中国社会科学出版社 1998 年版。

［美］曼弗雷德·库恩：《康德传》（第 2 版修订版），黄添盛译，世纪出版集团上海人民出版社 2014 年版。

［法］拉康：《拉康选集》，褚孝泉译，上海三联书店 2001 年版。

［法］莫里斯·勒韦尔：《萨德大传》，郑达华、徐宁燕译，中国社会科学出版社 2002 年版。

［英］达瑞安·里德尔：《拉康》，李新雨译，当代中国出版社 2014 年版。

［法］克洛德·列维－斯特劳斯：《列维－斯特劳斯文集 1：结构人类学（1－2）》，张祖建译，中国人民大学出版社 2006 年版。

［法］伊丽莎白·卢迪内斯库：《拉康传》，王晨阳译，北京联合出版公司 2020 年版。

［美］玛莎·C. 纳斯鲍姆：《善的脆弱性：古希腊悲剧与哲学中的运气与伦理》（第 2 版修订版），徐向东、陆萌译，徐向东、陈玮修订，译林出版社 2018 年版。

［瑞士］皮亚杰：《结构主义》，倪连生、王琳译，商务印书馆 2009 年版。

［斯洛文尼亚］斯拉沃热·齐泽克：《快感大转移——妇女和因果性六论》，胡大平、余宁平、蒋桂琴译，江苏人民出版社 2004 年版。

[斯洛文尼亚] 斯拉沃热·齐泽克：《实在界的面庞》，季广茂译，中央编译出版社 2004 年版。

[斯洛文尼亚] 斯拉沃热·齐泽克：《斜目而视：透过通俗文化看拉康》，季广茂译，浙江大学出版社 2011 年版。

[斯洛文尼亚] 斯拉沃热·齐泽克：《自由的深渊》，王俊译，上海译文出版社 2013 版。

[法] 穆斯达法·萨福安：《结构精神分析学——拉康思想概述》，怀宇译，天津社会科学院出版社 2001 年版。

石福祁：《近代以来西方哲学中"物"的概念——从康德、胡塞尔到海德格尔》，《兰州大学学报》（社会科学版）2000 年第 5 期。

[瑞士] 费尔迪南·德·索绪尔：《普通语言学教程》，刘丽译，陈力译校，九州出版社 2007 年版。

童明：《解构》，《外国文学》2012 年第 5 期。

[法] 尚塔尔·托马斯：《萨德侯爵传》，管筱明译，漓江出版社 2002 年版。

[法] 阿兰·瓦尼埃：《拉康》，王润晨曦译，海峡出版发行集团福建教育出版社 2019 年版。

吴琼：《雅克·拉康：阅读你的症状（上、下）》，中国人民大学出版社 2011 年版。

[美] 罗曼·雅柯布森：《雅柯布森文集》，钱军编辑，钱军、王力译注，湖南教育出版社 2001 年版。

[英] 特里·伊格尔顿：《二十世纪西方文学理论》（第 2 版），伍晓明译，北京大学出版社 2018 年版。

余纪元：《亚里士多德伦理学》，中国人民大学出版社 2011 年版。

朱刚：《二十世纪西方文艺文化批评理论》，（台北）扬智文化事业股份有限公司 2002 年版。

二　外文部分

Kathleen N. Daly, *Greek and Roman Mythology A to Z*, New York: Facts On File, 2004.

Shoshana Felman, ed. , *Literature and Psychoanalysis*, Baltimore: John Hopkins University Press, 1977.

Sigmund Freud, *The Standard Edition of the Works of Sigmund Freud*, ed. James Strachey, New York: W. W. Norton, 1953—74.

Elizabeth Grosz, *Jacques Lacan: A Feminist Introduction*, London: Routledge, 1990.

Sean Homer, *Jacques Lacan*, London: Routledge, 2005.

Jacques Lacan, *Écrits: A Selection*, trans. Alan Sheridan, London: Routledge, 2001.

Jacques Lacan, *Écrits: The First Complete Edition in English*, trans. Bruce Fink, New York: W. W. Norton, 2006.

Jacques Lacan, *Feminine Sexuality: Jacques Lacan and the Ecole Freudienne*, eds. Juliet Mitchell and Jacqueline Rose, trans. Jacqueline Rose, New York: W. W. Norton, 1985.

Jacques Lacan, *On the Names – of – the – Father*, London: Routledge, 2013.

Jacques Lacan, *Seminar I: Freud's Papers on Technique (1953 – 1954)*, ed. Jacques – Alain Miller, trans. John Forrester, New York: W. W. Norton, 1998.

Jacques Lacan, *Seminar II: The Ego in Freud's Theory (1954 – 1955)*, ed. Jacques – Alain Miller, trans. John Forrester, New York: W. W. Norton, 1998.

Jacques Lacan, *Seminar III: The Psychoses (1955 – 1956)*, ed. Jacques – Alain Miller, trans. Russell Grigg, New York: W. W. Norton, 1993.

Jacques Lacan, *Seminar IV: The Object Relation* (*1956 – 1957*), ed. Jacques – Alain Miller, trans. A. R. Price, Cambridge: Polity Press, 2020.

Jacques Lacan, *Seminar V: Formations of the Unconscious* (*1957 – 1958*), ed. Jacques – Alain Miller, trans. Russell Grigg, Cambridge: Polity Press, 2017.

Jacques Lacan, *Seminar VI: Desire and Jacques Lacan* (*1958 – 1959*), ed. Jacques – Alain Miller, trans. Bruce Fink, Cambridge: Polity Press, 2019.

Jacques Lacan, *Seminar VII: The Ethics of Psychoanalysis* (*1959 – 1960*), ed. Jacques – Alain Miller, trans. Dennis Porter, New York: W. W. Norton, 1998.

Jacques Lacan, *Seminar VIII: Transference* (*1960 – 1961*), ed. Jacques – Alain Miller, trans. Bruce Fink, Cambridge: Polity Press, 2015.

Jacques Lacan, *Seminar X: Anxiety* (*1962 – 1963*), ed. Jacques – Alain Miller, trans. A. R. Price, Cambridge: Polity Press, 2014.

Jacques Lacan, *Seminar XI: The Four Fundamental Concepts of Psycho – Analysis* (*1964*), ed. Jacques – Alain Miller, trans. Alan Sheridan, London: Penguin Books, 1994.

Jacques Lacan, *Seminar XVII: The Other Side of Psychoanalysis* (*1969 – 1970*), ed. Jacques – Alain Miller, trans. Russell Grigg, New York: W. W. Norton, 2007.

Jacques Lacan, *Seminar XX: On Feminine Sexuality* (*The Limits of Love and Knowledge*, 1972 – 1973), ed. Jacques – Alain Miller, trans. Bruce Fink, New York: W. W. Norton, 1999.

Jacques Lacan, *Seminar XXIII: The Sinthome* (*1975 – 1976*), ed. Jacques – Alain Miller, trans. A. R. Price, Cambridge: Polity Press, 2016.

Jacques Lacan, *The Triumph of Religion*, trans. Bruce Fink, Cambridge:

Polity Press, 2013.

Anika Lemaire, *Jacques Lacan*, trans. David Macey, London: Routledge, 1979.

Rabate, Jean – Michel, ed. , *The Cambridge Companion to Lacan*, Cambridge: Cambridge University Press, 2003.

Ellie Ragland – Sullivan, *Jacques Lacan and the Philosophy of Psychoanalysis*, Urbana: University of Illinois Press, 1986.

Ellen Rooney, ed. , *The Cambridge Companion to Feminist Literary Theory*, Cambridge: Cambridge University Press, 2006.

Marqueis De Sade, *The Crimes of Love: Heroic and Tragic Tales, Preceded by an Essay on Novels*, Oxford: Oxford University Press, 2005.

Madan Sarup, *An Introductory Guide to Post – structuralism and Postmodernism*, Athens: University of Georgia Press, 1989.

Madan Sarup, *Jacques Lacan*, New York: Harvester Wheatsheaf, 1992.

Slavoj Žižek and F. W. J. Von Schelling, *The Abyss of Freedom/Ages of the World*, Ann Arbor: University of Michigan Press, 1997.

Slavoj Žižek, *Looking Awry: An Introduction to Jacques Lacan through Popular Culture*, Cambridge, Massachusetts: MIT Press, 1991.

Slavoj Žižek, *The Plague of Fantasies*, London: Verso, 2008.

后　记

　　2022 年 7 月，我的国家社科项目——《拉康的后结构精神分析文论》（批准号：16BWW004），历时 6 年的打磨，终于结题。拿到结题证书的那一刻，我如释重负，感觉自己与拉康文字 20 多年的纠缠可以告一段落了。

　　2001 年，我考入南京大学外国语学院，攻读英美文学方向的博士学位。我的导师朱刚教授当时正在撰写《新编美国文学史》第二卷，这卷书在美国文学历史上的跨度为 1860—1914 年，其中包括对马克·吐温、豪威尔斯、詹姆斯、杰克·伦敦、德莱赛、艾米莉·迪金森、肖邦、朱厄特、伊迪斯·伊顿等作家作品的详尽介绍和评论。① 导师熟谙这段美国文学史，以他的学识和洞见，建议我选择艾米莉·迪金森的诗歌作为博士学位论文的研究对象。在寻找博士学位论文创新点的过程中，因为女诗人独特的生活经历，如她的很多诗歌是对于宗教的探究而她却在宗教复兴的氛围里拒绝成为基督徒；再如她创作了近1800 首诗歌，渴望诗人的名望却拒绝发表作品；更如她有亲密的爱人却拒绝走进婚姻的殿堂；而她在世时，文学界名流对她作品的渴望和过世百年之后读者对于她诗歌的顶礼膜拜；所有这些，都让我得出这

---

① 朱刚：《新编美国文学史·第二卷》，上海外语教育出版社 2002 年版。

样的结论：只有用精神分析理论才能走进女诗人这矛盾重重的生命历程和这生命历程中所缔结出的一首首诗歌之果。

恰好我的导师当时给我们9名英美文学方向的博士生开设《当代西方文艺批评理论》一课，所用教材是他要在2002年于扬智出版社出版的《二十世纪西方文艺文化批评理论》。因为还没有正式出版，导师给我们9个人每人复印了一本他的手稿，这使得我们9名同学得以在第一时间接触关于当代西方文艺理论的最新、最系统的知识。书中文字是中文繁体，让我们既觉陌生又感肃穆。这本书于我来说，就是向我敞开了瑰丽多姿的西方文艺理论的大门，其中，最让我受益的是书中第三章关于精神分析理论的介绍，它让当时的我知道了雅克·拉康这位弗洛伊德精神分析学的衣钵传人，也让我隐隐感觉到拉康的理论可以帮助我理解艾米莉·迪金森的诗歌。但是，至于运用他的什么理论，最初的我没办法知道。因为，只有在仔细研读拉康的作品之后才能做出判断。这种直觉让我在寻找博士论文创新点的日子里义无反顾地研读起拉康的作品来。拉康著作虽然为法语之作，但庆幸的是，已有部分相应的英译本和中译本，让我这个不懂法语的人也有机会走近他的思想大厦。

在那些阅读拉康著作的日子里，让我收获颇多。拉康关于欲望的理论，即"主体的欲望是他者的欲望"这一洞见，恰好帮助我解读艾米莉·迪金森渴望名誉却拒绝发表作品之间的矛盾心理，并进而揭示这一矛盾的根源正是艾米莉·迪金森所生活的社会。艾米莉·迪金森渴望诗人的名望，但是当发表诗歌的机会来临时，她又一再拒绝，这些反映了19世纪美国社会对女性根深蒂固的限制和压抑。有了理论的指导，我通过分析艾米莉·迪金森诗歌中的大量隐喻，来揭示隐藏在诗歌表面之下的主体的无意识欲望，而这个"主体的无意识欲望"正是大写的"他者"的欲望。

2005年6月，我以博士学位论文《渴望名誉和坚持无名：艾米莉·

迪金森欲求的拉康式精神分析》获得博士学位。博士毕业之后，我一直期盼能够名正言顺地写一本关于拉康研究的著作，申请了几次项目资助都未能如愿。直到 2014 年，事情才有了转机。我于 2011 年 3 月到 2012 年 3 月间，在剑桥大学英语系完成了为期一年的访问学习，学完回国，符合条件，可以申请教育部留学回国人员科研启动基金项目，但是我拖延了近两年的时间，只是赶在归国两年之内的期限截止日期之前申报了"拉康的后结构主义及其在中国的接受"，然后在 2015 年 3 月获得教育部国际合作与交流司的资助。于是有了阅读结构主义、后结构主义、索绪尔、德里达、福柯、弗洛伊德、拉康、伊格尔顿、齐泽克等作品的日子。

2016 年，我以《拉康的后结构精神分析文论》为题成功申请到国家社会科学基金项目，此后，我便开始思考如何才能顺利地完成课题。拉康文字的晦涩，让我这个英语专业出身的人也对他的著作及英译本大为头痛。于是，我把目光转向国内已有的齐泽克著作的中译本，想通过齐泽克的文本找到理解拉康理论的捷径。理由很简单，齐泽克作为拉康理论公认的衣钵传人，在其著作中运用拉康理论解读电影，进行政治批评，这是很多研究人员的共识。但是，在我阅读了《意识形态的崇高客体》《欢迎来到实在界这个大荒漠》《伊拉克：借来的壶》《斜目而视：透过通俗文化看拉康》《享受你的症状——好莱坞内外的拉康》《实在界的面庞》《自由的深渊》《快感大转移——妇女和因果性六论》《事件》《突破可能性的极限》《真实眼泪之可怖：基耶斯洛夫斯基的电影》等这些齐泽克的著作之后，发现自己还是不能够清楚地知道拉康学说的确切内容，终于意识到从齐泽克到拉康的捷径是不存在的，于是，我不得不回归到拉康的文本，通过细读，去了解拉康关于主体的欲望、无意识、物、客体 a、焦虑、移情、升华等理论的形成过程和内涵。

拉康著作的英译本，目前面世的只有他全部著作的三分之一，中译本更是寥寥可数。这背后的主要原因还是拉康的语言让人望而却步，即使懂外语的人，在阅读拉康著作的时候，也不可避免地要面对踽踽前行的窘境。源于网络的发达和便捷，我已经收集了足够多的文献资料，最主要的还是拉康本人的著作。我目前的认知是，资料很容易收集，阅读起来很困难。

拉康的理论一向以晦涩著称，我的方法就是读懂拉康说了什么，然后向读者呈现我的理解，这是我作为英语语言文学专业毕业的博士所能实现的贡献。我的研究方法是按照拉康开设研讨班的顺序，细读拉康著作，根据研讨班的不同主题，分别探究拉康不同的精神分析理论。

拉康前期思想具有结构主义特征，后期思想与福柯、德里达的理论相契合，因此具有后结构主义的特征。虽然我不能在每一章的标题上都冠以"后结构主义"之名，但是，读者应该能够接受，拉康的这些理论与当时法国的后结构主义思潮相互成全。于是，我的研究并没有被"后结构主义"这个名称所束缚，而是随着拉康研讨班的脚步，发现并学习拉康是如何逐渐地提出专属于他的创新贡献。

我现在完成的内容，其中有几项是当时预期研究计划中所没有的，如"拉康论物""拉康论客体 a""拉康论焦虑""拉康论升华""拉康论移情""拉康论'萨德是康德的真相'"。但是，原先计划中要写的"主体的认知"和"凝视无处不在"，我尚未着手开始。后面不排除，我完成了这两章的撰写，同时，又对新的发现点进行撰写。

在我的努力下，我已经完成了拉康研究的十五个主题，除了上面提到过的几个主题之外，我的研究还包括"拉康的语言观""拉康的欲望观""拉康的无意识理论""拉康论能指的优先性""拉康论享乐""拉康论悲剧""拉康论精神分析的伦理""拉康与法国后结构女性主义"。我曾以《拉康的语言观》为题，在《外国文学》（2005 年第 3期）发表过文章；还以《拉康与法国女性主义》为题，在《妇女研究论丛》(2004 年第 3 期) 发表过文章。

这些内容不但能够为非外语专业的学者提供帮助，而且外语学习者也可以从中受益，毕竟，鲜少有人在遭遇拉康文字表述时带来的沮丧懊恼之后，还有勇气继续面对持续的挫折和无奈。我的研究尤其会对那些想要了解拉康思想的文学爱好者、文论研究者、中外文学领域的学生和学者有所帮助。

我也担心自己在拉康理论的某一个点上的理解并不准确，并且，还不知道自己不正确。我在我的语言理解能力之内，尽可能地实现正确信息的传递。拉康的理论过于深奥，对它的研究绝非我一人之力可以实现。我只是采撷其中的一些点，还有很多内容尚待挖掘。我希望，我的研究可以抛砖引玉，能够引发拉康理论研究及拉康理论应用在中国的繁盛。